Böttle/Boy/Grothusmann   Elektrische Meß- und Regelungstechnik

Die Meisterprüfung

Elektrische Meß- und Regelungstechnik

Dipl.-Ing. Peter Böttle

Dipl.-Ing. Günter Boy

Dipl.-Ing. Günter Grothusmann

8., überarbeitete Auflage

Vogel Buchverlag

Die Deutsche Bibliothek – CIP-Einheitsaufnahme

Böttle, Peter:
Elektrische Mess- und Regelungstechnik / Peter Böttle ;
Günter Boy ; Günter Grothusmann. – 8., überarb. Aufl. –
Würzburg : Vogel, 1993
(Vogel-Fachbuch : Die Meisterprüfung in der Elektrotechnik)
ISBN 3-8023-1463-8
NE: Boy, Günter:; Grothusmann, Günter:

ISBN 3-8023-1463-8
8. Auflage. 1993

Printed in Germany

Druck und Bindung: Franz Spiegel Buch GmbH,
Ulm-Jungingen

Vorwort

Dieses Vogel Fachbuch erscheint in der Reihe **Die Meisterprüfung in der Elektrotechnik** und behandelt die elektrische Meßtechnik elektrischer und nichtelektrischer physikalischer Größen sowie die Regelungstechnik.

Im ersten Teil liegt der Schwerpunkt in der Beschreibung der elektromechanischen Meßwerke und Meßgeräte und der modernen elektronischen Meßgeräte mit digitaler und quasianaloger Anzeige. Behandelt werden sowohl der prinzipielle Aufbau, Bauarten, Eigenschaften und Anwendung. Besondere Aufmerksamkeit wurde den Vielfachinstrumenten für die Anwendung in der Energietechnik und Elektronik gegeben.

Die Meßwandler, registrierende Meßgeräte und Lastüberwachungseinrichtungen für die Energietechnik, werden in eigenen Kapiteln behandelt.

Das Kapitel für die elektrische Messung nichtelektrischer Größen, das die wichtigsten Verfahren der Umwandlung verschiedener Prozeßgrößen, wie z. B. Temperatur, Kraft, Druck, Weg, Drehzahl, Füllstand und Durchflußmenge in elektrische Signale behandelt, wurde um einige Arten von Sensoren erweitert. Auch die Verfahren der Meßwertübertragung werden behandelt.

Ein eigenes Kapitel ist der prinzipiellen Wirkungsweise des **Oszilloskops**, seiner Bedienung und Meßtechnik gewidmet.

Im regelungstechnischen Teil werden im Rahmen der Grundlagen Begriffe, charakteristische Merkmale der **Reglerarten, Stellglieder und Regelstrecken** erklärt und im Zusammenwirken an Beispielen erläutert. Das Kapitel schließt mit Hinweisen für die Einstellung stetiger Regler.

Dieser Band ist für jeden Leser geeignet, der sich in Wirkungsweise und Aufbau elektrischer Meß-, Überwachungs- und Regeleinrichtungen einarbeiten möchte.

Besondere Bedeutung erlangt er bei der **Meisterausbildung von Elektrikern** der energietechnischen Berufe wie Elektroinstallateuren, Elektromechanikern, Elektromaschinenbauern sowohl im Handwerk als auch in der Industrie.

Vorausgesetzt wird Grundwissen, wie es jede Lehre für einen Elektroberuf oder der zu dieser Buchreihe gehörende Band **Mathematische und elektrotechnische Grundlagen** vermittelt.

In einigen Abschnitten sind Grundkenntnisse der Elektrotechnik und der Digitaltechnik wünschenswert.

Die mit dem Buch erreichbaren **Lernziele** entsprechen den Anforderungen, die der **Zentralverband der Deutschen Elektrohandwerke** für die Meisterprüfung im Elektroinstallateur-, Elektromaschinenbauer- und Elektromechanikerhandwerk festgelegt hat.

Die heutige Form der Buchreihe **Die Meisterprüfung in der Elektrotechnik** ist das Ergebnis ständiger Erprobungen mit Meisterschülern der Bundes-Fachlehranstalt für das Elektrohandwerk in Oldenburg und bringt die umfangreichen Erfahrungen der Autoren im Handwerk und in der Industrie zum Ausdruck.

Die übersichtliche Gliederung der Fachthemen erleichtert dem Leser die Einarbeitung. Beispiele tragen zum besseren Verständnis der Fachprobleme bei.

Es wurden die neuesten Normen verwendet. Das gleiche gilt für die Symbole und Kennbuchstaben in Schaltungen.

Für Lehr- und Übungszwecke wertvolle weitere Aufgaben mit Lösungen enthält der zu dieser Buchreihe gehörende Band **Aufgaben und Ergebnisse**.

Verfasser und Verlag

Inhaltsverzeichnis

In der Fachbuchgruppe «Die Meisterprüfung in der Elektrotechnik» sind bisher erschienen:

Böttle/Friedrichs: Mathematische und elektrotechnische Grundlagen

Boy/Dunkhase: Elektro-Installationstechnik

Fehmel/Flachmann/Mai: Elektrische Maschinen

Boy/Bruckert/Wessels: Elektrische Steuerungs- und Antriebstechnik

Folkerts/Friedrichs: Hausgeräte-, Beleuchtungs- und Klimatechnik

Böttle/Boy/Grothusmann: Elektrische Meß- und Regelungstechnik

Dugge/Haferkamp: Grundlagen der Elektronik

Böttle/Friedrichs: Aufgaben und Ergebnisse Elektrotechnik

Böttle/Fehmel: Formeln und Tabellen Elektrotechnik

Ebenfalls im Vogel Buchverlag sind in der Fachbuchgruppe «Elektronik» erschienen:

Beuth/Beuth: Elementare Elektronik

Meister: Elektrotechnische Grundlagen
(Elektronik 1)

Beuth: Bauelemente
(Elektronik 2)

Beuth/Schmusch: Grundschaltungen
(Elektronik 3)

Beuth: Digitaltechnik
(Elektronik 4)

Müller/Walz: Mikroprozessortechnik
(Elektronik 5)

Schmusch: Elektronische Meßtechnik
(Elektronik 6)

1 Allgemeine Bestimmungen und Grundbegriffe

1.1 Messen, Prüfen, Eichen

Unter Messen versteht man die Bestimmung des Zahlenwertes einer physikalischen Größe, den *Meßwert*. Dieser gibt das Verhältnis der *Meßgröße* zu einer Vergleichsgröße, der *Einheit*, an. Der Meßwert sagt damit aus, den wievielfachen Wert der Einheit die Meßgröße darstellt. Der Gegenstand an dem die Messung durchgeführt wird heißt *Meßobjekt*.

Die gesamte Einrichtung zur Ermittlung der Meßgröße ist das *Meßgerät*.

In vielen Bereichen der Technik wird kein Meßwert gewünscht, sondern nur die Aussage, ob eine bestimmte Größe innerhalb festgelegter Grenzen liegt. Es erfolgt eine *Prüfung*, bei der festgestellt wird, ob der Prüfling die für seine Verwendung erforderlichen Eigenschaften besitzt.

Typische Prüfungen sind z. B. Durchgangs- und Isolationsprüfungen von Leitungen. Die genauen Werte sind meistens nicht von Interesse. Für häufig vorkommende Prüfungen, in erster Linie wenn sie die Sicherheit betreffen (VDE 0100), wurden spezielle Prüfgeräte entwickelt. Auch in der Serienfertigung werden die Bauteile meistens nur einer Prüfung unterzogen. Die aufwendigeren Messungen und deren Auswertung sind nur an Stichproben durchführbar.

Jedes Meßgerät muß aufgrund der stets vorhandenen Fertigungstoleranzen nach seiner Fertigstellung mit einem Eichnormal geeicht werden.

Bei *Betriebsmeßgeräten* erfolgt die Eichung durch Vergleich mit einem Feinmeßgerät, das als Normalinstrument dient.

Feinmeßgeräte werden wegen der höheren Meßgenauigkeit durch Kompensation mit Eichnormalen oder Meßnormalen verglichen.

Normale sind genau abgeglichene Bauelemente, die die Einheit einer physikalischen Größe bzw. ein sehr genau bekanntes Vielfaches davon, über längere Zeit verkörpern. Mit dem *Normalelement* ist in Kompensatoren jede beliebige Gleichspannung mit höchster Genauigkeit reproduzierbar.

Normalwiderstände sind sehr genau (etwa ± 0,001 %) abgeglichene, dekadisch abgestufte oder Einzelwiderstände (zwischen 0,0001 Ω und 100 000 Ω).

Als Material dient wegen der geringen Temperaturabhängigkeit und der geringen Thermospannung gegen Kupfer meist Manganin. Über 0,1 Ω werden im allgemeinen Drahtwiderstände verwendet. Damit bei Wechselstrom kein induktiver Widerstand in Erscheinung tritt, müssen die Wicklungen bifilar[1] ausgeführt werden. Unter 0,1 Ω sind Normalwiderstände häufig durch Feilen und Bohren abgeglichene Blechstreifen oder Gußblöcke.

Genaueste Strom- und Leistungsmesser werden mit Hilfe von Normalelementen und Normwiderständen in Kompensatoren geeicht.

---

[1] bifilar (lateinisch) zweidrähtig.

Normalinduktivitäten sind eisenfreie Spulen mit sehr genau eingehaltenen Abmessungen auf formbeständigen Spulenkörpern (Keramik, Porzellan). Die Induktivität wird über die Messungen mit hoher Genauigkeit festgelegt.

Normalkondensatoren sind meist Platten- oder Zylinderkondensatoren mit gasförmigem Dielektrikum. Die Kapazitätswerte sind auch hier über die geometrischen Formen rechnerisch mit hoher Genauigkeit bestimmbar.

1.2 Grundsätzlicher Aufbau von Meßgeräten

Das Meßgerät stellt die gesamte Einrichtung dar, die für die Durchführung einer Messung erforderlich ist. Es besteht im allgemeinen aus dem *Meßinstrument* und dem *Zubehör*, das zum Anschluß an das Meßobjekt erforderlich ist. Je nach der Art der Meßgröße besteht das Zubehör z. B. aus den mit in die Eichung einbezogenen Meßleitungen, den Vor- bzw. Nebenwiderständen, den Wandlern zur Anpassung oder Potentialtrennung, Meßgrößenumformern und Meßstellenumschaltern.

Das **Meßinstrument** umfaßt das Gehäuse mit allen darin befindlichen Bauelementen. Dazu gehören ein bzw. mehrere Meßwerke und alle eingebauten Zubehörteile, wie z. B. Gleichrichter, Vorwiderstände und eventuell Meßbereichsumschalter.

Das **Meßwerk** ist das anzeigende Organ mit dem beweglichen Teil, dessen Lage von der Meßgröße abhängt, und dem feststehenden Teil. Skala, Zeiger und Dämpfungsorgan gehören ebenfalls zum Meßwerk.

Nach der Art der Anzeige müssen Meßgeräte in analog anzeigende und digital anzeigende Geräte unterteilt werden.

Analogmeßgeräte wandeln die der Meßgröße proportionale elektrische Größe (Spannung oder Strom) im Meßwerk auf mechanischem Wege in einen Drehwinkel um. Auf der Skala wird vom Zeiger eine Strecke abgeteilt, die von der ablesenden Person in einen Zahlenwert, also eine digitale Größe umgewandelt werden muß.

Beim **Digitalmeßgerät** wird die Umwandlung der analogen Größe in den Zahlenwert von einem elektronischen Wandler übernommen (Abschnitt 2.10). Der ablesenden Person bleibt damit das Abzählen von Teilstrichen und das Abschätzen von Zwischenwerten (Interpolieren) erspart. Dadurch entfällt der dabei auftretende Ablesefehler oder persönliche Fehler.

1.2.1 Lagerung

Das analog anzeigende Meßwerk stellt eine Drehmomentwaage dar. Das von der Meßgröße verursachte elektrische Drehmoment wird durch ein mechanisches, dem Verdrehwinkel proportionales Gegendrehmoment gewogen. Im allgemeinen liefert eine Spiralfeder oder ein Spannband das Gegendrehmoment oder Richtmoment. Um störende Kräfte, die auf das Gleichgewicht der beiden Momente einen Einfluß ausüben, weitgehend auszuschalten, ist das bewegliche Organ möglichst reibungslos gelagert. Es muß jedoch in seiner Lage zum feststehenden Teil fixiert sein. Da sich in einer Lagerung nicht alle Anforderungen bezüglich Reibungsfreiheit, mechanischer Unempfindlichkeit, Kostenaufwand usw. erfüllen lassen, werden Meßwerke mit verschiedenen Lagerarten ausgerüstet.

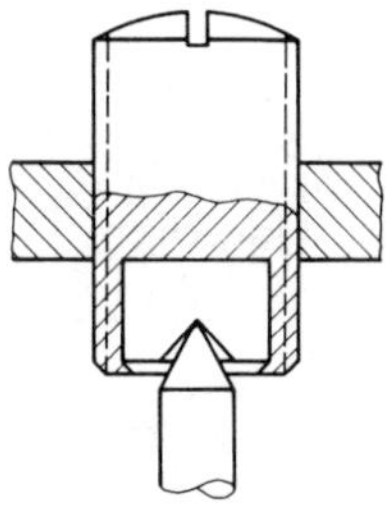

◂ Bild 1/1
Spitzenlagerung

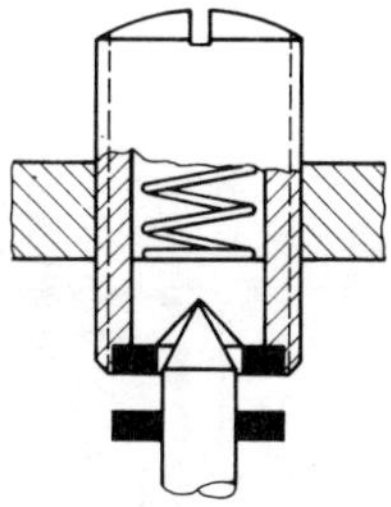

Bild 1/2 ▸
Spitzenlagerung mit federndem Lagerstein

Die Spitzenlagerung ist zur Zeit noch bei den meisten ortsfesten wie tragbaren Meßgeräten aufzufinden. Die Stahlachse mit kegelförmigen hochglanzpolierten Enden ruht in Edelsteinlagern (Bild 1/1). Die Spitzen der Achse sind je nach geforderter Stoßunempfindlichkeit und Systemgewicht mit 10 bis 100 μm abgerundet.

Hochwertige spitzengelagerte Instrumente werden mit federnden Lagersteinen ausgeführt (Bild 1/2), um bei minimaler Reibung eine optimale Unempfindlichkeit gegen Erschütterungen zu erzielen.

Zapfenlagerung wird bei höherer mechanischer Beanspruchung (z. B. in Fahrzeugen) und bei hohen Systemgewichten (z. B. in Linienschreibern) verwendet. Wegen der höheren Reibung sind größere Verstellmomente erforderlich. Die Stahlachse hat einen dünnen, hochglanzpolierten Zapfen mit verrundeter Kuppe (Bild 1/3), der in einem Lochstein ruht. Das axiale Lagerspiel wird durch die Decksteine begrenzt.

Bild 1/3
Zapfenlagerung

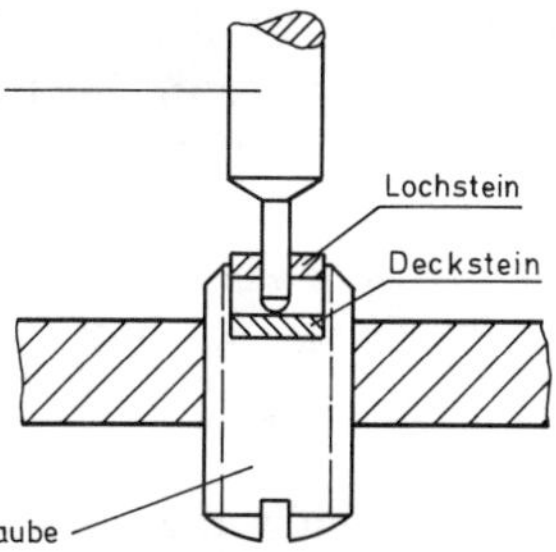

Spannbandlagerung findet wegen der praktischen *Reibungsfreiheit* und Stoßunempfindlichkeit in steigendem Maße Verwendung. Das bewegliche Organ ist zwischen Metallbändern aufgehängt (Bild 1/4). Spannbandfedern halten den mechanischen Zug aufrecht und verhindern zu hohe Bandbelastung bei Stößen. Das Rückstellmoment wird durch Verdrehung (Torsion) der Bänder geliefert.

Wegen der fehlenden Reibung können Instrumente mit Spannbandlagerung mit erheblich höherer Empfindlichkeit ausgeführt werden. Eine weitere Steigerung der Ableseempfindlichkeit wird durch die Verwendung von Lichtzeigern mittels Spiegel erreicht (Bild 1/4). Bei entsprechender Ausführung ist das Meßwerk unempfindlich gegen Stöße und von der Gebrauchslage unabhängig.

Für höchste Anforderung an die Empfindlichkeit werden Drehspulinstrumente mit elektronischen Verstärkern ausgerüstet.

Für schreibende Meßgeräte (Punktschreiber) werden häufig spezielle, entlastete Lagerungen verwendet. Sie weisen trotz der robusten Ausführung geringste Reibung auf.

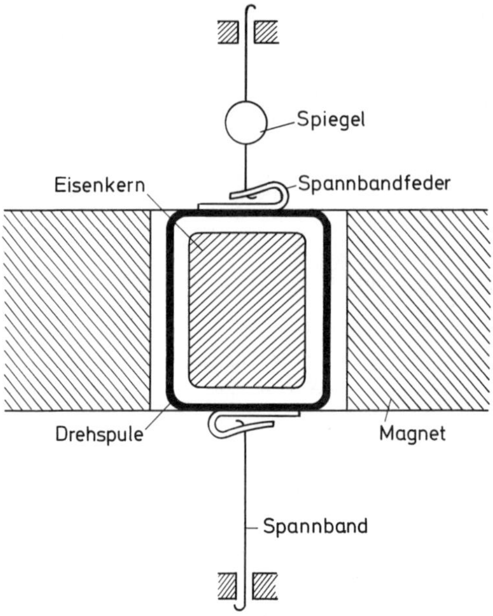

Bild 1/4
Spannungsbandlagerung mit Metallspiegel für Lichtzeiger

1.2.2 Dämpfung

Das bewegliche Organ eines Meßwerkes stellt aufgrund seiner Masse und der Rückstellfedern ein schwingungsfähiges Gebilde mit geringer Eigenfrequenz dar. Ohne Dämpfungsglied hätte jede Meßgrößenänderung eine lang andauernde Schwingung um die neue Ruhelage zur Folge (Bild 1/5a). Durch die Dämpfung wird die im System enthaltene Bewegungsenergie in Wärme umgewandelt. Die Schwingung wird gedämpft (Bild 1/5b).

In den «Regeln für elektrische Meßgeräte» nach VDE 0410 wird die Güte einer Dämpfung durch die Beruhigungszeit gekennzeichnet. Es ist die Zeit nach dem Einschalten einer Meßgröße, nach der durch das Einschwingen des Zeigers kein größerer Abstand als 1,5 % der Skalenlänge von der endgültigen Einstellung auftritt. Die Beruhigungszeit darf 4 s nicht überschreiten.

Im wesentlichen werden in Meßwerken zwei verschiedene Systeme zur Dämpfung verwendet. Bei der **Wirbelstromdämpfung** bewegt sich eine auf der Zeigerachse befestigte Aluminiumscheibe zwischen den Polschuhen eines ruhenden Dauermagneten (Bild 2/3). Die bei Bewegung induzierte Spannung hat Wirbelströme zur Folge, deren Magnetfelder mit dem Dauermagnetfeld Gegenkräfte erzeugen.

Wirbelstromdämpfung tritt auch bei Meßwerken auf, bei denen sich eine Spule zwischen den Polschuhen eines Dauermagneten bewegt, wenn die Spule auf ein Aluminium-Kurzschlußrähmchen gewickelt ist. Die Bewegung ruft Wirbelströme im Rähmchenblech hervor.

Spulendämpfung entsteht durch das Gegendrehmoment, das der Strom bewirkt, der aufgrund der durch die Bewegung in der Spule und im Spulenrahmen induzierten Spannung fließt. Diese Wirkung ist am stärksten, wenn die Spule an einem niederohmigen Nebenwiderstand liegt.

Um beim Transport von Drehspul- und Kreuzspulinstrumenten Beschädigung durch unkontrollierte Zeigerschwingungen zu vermeiden, wird das Meßwerk häufig zusätzlich durch eine Kurzschlußbrücke bedämpft.

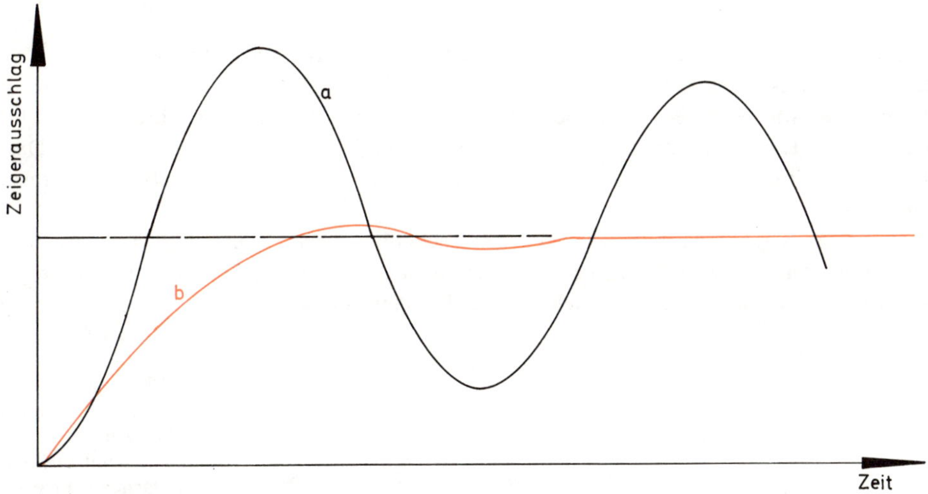

Bild 1/5 Einschwingungsvorgang des Meßwerkes
a) ohne Dämpfungsorgan
b) mit Dämpfungsorgan

Bei der **Luftkammerdämpfung** wird ein mit der Zeigerachse verbundener, sehr leichter Aluminiumflügel in einer segmentförmigen, geschlossenen Dämpfungskammer bewegt (Bild 2/1a). Da bei Bewegung auf einer Seite Luft komprimiert und auf der anderen Seite expandiert wird, entsteht so lange eine Gegenkraft, bis es durch die Luftschlitze zwischen Kammerwand und Flügel zum Druckausgleich gekommen ist.

Die Luftkammerdämpfung wird bei Meßwerken mit hoher Fremdfeldempfindlichkeit angewendet. Der für die Wirbelstromdämpfung erforderliche Dauermagnet würde durch sein magnetisches Streufeld zusätzliche Meßfehler hervorrufen.

1.2.3 Ablesevorrichtung

Die weitaus meisten Meßgeräte sind mit leichten Metallzeigern ausgerüstet. Man unterscheidet verschiedene Zeigerformen, zu denen passend unterteilte Skalen gehören. Betriebsmeßgeräte, die auf größere Entfernungen ablesbar sein sollen (z. B. in Schaltwarten), sind mit Grobskalen aus wenigen stärkeren Strichen ausgerüstet. Die verwendeten Zeiger sind Balken-, Lanzen- oder Stabzeiger.

Schneiden-Balkenzeiger oder der Messer-Balkenzeiger über einer Skala mit Grobfeinteilung ermöglichen eine gute Abschätzung aus größerer Entfernung sowie ein exaktes Ablesen aus der Nähe (Bild 1/6).

Bild 1/6
Schneiden-Balkenzeiger
mit Grobfeinskala

Die Skalen von Feinmeßgeräten haben eine Feinteilung. Sie sind mit vielen dünnen Ablesemarken ausgerüstet. Die Zeiger, die am Ende entsprechend schlank auslaufen, sind Faden- oder Messerzeiger. Damit der Zeiger bei leichter Schräglage des Meßwerkes nicht eine andere Ruhelage einnimmt, muß das bewegliche System ausbalanciert werden. Das Gewicht des Zeigers wird durch Gegengewichte (z. B. spezielles Lötzinn) am Balancierkreuz ausgeglichen.

Befindet sich das ablesende Auge nicht senkrecht über der Skalenebene, so wird ein Wert abgelesen, der nicht dem tatsächlich angezeigten entspricht (Bild 1/7a). Der durch schräge Blickrichtung entstehende Ablesefehler heißt **Parallaxenfehler**.

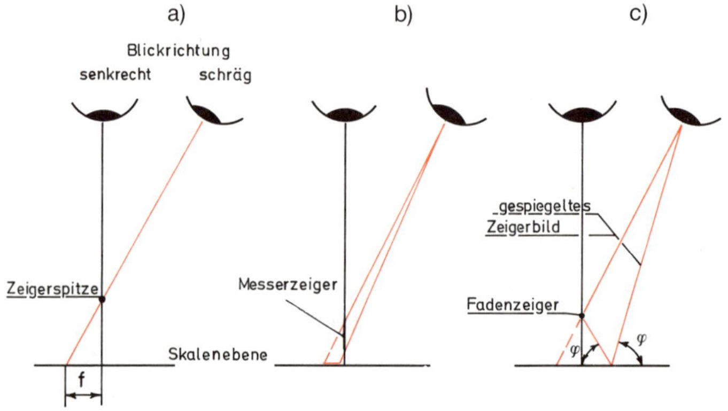

Bild 1/7
Parallaxenfehler und seine Ausschaltung
a) keine Kontrolle bei einfachem Zeiger
b) Kontrolle beim Messerzeiger
c) Kontrolle bei einer Skala mit Spiegelbogen

Eine Kontrolle der Blickrichtung ermöglicht der Messerzeiger, da er bei schräger Blickrichtung breiter erscheint (Bild 1/7b). Hauptsächlich bei der Verwendung von Fadenzeigern wird die Skala zur weitgehenden Ausschaltung des Parallaxenfehlers mit einem Spiegelbogen unterlegt (Bild 1/7c). Bei senkrechter Blickrichtung wird das Spiegelbild des Zeigers verdeckt. Bei Zeigerinstrumenten ist die Ausschaltung des Parallaxenfehlers bei schräger Blickrichtung nur durch die Anordnung des Zeigers in einer Ebene mit der Skala möglich (Bild 1/8).

Bild 1/8
Skala und Zeiger in einer Ebene und Kreisskala
(Werkbild Hartmann & Braun AG)

Parallaxenfreie Ablesung ermöglichen Instrumente mit Lichtmarkenablesung. Auf der Achse bzw. dem Spannband (Bild 1/4) befindet sich ein kleiner Metallspiegel. Eine fest montierte Projektionslampe projiziert eine Strichmarke auf den Spiegel. Von diesem verläuft der Lichtstrahl, evtl. über Umlenkspiegel, auf die von der Innenseite mattierte und beschriftete Skala (Bild 1/9).

Bild 1/9
Strahlengang im Lichtmarkengalvanometer mit Winkelspiegel und übereinanderliegenden Skalenhälften (Werkbild Hartmann & Braun AG)

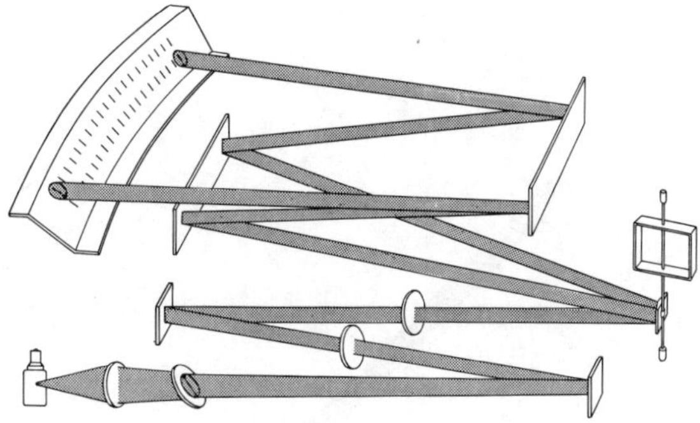

Durch die Lichtmarkenablesung kann die Empfindlichkeit von Drehspulinstrumenten wesentlich gesteigert werden.

Meßwerke besitzen in der Regel einen **Nullpunktrücker**, mit dem die Ruhelage des Zeigers auf die Nullmarke der Skala einjustiert wird (Bild 1/10). Dieses darf nur bei fehlender Meßgröße und vorgeschriebener Gebrauchslage erfolgen. Eine «Eichung» beim Anliegen einer bekannten Meßgröße ist damit nicht möglich.

Bild 1/10
Nullpunktrücker

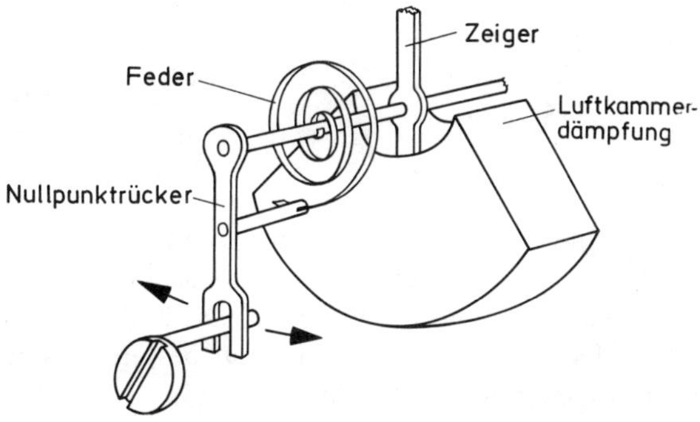

1.2.4 Bauformen und Normung von Schalttafelinstrumenten

1.2.4.1 Skalenformen

Schalttafelinstrumente werden mit verschiedenen Skalenformen geliefert. Am häufigsten ist die **Quadrantskala** (Bild 1/11) bei der der Skalenwinkel 90° (ein Quadrant) beträgt. Eine größere Skalenlänge und damit höhere Ableseempfindlichkeit, auch auf größere Entfernung, liefert die **Kreisskala oder Weitwinkelskala** (Bild 1/12). Die hierfür benötigten speziellen Meßwerke (Abschnitt 2.1.3) sind jedoch aufwendiger in der Herstellung. Der Skalenwinkel beträgt meist 270°.

Eine etwas größere Skalenlänge als die Quadrantskala hat die **Sektor- oder Weitwinkelskala** infolge des auf 100° bis 110° vergrößerten Ausschlagwinkels. Sie wird meist bei Vielfachinstrumenten verwendet (Bild 1/13).

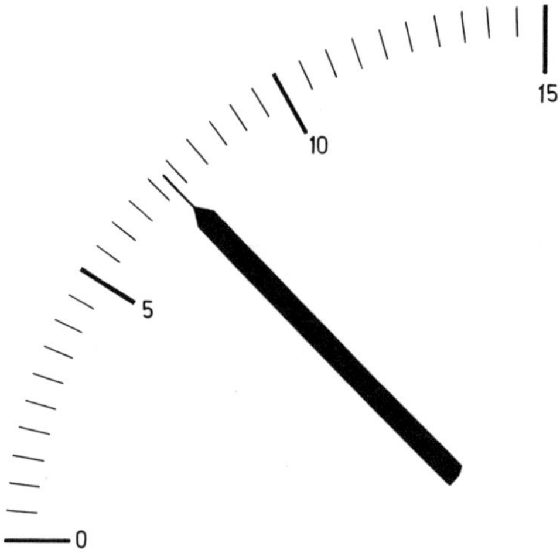

Bild 1/11
Quadrantskala

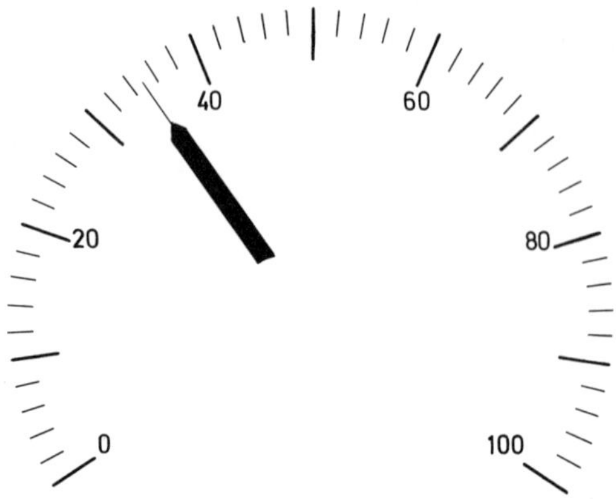

Bild 1/12
Kreisskala

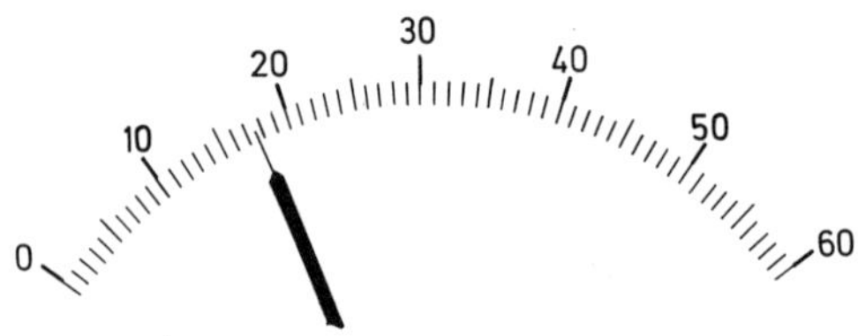

Bild 1/13
Sektorskala

Eine gute Ausnutzung der Frontfläche bei Schalttafelinstrumenten bietet die **Profilskala** (Bild 1/14), die als Quer- oder Hochskala ausgeführt wird.

Die Skalenausführungen sind in DIN 43 802 genormt.

Bei Mehrfachinstrumenten sind zur besseren Raumausnützung mehrere Meßwerke in einem Gehäuse untergebracht (Bild 1/15).

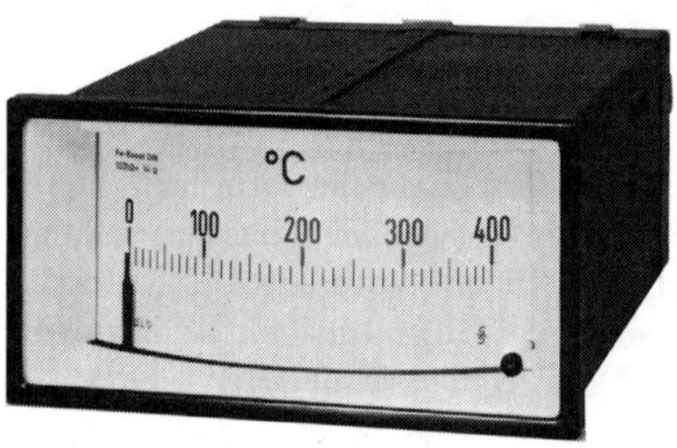

Bild 1/14
Profilinstrumente mit Querskala (Werkbild Siemens)

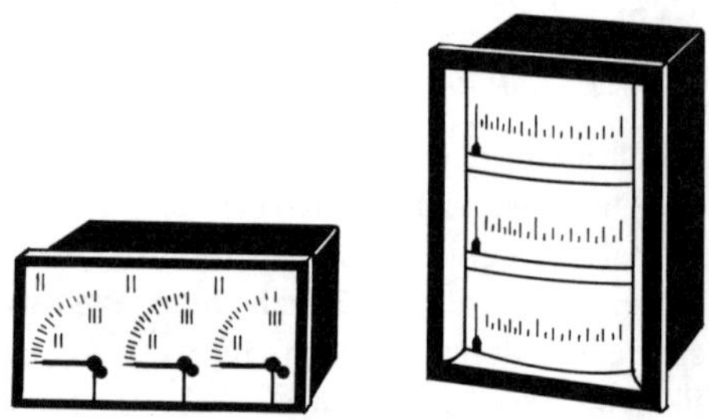

Bild 1/15
Mehrfachinstrumente

1.2.4.2 Gehäuseformen und Befestigung

Für Schalttafelinstrumente sind die Gehäuseabmessungen in DIN 43700 festgelegt.

Bei quadratischen Gehäusen gelten die folgenden genormten Bezeichnungen, die die Abmessungen enthalten:

Quadratische Instrumente mit Quadrantskala				
Gehäuseform:	48	72	96	144
Frontmaß in mm:	48 × 48	72 × 72	96 × 96	144 × 144
Mit Kreisskala (Zusatz K)				
Gehäuseform und Frontmaß in mm:		72 K	96 K	144 K
Rechteckige Instrumente mit Profilskala (Zusatz P)				
Gehäuseform und Frontmaß in mm:	48 × 24 P	72 × 36 P	96 × 48 P	144 × 72 P
Mit Sektorskala (Zusatz S)				
Gehäuseform und Frontmaß in mm:	87 × 69 S	116 × 92 S	147 × 117 S	
Runde Instrumente				
Gehäuseform		050	065	080
Frontmaß (Durchmesser) in mm:		63	83	100
Mehrfachinstrumente mit drei Meßwerken mit Quadrantskalen nebeneinander angeordnet				
Gehäuseform und Frontmaß in mm:	192 × 96			
Mit Profilskalen übereinander angeordnet				
Gehäuseform und Frontmaß in mm:	144 × 192 P			

Quadratische und rechteckige Schalttafelinstrumente werden heute vorwiegend mit schmalen und seltener mit breiten Frontrahmen hergestellt. Besonders bei der Ersatz- oder Nachbestückung von Schalttafeln ist aus optischen Gründen bei der Bestellung anzugeben, ob schmale oder breite Frontrahmen geliefert werden sollen. Die Frontrahmenbreite ist außerdem vom Frontmaß abhängig.

Die Befestigung von Schalttafelinstrumenten erfolgt nach DIN 43835, bei leichten Instrumenten mit geringer Einbautiefe durch Federklammern (Bild 1/16a). Schwere Instrumente und solche mit größerer Einbautiefe werden mit Schraubklammern (Bild 1/16b) befestigt.

Bei der Bestellung von Drehspulinstrumenten, die in Schalttafeln aus ferromagnetischem Material (Stahl) eingebaut werden, ist die Angabe der Schalttafeldicke erforderlich, wenn

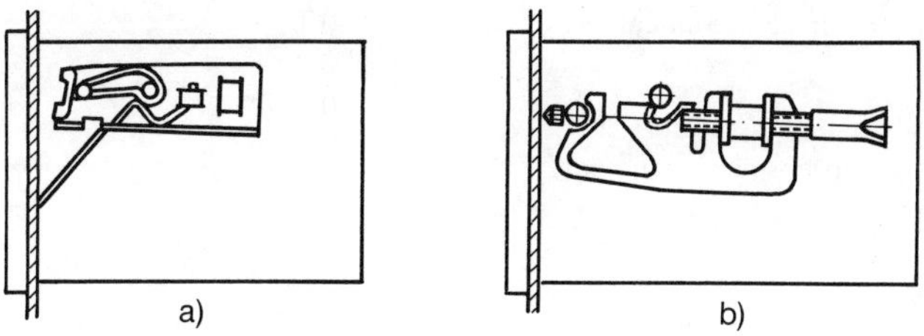

Bild 1/16
Befestigung von Schalttafelinstrumenten
a) mit Federklammern
b) mit Schraubklammern

dieses in der Lieferantenliste gekennzeichnet ist. Der magnetische Nebenschluß, den das Schalttafelblech zu dem eingebauten Dauermagneten darstellt, wirkt sich auf die Anzeige aus und wird daher bei der Eichung berücksichtigt (einstellbarer magnetischer Nebenschluß).

1.3 Meßfehler von Analoginstrumenten

Bei jeder Messung muß mit Fehlern gerechnet werden. Die Messung ist nur dann brauchbar, wenn der Fehler des Meßwertes innerhalb der für die Weiterverarbeitung geforderten Grenzen liegt. Der Fehler, mit dem eine Messung behaftet ist, muß in mehrere Fehlerarten aufgeteilt werden:

Anzeigefehler oder Gerätefehler
Einflußfehler
Ablesefehler oder persönliche Fehler,
Schaltungsfehler (systematischer Fehler).

1.3.1 Anzeige- oder Gerätefehler

Der Anzeige- oder Gerätefehler von Analogmeßgeräten ist durch Fertigungstoleranzen und Streuungen in den Werkstoffeigenschaften bedingt. Hierzu gehören z. B.:
Der *Reibungsfehler*, hervorgerufen durch die Lagerreibung.
Der *Skalenfehler* durch Abweichungen zwischen den Eichpunkten.

Dieser Fehler entsteht in erster Linie bei gedruckten Skalen aufgrund der Fertigungstoleranzen.

Der *Kippfehler* ist bei der Spitzenlagerung dadurch bedingt, daß sie Spitzen der Achsen im Lagerstein einen Spielraum aufweisen müssen. Es würde sonst zum Klemmen der Achse kommen.

Der Anzeigefehler wird vom Hersteller durch die *Genauigkeitsklasse* angegeben.

Die Genauigkeitsklasse ist der auf den Meßbereichsendwert bezogene Anzeigefehler in Prozent.

Die Meßinstrumente werden nach VDE 0410 in festgelegte Genauigkeitsklassen unterteilt und auf der Instrumentenskala durch das *Klassenzeichen* gekennzeichnet. Die genaueren Meßinstrumente bis einschließlich der Klasse 0,5 werden **Feinmeßinstrumente** genannt. Die übrigen heißen **Betriebsinstrumente**.

	Klassenzeichen	zulässige Anzeigefehler (bei Schreibern Schreibfehler)
Feinmeßinstrumente	0,1	±0,1 %
	0,2	±0,2 %
	0,5	±0,5 %
Betriebsmeßinstrumente	1	±1 %
	1,5	±1,5 %
	2,5	±2,5 %
	5	±5 %

Der Anzeigefehler eines Instrumentes kann im gesamten Meßbereich an jeder Stelle einen anderen Betrag aufweisen. Die maximal mögliche Abweichung vom richtigen Wert kann im Anfangsbereich der Skala genauso groß sein, wie im Endbereich. Der zulässige relative, d. h. auf den richtigen Wert bezogene Fehler ist deshalb in der Nähe des Meßbereichsendwertes am geringsten.

Genauere Messungen sollen daher nach Möglichkeit nur im Bereich des Meßbereichsendwertes erfolgen.

Der Anzeigefehler errechnet sich aus der Klassengenauigkeit:
absoluter Fehler = Meßbereichsendwert × Klassengenauigkeit (Dezimalbruch)

$$\text{relativer Fehler} = \frac{\text{absoluter Fehler}}{\text{Meßwert}}$$

Beispiel:

Wie groß ist der maximal zulässige relative Fehler eines Spannungsmeßinstrumentes mit einem Meßbereichsendwert von 250 V und dem Klassenzeichen 1 bei den folgenden Meßwerten?

Lösung:

$$\text{Anzeigefehler} \pm 1\,\% \text{ von } 250\text{ V} = \frac{\pm 1\,\% \cdot 250\text{ V}}{100\,\%} = \pm 2{,}5\text{ V}$$

Meßwert	absoluter Fehler	relativer Fehler
250 V	±2,5 V	$\frac{\pm 2{,}5\text{ V} \cdot 100\,\%}{250\text{ V}} = \underline{\underline{\pm 1{,}0\,\%}}$
200 V	±2,5 V	$\frac{\pm 2{,}5\text{ V} \cdot 100\,\%}{200\text{ V}} = \underline{\underline{\pm 1{,}25\,\%}}$
150 V	±2,5 V	$\frac{\pm 2{,}5\text{ V} \cdot 100\,\%}{150\text{ V}} = \underline{\underline{\pm 1{,}67\,\%}}$
100 V	±2,5 V	$\frac{\pm 2{,}5\text{ V} \cdot 100\,\%}{100\text{ V}} = \underline{\underline{\pm 2{,}5\,\%}}$
50 V	±2,5 V	$\frac{\pm 2{,}5\text{ V} \cdot 100\,\%}{50\text{ V}} = \underline{\underline{\pm 5{,}0\,\%}}$

Bei Meßinstrumenten mit stark nichtlinearer Skalenteilung (z. B. Dreheiseninstrumente mit unterdrücktem Nullpunkt und Überlastbereich) ist die Klassengenauigkeit auf den Meßbereich begrenzt, der nur einen Teil des Anzeigebereichs darstellt (DIN 57410). Im unterdrückten Skalenbereich können größere Fehler auftreten. Die Grenzen des Meßbereiches, für den das Klassenzeichen gilt, sind dann durch Punkte neben der Skaleneinteilung gekennzeichnet (Bild 2/2a).

Bei Instrumenten ohne mechanischen Nullpunkt (z. B. für nichtelektrische Größen) und bei stark nichtlinearen Skalen ist der Klassenfehler durch die auf die Skalenlänge bezogene

Sinnbild	Art des Meßwerkes
	Drehspul-Meßwerk mit Dauermagnet
	Drehspul-Quotientenmeßwerk
	Drehmagnet-Meßwerk
	Dreheisen-Meßwerk
	Elektrodynamisches Meßwerk
	Eisengeschlossenes, elektrodynamisches Meßwerk
	Elektrodynamisches Quotientenmeßwerk
	Eisengeschlossenes, elektrodynamisches Quotientenmeßwerk
	Induktions-Meßwerk
	Bimetall-Meßwerk
	Elektrostatisches Meßwerk
	Vibrations-Meßwerk
	Thermoumformer allgemein
	Drehspul-Meßwerk mit Thermoumformer
	Isolierter Thermoumformer
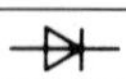	Gleichrichter
	Drehspul-Meßwerk mit Gleichrichter
	Eletronische Anordnung im Meßkreis
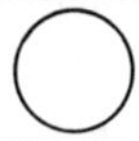	Meßwerk mit magnet. Schirm (Sinnbild für den Schirm)
	Meßwerk mit elektrostatischem Schirm (Sinnbild für den Schirm)
ast	Astatisches Meßwerk
—	Gleichstrominstrument
~	Wechselstrominstrument
	Gleich- und Wechselstrom-Instrument
	Drehstrominstrument mit einem Meßwerk
	Drehstrominstrument mit zwei Meßwerken
	Drehstrominstrument mit drei Meßwerken
⊥	Senkrechte Gebrauchslage
	Waagerechte Gebrauchslage
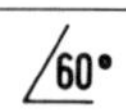	Schräge Gebrauchslage mit Angabe des Neigungswinkels
	Zeigernullstellvorrichtung
	Prüfspannungszeichen: Die Ziffer im Stern bedeutet die Prüfspannung in kV (Stern ohne Ziffer 500 V Prüfspannung)
	Achtung (Gebrauchsanweisung beachten)
	Instrument entspricht bezüglich Prüfspannung nicht den Regeln
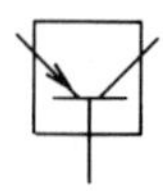	Elektronische Anordnung im Hilfsstromkreis

Symbole für die Genauigkeitsklasse:

1,5 Anzeigefehler bezogen auf Meßbereichs-Endwert

\/1,5/ Anzeigefehler bezogen auf Skalenlänge

(1,5) Anzeigefehler bezogen auf den richtigen Wert

Bild 1/17 Sinnbilder für die Skalen von Meßgeräten

prozentuale Längenabweichung bezogen, wenn das Klassenzeichen in einem nach oben geöffneten Winkel steht. Steht das Klassenzeichen in einem Kreis, gibt es den auf den richtigen Wert bezogenen Anzeigefehler an (Bild 1/17).

Die Einhaltung des durch die Klassengenauigkeit ausgedrückten Anzeigefehlers setzt *Normalverhältnisse* voraus:
Raumtemperatur von 20 °C (± 1 K).
Gebrauchslage, die auf der Skala durch das Lagezeichen (Abschnitt 1.4) gekennzeichnet ist, muß um ± 1 ° eingehalten werden (wenn keine zusätzlichen Angaben vorliegen).

Bei Wechselstromgeräten darf die Abweichung von der *Nennkurvenform* (Sinusform) nur innerhalb festgelegter Grenzen liegen. Auch die Abweichung von der *Nennfrequenz* darf nicht zu groß sein.

1.3.2 Einflußfehler

Der Einflußfehler wird durch äußere Einwirkung hervorgerufen. Bei Veränderung einer einzigen Einflußgröße (z. B. Lage) innerhalb festgelegter Grenzen (VDE 0410) darf die zusätzliche Änderung der Anzeige den Klassenfehler nicht überschreiten. Die wichtigsten Einflußfehler sind nachfolgend aufgeführt:
Der *Lageeinfluß* ist die Änderung der Anzeige durch Neigung des Instrumentes um ± 5 ° aus der Gebrauchslage.
Der *Temperatureinfluß* wird die Änderung der Raumtemperatur um ± 10 K von der Nenntemperatur (20 °C) verursacht.
Der *Anwärmeinfluß* entsteht durch Erwärmung der Bauteile des Instrumentes im Betrieb.
Der *Fremdfeldeinfluß* ist die Änderung der Anzeige durch ein homogenes magnetisches Fremdfeld (Feldstärke 400 A/m ≙ zehnfacher Stärke des Erdmagnetfeldes) unter ungünstigsten Bedingungen bezüglich Richtung, Stromart, Frequenz. Der *Frequenzeinfluß* entsteht durch Änderung der Frequenz innerhalb des Nennbereiches.

1.3.3 Ablesefehler

Der Ablesefehler oder persönliche Fehler entsteht durch fehlerhaftes oder ungenaues Ablesen. Schräge Blickrichtung (Parallaxe) und ungenaues Interpolieren fühen zum Ablesefehler.

1.3.4 Schaltungsfehler

Der Schaltungsfehler wird durch das gewählte Meßverfahren verursacht. Der Eigenverbrauch des Meßgerätes kann Änderungen am Meßobjekt zur Folge haben. Außerdem können sich z. B. Kapazitäten der Meßschaltung auswirken.

1.4 Beschriftung der Skala und Schaltungszeichen

Ein Meßgerät kann nur dann richtig eingesetzt werden, wenn seine Betriebseigenschaften genau bekannt sind. Um eine sichere Erkennung der wichtigsten Eigenschaften zu ermöglichen, müssen alle (in Deutschland hergestellten Geräte) die in VDE 0410 vereinbarten Sinnbilder auf ihrer Skala tragen (Bild 1/17). **Die Sinnbilder geben Aufschluß über die Art des Meßwerkes, Stromart, Genauigkeitsklasse, Gebrauchslage und Prüfspannung**.

Bei Instrumenten, die über Wandler oder Meßwertumformer angeschlossen werden, sind außerdem Angaben der Übersetzung auf der Skala enthalten.

In Schaltplänen dürfen die Sinnbilder nicht verwendet werden, hierfür stehen besondere Schaltzeichen nach DIN 40716 zur Verfügung (Bild 1/18).

Beispiel: Strommesser mit Meßbereich 600 A

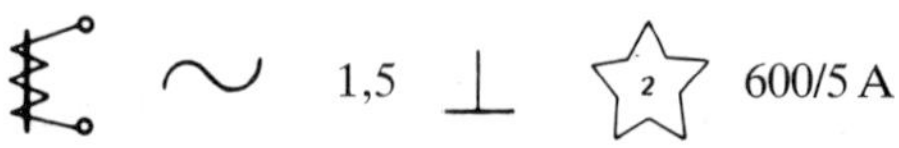

Dreheiseninstrument für Wechselstrom.
Klassengenauigkeit 1,5 % auf Meßbereichs-Endwert 600 A, d. h. ± 9 A im gesamten Meßbereich.
Senkrechte Nennlage (Gebrauchslage).
Prüfspannung zwischen dem elektrischen Teil und dem Gehäuse beträgt 2 kV.
Instrument für Wandleranschluß mit 600 A Primär-Nennstrom und 5 A Sekundär-Nennstrom.

Schaltzeichen	Benennung
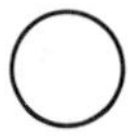	Meßinstrument, allgemein; insbesondere anzeigend
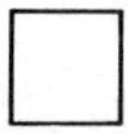	Meßgerät, allgemein; insbesondere registrierend
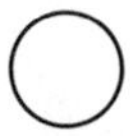	Meßwerk, allgemein
	Meßwerk mit 1 Spannungspfad
	Meßwerk mit 1 Strompfad
	Meßwerk mit Anzapfung
	Meßwerk mit Summen- oder Differenzbildung
	Meßwerk zur Produktbildung
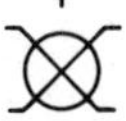	Meßwerk zur Quotienten-bildung
	Kennzeichen
	Anzeige, allgemein
	Anzeige mit beiderseitigem Ausschlag
	Trägheit klein
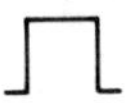	Trägheit groß
	Größtwertanzeige
	Kleinstwertanzeige
	Drehfeldrichtung
	Richtung der Meßwert-übertragung
	Kontaktgabe

Schaltzeichen	Benennung
	Beispiele
	Meßinstrument ohne Kenn-zeichnung der Meßgröße
	Meßinstrument mit beid-seitigem Ausschlag
	Strommesser, allgemein
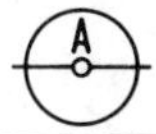	Strommesser mit Dar-stellung der Innenschaltung
	Spannungsmesser, allgemein
	Spannungsmesser mit Dar-stellung der Innenschaltung
	Spannungsmesser mit An-gabe der Einheit Millivolt
	Spannungsmesser für Gleich- und Wechselspannung
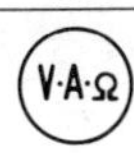	Mehrfach-Instrument mit An-gabe der Einheiten
	Nullindikator für Wechsel-strom
	Synchronoskop
	Strommesser mit großer Träg-heit u. Schleppzeiger für Größtwert
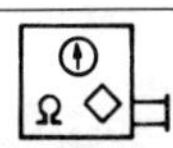	Widerstandsmeßbrücke
	Kreuzzeigerinstrument
	Meßgerät zur Kurvenbild-anzeige der Spannung, Oszilloskop
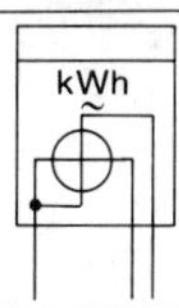	Einphasen-Wechselstromzähler

Bild 1/18 Schaltzeichen für Meßgeräte

2 Meßwerksarten und Instrumente

Nach den für die Anzeige der Meßgröße benötigten Prinzipien unterscheidet man im wesentlichen

a) magnetische Meßwerke, die die Kraftwirkung des magnetischen Feldes ausnutzen,
b) thermische Meßwerke, die die Wärmewirkung des Stromes ausnutzen,
c) elektrostatische Meßwerke, die die Kraftwirkung des elektrischen Feldes benötigen.

Die weitaus wichtigsten magnetischen Meßwerke müssen noch nach Wirkungsweise, Aufbau und Eigenschaften unterteilt werden. Das Drehmoment kann durch Kraftwirkung eines stromdurchflossenen Leiters in einem Dauermagnetfeld (Drehspulmeßwerk), durch Kraftwirkung zwischen stromdurchflossenen Leitern (elektrodynamisches Meßwerk) oder durch Kraftwirkung zwischen den von einer Spule magnetisierten Eisenkernen (Dreheisenmeßwerk) hervorgerufen werden.

2.1 Dreheiseninstrument

2.1.1 Aufbau und Wirkungsweise

Im Kraftfeld einer feststehenden Ringspule sind zwei weichmagnetische Eisenkerne angeordnet. Während der eine Kern am Spulenkörper befestigt ist, befindet sich der andere am Hebelarm auf der durch die Spule geführten Zeigerachse (Bild 2/1a). Wird die Spule vom Strom durchflossen, so werden die Kerne magnetisiert. Die gleichnamigen Pole der beiden Kerne stehen sich gegenüber (Bild 2/1b). Es entsteht eine abstoßende Kraftwirkung, die ein Drehmoment zur Folge hat. Der bewegliche Kern dreht sich soweit aus dem Feld des anderen heraus, bis es zum Gleichgewicht mit dem durch die Spiralfeder verursachten Gegendrehmoment kommt. Eine Luftkammerdämpfung (Bild 2/1a) oder eine Wirbelstromdämpfung (Bild 2/3) sorgen dafür, daß die Zeigerschwingungen rasch abklingen.

Die Spule des Dreheisenmeßwerkes kann als Strom- oder Spannungsspule ausgeführt werden. Stromspulen können für direkte Messung bis über 100 A hergestellt werden. Sie bestehen im Extremfall nur aus einer Windung. Für höhere Ströme werden jedoch meistens Stromwandler eingesetzt. Die Spule ist dann für 5 A oder 1 A ausgelegt. Spannungsspulen bestehen, je nach Höhe der Spannung, aus vielen Windungen. Bei Hochspannung werden Spannungswandler verwendet. Die Meßwerkspule ist dann im allgemeinen für 100 V ausgelegt.

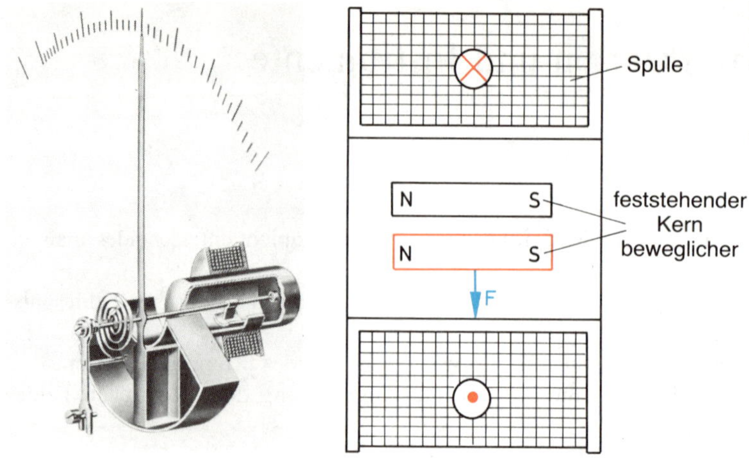

a) b)

Bild 2/1
Dreheisenmeßwerk
a) Meßwerkbild (Hartmann & Braun AG)
b) schematische Darstellung

2.1.2 Eigenschaften und Anwendung

Die abstoßende Kraftwirkung der Weicheisenbleche ist dem Quadrat des Spulenstroms proportional, da die magnetische Induktion in beiden Blechen vom gleichen Strom bestimmt wird. Eine Verdopplung des Stroms hat z. B. die vierfache Kraft zur Folge, da sich in jedem der beiden Eisenbleche die magnetische Induktion verdoppelt. Wegen dieser Quadrierung hat das Vorzeichen (oder die Richtung) des Stroms keinen Einfluß auf die Richtung der Kraft.

Das Dreheisenmeßwerk bildet den quadratischen Mittelwert oder Effektivwert eines Wechsel- oder Mischstroms.

Das Dreheisenmeßwerk mißt daher auch bei nichtsinusförmigem Wechselstrom den Effektivwert. (Im Gegensatz zum Drehspul-Gleichrichterinstrument Abschnitt 2.2.4)

Für Gleichstrom und für Wechselstrom mit Frequenzen bis etwa 100 Hz ist nur eine Skala erforderlich. Bei höheren Frequenzen entstehen, durch Remanenz und Wirbelströme in den Eisenkernen, Meßfehler. Bei Spannungsmessern wirkt sich auch die Induktivität der Spule aus.

Das Dreheisenmeßwerk wird in erster Linie in Schalttafelmeßgeräten eingesetzt. Es zeichnet sich hierfür durch seinen einfachen, robusten und betriebssicheren Aufbau aus. Eine wichtige positive Eigenschaft ist die Unempfindlichkeit gegen elektrische Überlastung, wie sie z. B. bei Strommessern im Kurzschlußfall auftreten.

Die thermische Überlastbarkeit ist durch die hohe Wärmekapazität der relativ großen Spule bedingt. Mechanische Beschädigung durch zu hohe Drehmomente kann nicht eintreten, da infolge der magnetischen Sättigung der Eisenkerne eine Drehmomentbegrenzung eintritt.

Von Schalttafelinstrumenten wird nach VDE 0410 eine festgelegte Überlastempfindlichkeit verlangt, die zu keiner Änderung der Anzeige außerhalb des Klassenbereiches führen darf.

Das Instrument muß dauernd 20 % überlastbar und 1 Sekunde lang 40fach überlastbar sein (bezogen auf die dem Meßbereichsendwert entsprechende Größe).

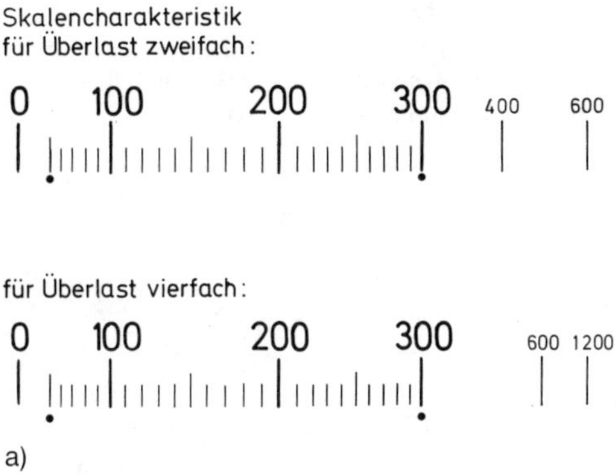

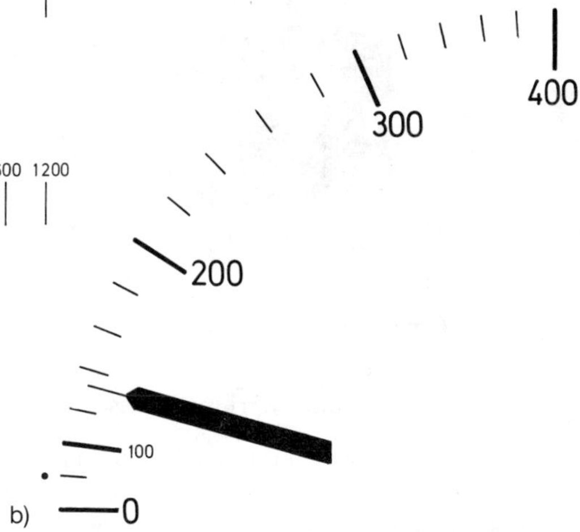

Bild 2/2
Skalencharakteristiken von Dreheiseninstrumenten
a) Strommesser mit Überlastbereich
b) Spannungsmesser mit gedehntem Nennbereich (Quadrantskala)

Dreheiseninstrumente sind meist schon am nichtlinearen Skalenverlauf erkennbar.

Strommesser für Motoren erhalten z. B. einen gedrängten Überlastbereich bis zum doppelten oder vierfachen Nennwert (Bild 2/2a). Der gewünschte Skalenverlauf wird durch geeignete Form der Eisenkerne erreicht.

Der Überlastbereich ermöglicht z. B. die Erkennung von Strömen beim Anlaufvorgang oder bei starker Überbelastung, ohne dabei die Ableseempfindlichkeit im eigentlichen Nennlastbereich wesentlich zu beeinträchtigen. Die Klassengenauigkeit gilt jedoch nur für den zwischen den Punkten liegenden Meßbereich.

Bei Betriebsspannungsmessern wird häufig die Skala im Bereich der Nennspannung, zur Erhöhung der Ableseempfindlichkeit gedehnt (Bild 2/2b).

Dreheiseninstrumente haben einen relativ hohen Eigenverbrauch, da der Aufbau des überwiegend durch Luft verlaufenden magnetischen Flusses eine höhere Ampere-Windungszahl (elektrische Durchflutung) erfordert als bei anderen Meßwerken.

Schalttafelinstrumente haben als Strommesser einen Eigenverbrauch von 0,5 bis 1 VA und als Spannungsmesser 2 bis 5 VA.

Für die Messung von Spannungen im Bereich weniger Volt und Strömen von wenigen mA sind normale Dreheiseninstrumente wegen des hohen Eigenverbrauch nicht geeignet.

2.1.3 Sonderausführungen von Dreheiseninstrumenten

Durch besondere konstruktive Gestaltung des Eisenplättchens kann der Skalenwinkel von Dreheisenmeßwerken stark vergrößert werden. Derartige Instrumente mit Kreisskala besitzen eine wesentlich gesteigerte Übersichtlichkeit (Bild 2/3). Das Meßwerk ist mit einer Wirbelstromdämpfung ausgerüstet.

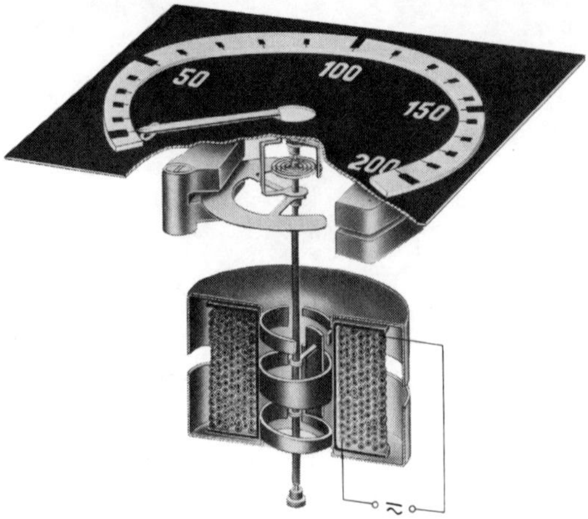

Bild 2/3
Dreheisenmeßwerk mit Kreisskala (Centrax-Meßwerk) (Werkbild Hartmann & Braun AG)

2.2 Drehspulinstrument

2.2.1 Aufbau und Wirkungsweise

Zwischen den Polschuhen eines Dauermagneten sitzt die drehbar gelagerte Spule (Bild 2/4a). In der Mitte der Spule befindet sich ein feststehender, zylindrischer Eisenkern. Die Formgebung der Polschuhe des Magneten bewirkt ein gleichmäßig verteiltes Luftspaltfeld. Die Stromzuführung zur Drehspule erfolgt über die beiden Spiralfedern, die das Gegendrehmoment liefern. Für die Dämpfung der Zeigerschwingungen sorgt der als Kurzschlußwindung ausgebildete Spulenrahmen aus Aluminium (Abschnitt 1.2.2).

Zur Erzielung einer gedrängten Bauweise wird das Drehspulmeßwerk auch als *Kernmagnetmeßwerk* hergestellt (Bild 2/4b). Der Dauermagnet befindet sich im Inneren der Drehspule an der Stelle, die beim Außenpolmeßwerk der Weicheisenkern ausfüllt. Der äußere magnetische Rückschluß erfolgt über einen Weicheisenmantel.

Eine Eichung des Meßwerks erfolgt bei vielen Instrumenten durch einen verstellbaren magnetischen Nebenschluß zum Luftspalt. Hierdurch kann z. B. der Nebenschluß vom Eisen des Schalttafelblechs kompensiert werden.

Wird die Drehspule von Gleichstrom durchflossen, so entstehen nach dem Motorprinzip in beiden Spulenschenkeln tangentiale Kräfte, die ein Drehmoment auf die Zeigerachse ausüben (Bild 2/4c). Die Spule wird soweit gedreht, bis ein Gleichgewichtszustand zum Gegendrehmoment der Spiralfeder bzw. der Spannbänder hergestellt ist.

Eine besondere Bauform, das **Centrax-Meßwerk**, ermöglicht eine Erweiterung des Skalenwinkels über 270° (Bild 2/5). Der äußere Spulenschenkel bewegt sich im homogenen Luftspaltfeld. Der ringförmige Kern ist mit einem Pol und der ihn umschließende Polschuh mit dem anderen Pol der Permanentmagneten verbunden.

2.2.2 Eigenschaften und Anwendung

Da der Verdrehwinkel dem Strom verhältnisgleich ist, erhält das Drehspulmeßwerk normalerweise eine lineare Skalenunterteilung. Eine Stromrichtungsumkehr hat eine Änderung der Kraftrichtung und damit der Zeigerausschlagrichtung zur Folge. **Das Drehspulmeßwerk ist ein reines Gleichstrommeßwerk. Es kann gleichzeitig zur Polaritätsbestimmung dienen**.

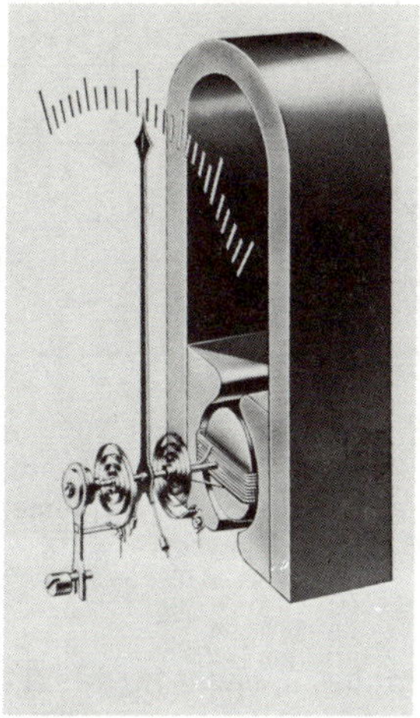

a)

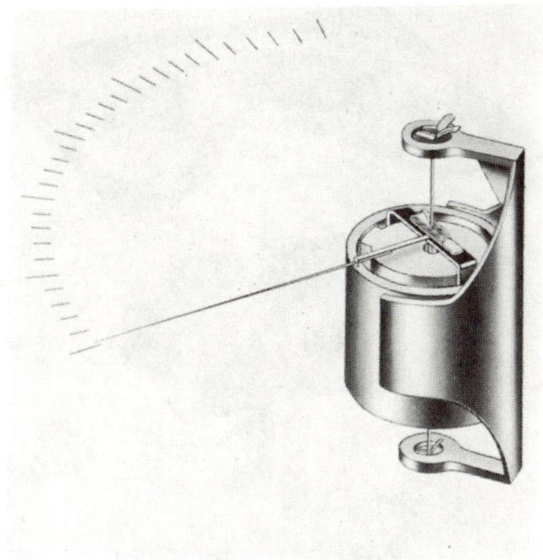

b)

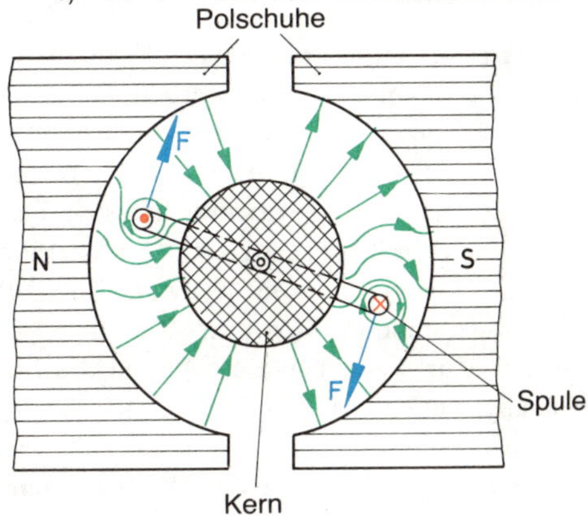

c)

Bild 2/4
Drehspulmeßwerk (Werkbild Hartmann & Braun AG)
a) mit Außenmagnet
b) mit Kernmagnet und Spannbandlagerung
c) Schematische Darstellung eines Drehspulmeßwerkes

Ist der Strom in der Spule schnellen Schwankungen unterworfen, so stellt sich das Drehspulmeßwerk wegen seiner Trägheit auf den *arithmetischen Mittelwert* ein. Bei Wechselstrom ausreichender Frequenz bleibt der Zeiger in Nullage.

Bei der Messung von Mischspannungen oder Strömen, d. h. wenn ein Gleich- und ein Wechselanteil vorhanden sind, mißt das Drehspulmeßwerk nur den Gleichanteil oder arithmetischen Mittelwert.

Das Drehspulmeßwerk ist empfindlich gegen elektrische Überlastung. Es kann sowohl thermisch durch unzulässige Erwärmung der sehr leichten Drehspule als auch mechanisch durch zu hohes Drehmoment zerstört werden.

Vor allem in Vielfachinstrumenten wird häufig eine Schutzbeschaltung für das Meßwerk vorgesehen. Diese besteht aus zwei antiparallel geschalteten Siliziumdioden (Bild 2/6). Die Dioden bilden einen elektrischen Nebenanschluß, der erst dann wirksam wird, wenn der Zeiger auf dem Skalenendwert steht und die Schwellspannung der Diode erreicht ist. Die Spannung am Meßwerk wird nun auf ca. 700 mV begrenzt. Die zweite Diode schützt bei falscher Polung.

Einen Schutz für das gesamte Instrument, d. h. einschließlich der Meßwiderstände, bietet jedoch nur eine flinke Schmelzsicherung oder ein magnetischer Überstromauslöser.

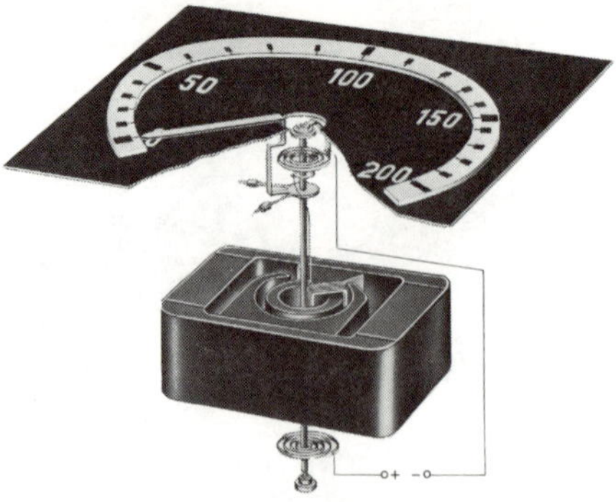

Bild 2/5
Centrax-Meßwerk

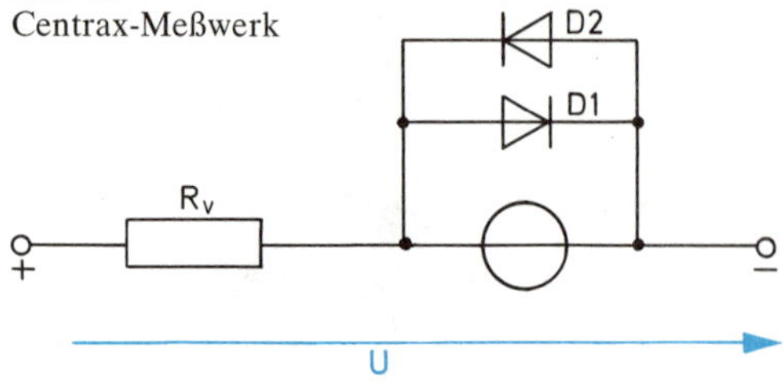

Bild 2/6
Dioden zum Schutz des Drehspulmeßwerkes

2.2.3 Meßbereichserweiterung

Ein normales Drehspulmeßwerk kann zur Gleichspannungsmessung für Meßbereiche ab wenigen Millivolt eingesetzt werden. Das Meßwerk sollte jedoch immer mit einem temperaturunabhängigen Widerstand in Reihe geschaltet sein, um die Temperaturabhängigkeit des Innenwiderstands gering zu halten. Die Drehspule allein hat mit ca. + 0,4 %/K einen relativ hohen Widerstands-Temperaturbeiwert. Für höhere Spannungen wird der Meßbereich durch Vorwiderstände erweitert. Der Vorwiderstand muß so bemessen sein, daß beim Meßbereichsendwert der vom Meßwerk für Vollausschlag benötigte Strom fließt, d. h., der Innenwiderstand des Instruments muß proportional mit der Meßbereichsspannung erhöht werden. Zur bequemen Berechnung des Innenwiderstands eines Spannungsmessers gibt man allgemein den auf die Meßbereichsspannung bezogenen Innenwiderstand an, der auch Kennwiderstand oder Ω/V-Wert genannt wird.

Der Innenwiderstand eines Drehspulspannungsmessers ist das Produkt aus dem Ω/V-Wert und der Meßbereichsspannung.

Der Kennwiderstand oder Ω/V-Wert ist der Kehrwert des Meßbereichsstroms:

$$\Omega/\text{V-Wert} = 1/I_M$$

Beispiel:

Wie groß sind der Innenwiderstand und die Stromaufnahme bei Meßbereichsendwert eines Spannungsmessers mit einem Meßbereich von $U = 150\,\text{V}$. Das verwendete Meßwerk hat einen Kennwiderstand von 20 kΩ/V.

Lösung: $R_i = 150\,\text{V} \cdot 20\,\text{K}\Omega/\text{V} = \underline{3\ \text{M}\Omega}$

$I = 1/20\,\text{k}\Omega/\text{V} = \underline{50\,\mu\text{A}}$

oder $I = U/R_i = 150\,\text{V}/3\,\text{M}\Omega = \underline{50\,\mu\text{A}}$

Zur Gleichstrommessung können normale Drehspulinstrumente für Meßbereiche ab ca. 10 µA eingesetzt werden. Bei größeren Strömen muß der Meßbereich durch einen Parallel- oder Nebenwiderstand (auch Shunt genannt) erweitert werden (Bild 2/7). Am Parallelwiderstand muß beim Meßbereichsstrom die für Vollausschlag erforderliche Spannung abfallen.

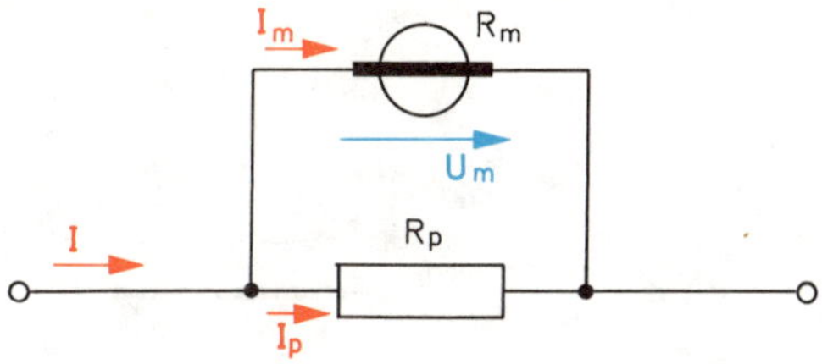

Bild 2/7
Meßbereichserweiterung beim Drehspulstrommesser

Beispiel:

Wie groß muß der Nebenwiderstand für einen Strommesser mit einem Meßbereichsstrom von $I = 500\,\text{mA}$ sein, wenn am Meßwerk eine Spannung von $U_M = 60\,\text{mV}$ auftreten muß. Der Strom im Meßwerk beträgt dabei $I_M = 100\,\mu\text{A}$

Lösung: $I_P = I - I_M = 500\,\text{mA} - 0{,}1\,\text{mA} \approx 500\,\text{mA}$

Der Strom im Meßwerk kann vernachlässigt werden, da er nur 0,02 % des Meßbereichstroms ausmacht.

$$R_P = U_M/I_P = 60\,\text{mV}/500\,\text{mA} = \underline{120\,\text{m}\Omega}$$

Nebenwiderstände für hohe Ströme sind sehr niederohmig (z. B. im Milliohmbereich) und meist getrennt vom Instrument angeordnet. Damit Übergangswiderstände an den Klemmen des Hauptstromkreises nicht an das Meßinstrument gelangen, sind stets separate Klemmen für das Meßinstrument vorhanden (Bild 2/8).

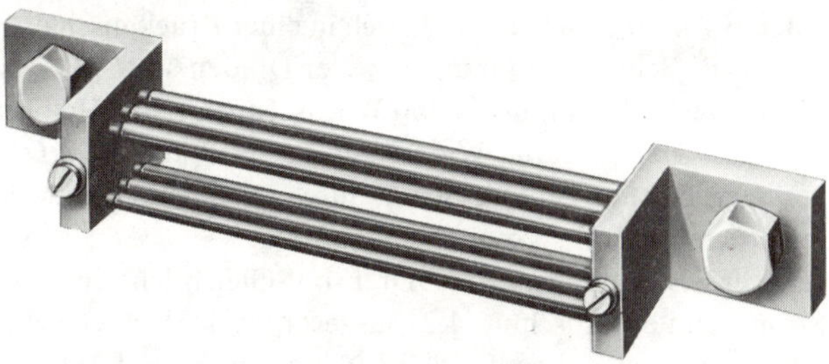

Bild 2/8
Nebenwiderstand für Drehspulinstrument

2.2.4 Drehspulinstrument für Wechselspannung und Strom

Da das Drehspulmeßwerk stets den arithmetischen Mittelwert mißt, müssen Drehspulinstrumente für Wechselspannungen und Ströme mit einem Gleichrichter ausgestattet sein.

Der Meßgleichrichter ist meist ein Brückengleichrichter, da dieser beide Halbwellen der Wechselspannung nutzt und außerdem im Meßobjekt keine Gleichstromkomponente hervorruft. Bei der Messung kleinerer Wechselspannungen, im Bereich einiger Volt, wirkt sich die Schwellspannung der Gleichrichterdioden störend auf die Linearität der Skala im unteren Bereich aus. Noch kleinere Wechselspannungen können mit Drehspul-Gleichrichterinstrumenten nur mit Meßgleichrichtern mit Verstärker gemessen werden (Abschnitt 2.10.7.1).

Um den Linearitätsfehler des Gleichrichters gering zu halten, werden Germaniumdioden eingesetzt, die mit ca. 0,2 V bis 0,3 V eine geringere Schwellspannung als Siliziumdioden

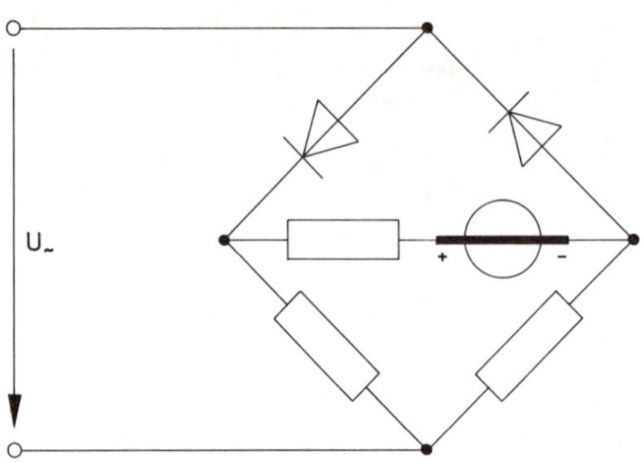

Bild 2/9
Brückengleichrichter mit zwei Widerständen und zwei Dioden

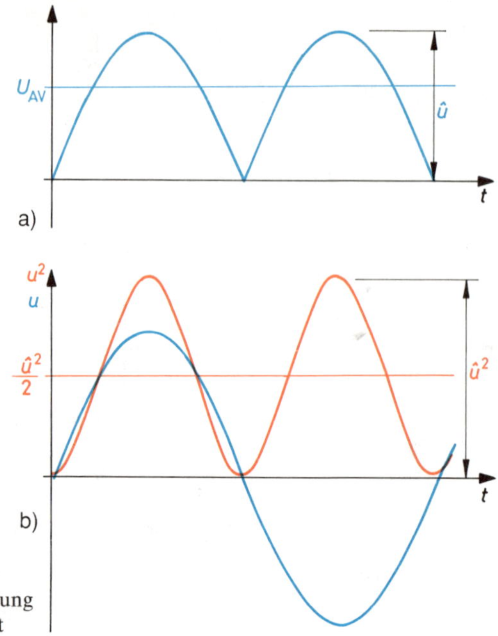

Bild 2/10 Ermittlung des Effektivwerts einer sinusförmigen Wechselspannung
a) Arithmetischer Mittelwert nach Gleichrichtung
b) Quadratischer Mittelwert oder Effektivwert

(ca. 0,6 V bis 0,7 V) haben. Da sich in einer Brückenschaltung, die aus vier Dioden besteht, immer die Schwellspannungen zweier Dioden addieren, wird in Drehspulinstrumenten für kleine Wechselspannungen und Wechselströme eine Halbbrücke eingesetzt (Bild 2/9), in der zwei der Dioden durch Widerstände ersetzt sind. Der Ω/V-Wert wird dadurch allerdings geringer, da stets ein Querstrom durch einen Brückenzweig fließt. Die Widerstände gehen außerdem mit in den Vorwiderstand ein.

Wechselstrommesser mit Drehspul-Gleichrichterinstrumenten sind meist mit einem Stromwandler (Abschnitt 4.2) ausgestattet. Der am Gleichrichter erforderliche Spannungsfall von einigen Volt ist für einen Nebenwiderstand zu hoch. Am Nebenwiderstand würden schon bei Stromstärken im Amperebereich Verlustleistungen von mehreren Watt auftreten. Durch den Stromwandler kann dagegen die Spannung am Gleichrichter hochtransformiert werden.

Drehspul-Gleichrichterinstrumente messen den Effektivwert von Wechselstromgrößen nur unter der Voraussetzung der Sinusform. Diese Einschränkung ist darauf zurückzuführen, daß das Drehspulmeßwerk stets den arithmetischen Mittelwert mißt. Im Gleichrichter-Instrument wird der arithmetische Mittelwert der gleichgerichteten Wechselspannung U_{AV} gemessen (Bild 2/10a). Bei Sinusform ist der arithmetische Mittelwert nach Vollwellengleichrichtung:

$$U_{AV} = \hat{u} \cdot \frac{2}{\pi} = \hat{u} \cdot 0{,}637$$

Die elektrische Leistung eines Wechselstroms oder einer Wechselspannung an einem ohmschen (linearen) Widerstand darf jedoch nur mit dem Effektivwert berechnet werden:

Der Effektivwert einer Wechselspannung (bzw. Wechselstroms) ist der Wert einer Gleichspannung (bzw. eines Gleichstroms), die (bzw. der) im gleichen ohmschen Widerstand die gleiche Leistung hervorruft.

Der Effektivwert ist der quadratische Mittelwert, d. h. die Quadratwurzel aus dem arithmetischen Mittelwert der u^2-Kurve (Bild 2/10b). Der Mittelwert der u^2-Kurve ist bei Sinusform die Hälfte vom Quadrat des Scheitelwerts $\hat{u}^2/2$. Bei einer sinusförmigen Größe errechnet sich daher der Effektivwert zu:

$$U_{\text{eff}} = \sqrt{\frac{\hat{u}^2}{2}} = \frac{\hat{u}}{\sqrt{2}} = \hat{u} \cdot 0{,}707$$

Das Drehspul-Gleichrichterinstrument zeigt also mit $\hat{u} \cdot 0{,}637$ zu wenig an. In die Skala bzw. die Vorwiderstände wird daher ein Korrekturfaktor, der sogenannte **Formfaktor**, mit eingeeicht. Der Formfaktor ist das Verhältnis des Effektivwerts zum arithmetischen Mittelwert nach der Gleichrichtung.

Bei Sinusform beträgt der Formfaktor: $$\frac{\hat{u} \cdot 0{,}707}{\hat{u} \cdot 0{,}637} = \frac{\pi}{2 \cdot \sqrt{2}} = 1{,}11$$

Die Konsequenz aus dieser Korrektur der Anzeige ist:

Mit Drehspul-Gleichrichterinstrumenten können nur sinusförmige Wechselstromgrößen gemessen werden.

Für nichtsinusförmige Größen, die z. B. in der Leistungselektronik bei Phasenanschnittsteuerungen auftreten, müssen sogenannte echt effektivwertmessende Meßgeräte verwendet werden, die heute als elektronische Multimeter hergestellt werden (Abschnitt 2.10.7.4). Eine recht aufwendige Methode der Effektivwertbestimmung einer nichtsinusförmigen Größe bietet das Osziloskop (Abschnitt 7.3.2 und 7.3.4).

Eine andere Möglichkeit der echten Effektivwertmessung mit dem Drehspulinstrument bietet der **Thermoumformer**, der nur in besonderen Fällen eingesetzt wird:

Der Thermoumformer besteht aus einem Thermoelement, das in guten Wärmekontakt mit einem Heizdraht steht (Bild 2/11). Wird der Heizdraht vom zu messenden Strom durch-

Bild 2/11
Drehspulinstrument mit Thermoumformer

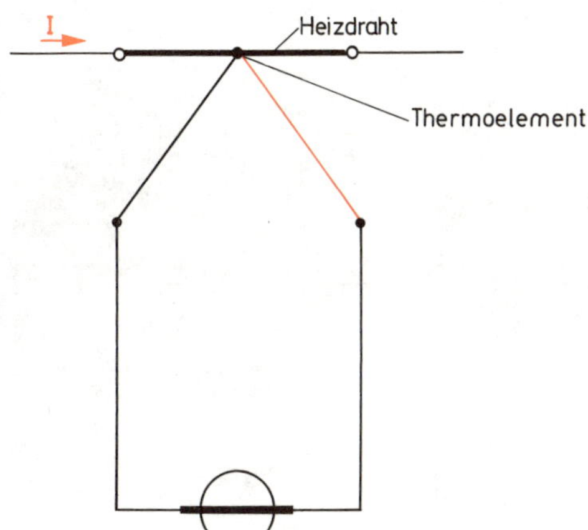

flossen, entsteht eine thermoelektrische Spannung. Der im Meßkreis hervorgerufene Strom wird vom Drehspulmeßwerk angezeigt.

Für die Entstehung der Thermospannung ist allein der Effektivwert des Heizleiterstromes maßgebend. Meßinstrumente mit Thermoumformer zeigen daher bei Gleichstrom und bei Wechselstrom beliebiger Kurvenform und Frequenz (bis etwa 10^8 Hz) richtig an. Die Skala besitzt einen quadratischen Verlauf.

Thermoumformer für kleine Meßbereiche (ab 2,5 mA) sind in evakuierten Glaskolben untergebracht. Für größere Meßbereiche (400 mA bis 6 A) sind Heizleiter mit Thermoelementen in Luft angeordnet.

Die Einstellzeit der Thermoumformer liegt (je nach Meßbereich) unter 1 s. Sie bleibt damit unter der Einstellzeit des Drehspulmeßwerkes, d. h. es entsteht praktisch keine zusätzliche Verzögerung in der Anzeige.

Bei Thermoumformern mit *indirekter Heizung* ist das Thermoelement vom Heizleiter elektrisch isoliert in eine Glasperle eingeschmolzen. Die beiden Stromkreise sind auf diese Weise nicht mehr an gleiches Potential gebunden.

2.2.5 Drehspulvielfachinstrument

Beim Mehrbereichsspannungsmesser liegen die Vorwiderstände in Reihenschaltung und werden je nach Meßbereich zu- oder abgeschaltet (Bild 2/12).

Bei Mehrbereichsstrommessern wird im allgemeinen die Ringschaltung (Bild 2/13) verwendet, da die Kontaktwiderstände des Meßbereichsschalters den Meßfehler nicht vergrößern. Die an den Kontakten auftretenden Spannungabfälle gehen nicht in die Anzeige ein. Die gerade nicht benötigten Nebenwiderstände liegen in Reihe mit dem Meßwerk.

Im Vielfachinstrument sind die beiden Grundschaltungen kombiniert (Bild 2/14). Mit einem Schalter oder über mehrere Buchsen können dann Strom- und Spannungsbereiche gewählt werden.

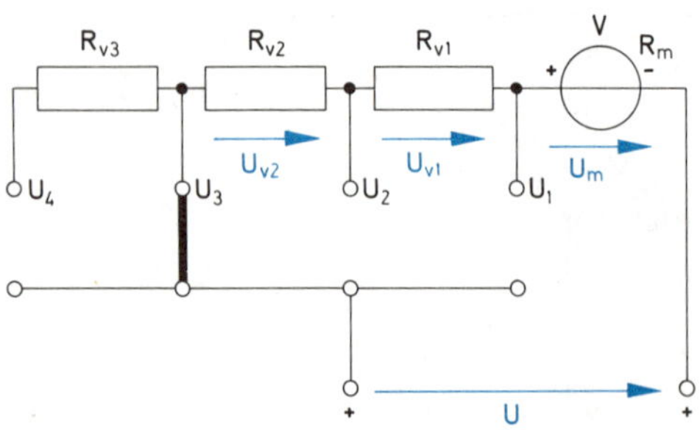

Bild 2/12
Grundschaltung eines Mehrbereichs-Spannungsmessers

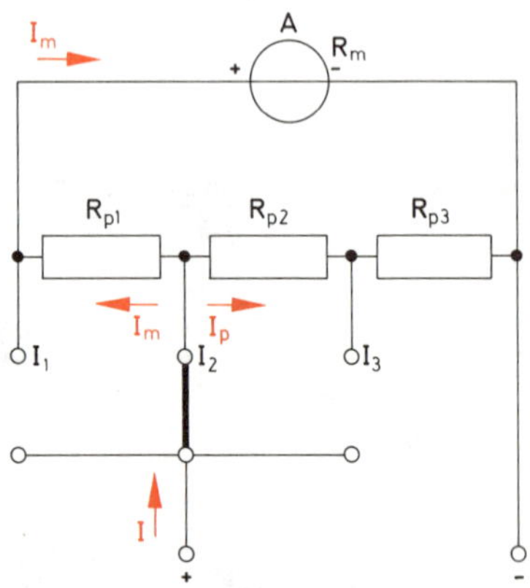

Bild 2/13
Grundschaltung eines Mehrbereichs-Strommessers (Ringschaltung)

Bild 2/14
Grundschaltung eines Vielfachinstrumentes mit Spannungs- und Strommeßbereichen

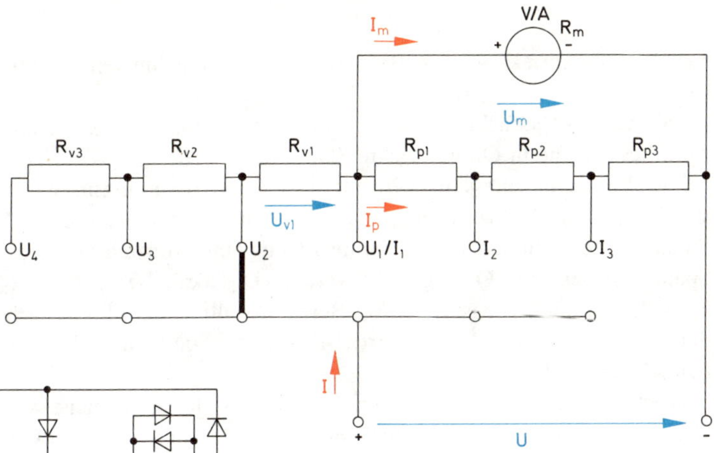

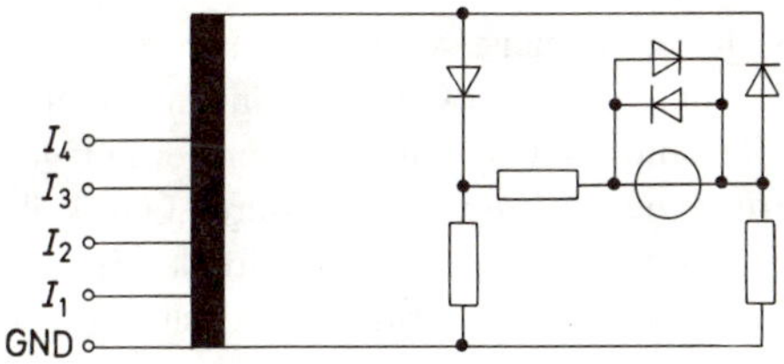

Bild 2/15 Prinzipschaltung eines Vielfachinstruments bei Wechselstrommessung

Für die Wechselspannung- und Strommeßbereiche werden bei heutigen Vielfachinstrumenten meist die gleichen Skalen verwendet wie für die Gleichspannungs- und Strommeßbereiche. Die Nichtlinearität der Gleichrichterdioden ist durch die Schaltung weitgehend ausgeglichen. Außerdem ist die Klassengenauigkeit in den Wechselspannungs- und Strombereichen meist um eine Stufe niedriger.

Drehspulvielfachinstrumente mit mehreren Wechselstrom-Meßbereichen enthalten einen Stromwandler mit mehreren Anzapfungen. Der Wandler ist als Spartransformator ausgelegt (Bild 2/15), da hier eine Potentialtrennung nicht gefordert ist.

Ein wichtiges Kriterium für die Auswahl eines Vielfachinstrumentes ist der Ω/V-Kennwiderstand oder die Empfindlichkeit.

Bleibt die Anwendung in erster Linie auf Messungen in der Starkstromtechnik begrenzt, so sollte einem robusteren Instrument mit geringerem Ω/V-Wert der Vorzug gegeben werden.

Bei häufigen Messungen an hochohmigen, z. B. elektronischen Schaltungen, bei denen es auf eine möglichst geringe Belastung des Meßobjektes durch das Meßgerät ankommt, ist ein Instrument mit höherem Ω/V-Wert (z. B. 10 kΩ/V bis 100 kΩ/V) angezeigt. Mit diesen Geräten können auch hochohmige Widerstände (z. B. bis 10 MΩ) gemessen werden.

Besonders bei den hochohmigen Vielfachinstrumenten liegt der Ω/V-Wert in den Wechselspannungsbereichen bedeutend niedriger als in den Gleichspannungsbereichen (z. B. 100 kΩ/V bei Gleichspannung und 10 kΩ/V bei Wechselspannung).

Für die Messung kleiner Wechselspannungen (bzw. Ströme) bieten sich elektronische Vielfachinstrumente an (Abschnitt 2.10.7), die aufgrund ihres Meßverstärkers einen höheren (bzw. niedrigeren) Innenwiderstand haben.

Werden häufiger Wechselströme der Größenordnung Ampere gemessen, so ist der Einsatz eines Zangenstrommessers, auch Anleger genannt, sinnvoll (Bild 2/16). Der aufklappbare Wandlerkern kann ohne Betriebsunterbrechung um den stromführenden Leiter gelegt werden.

Die meisten Vielfachinstrumente sind auch als **Ohmmeter** einsetzbar. Das Drehspulmeßwerk besitzt eine in Ohm geeichte Skala.

Die Widerstandsmessung wird meist auf eine Spannungsmessung am Vergleichswiderstand R_N (Bild 2/17a) zurückgeführt, der mit dem unbekannten Widerstand R_X einen Spannungsteiler bildet. Unter Voraussetzung einer konstanten Batteriespannung kann der Spannungsmesser in Ohm geeicht werden. Die Skala beginnt mit $R_X = \infty$ und endet mit $R_X = 0\,\Omega$, in der Mitte ist $R_X = R_N$. Bei Umschaltung des Meßbereiches wird R_N jeweils um den Faktor 10 bzw. 0,1 verändert (Bild 2/17b). Die Genauigkeit ist im mittleren Skalenbereich am größten.

Die Bedingung einer konstanten Spannung ist durch die meist verwendeten Braunsteinelemente als Spannungsquelle nicht ausreichend erfüllt. Vor jeder Ohmmessung muß daher ein Nullabgleich mit dem veränderbaren Vorwiderstand oder Spannungsteiler bei kurzgeschlossenen Klemmen erfolgen. Nur wenige Instrumente verwenden die besseren Quecksilberoxidzellen als Spannungsquelle, die praktisch während der gesamten Entladezeit eine konstante Spannung (1,35 V) liefern. Ein Abgleich ist bei diesen Instrumenten deshalb nicht notwendig.

Die beschriebene, auf eine Strommessung zurückgeführte Widerstandsmessung eignet sich nur für relativ hochohmige Widerstände. In Instrumenten für kleine Widerstände wird das Meßwerk dem gemessenen Widerstand als Spannungsmesser parallel geschaltet. Die Skala verläuft dann von $R_X = 0$ am Anfang bis $R_X = \infty$ am Ende. Nachteilig ist, daß bei eingeschaltetem Gerät auch ohne angeschlossenen Widerstand die Spannungsquelle durch den geringen Meßwerkstrom belastet wird.

Die meisten Drehspulohmmeter liegen in der Genauigkeitsklasse 2,5.

Die *Messung elektrolytischer Widerstände*, z. B. Erderwiderstände, muß mit Wechselstrom durchgeführt werden. Bei Gleichstrom entstehen durch Elementbildung und durch Polarisation störende Gleichspannungen, die zu Fehlmessungen führen. Zur Anzeige wird die Wechselspannung gleichgerichtet. Spezielle Meßgeräte zur Erderwiderstandsbestimmung werden im Band Elektroinstallation behandelt.

2.2.6 Widerstandsmeßbrücken

Zur genauen Bestimmung von Widerständen (Fehlergrenzen 1 % und weniger), z. B. für meßtechnische Zwecke, werden Widerstandsmeßbrücken verwendet. Die Genauigkeit wird durch die Präzision der im Gerät verwendeten Meßwiderstände bestimmt. Das lediglich dem Nullabgleich dienende Drehspulmeßwerk (Nullgalvanometer) sowie die Höhe der Speisespannung beeinflussen nicht die Genauigkeit, sondern nur die Abgleichempfindlichkeit.

Die Widerstands-Brückenschaltung, auch Wheatstone-Brückenschaltung genannt, besteht aus zwei parallel geschalteten Spannungsteilern.

Die Brückenschaltung ist abgeglichen, wenn zwischen den Abgriffen der Spannungsteiler, im Diagonalzweig, keine Potentialdifferenz besteht.

Das im Diagonalzweig liegende Nullgalvanometer ist dann stromlos. Der Zeiger nimmt seine Ruhelage in der Mitte der Skala ein. Ist der Abgleich noch nicht erfolgt, weicht die

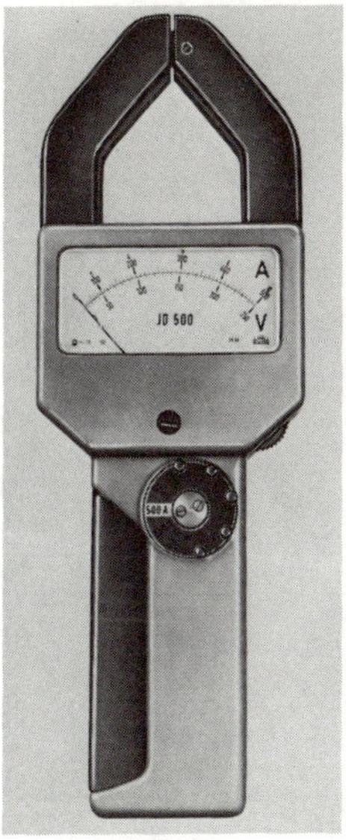

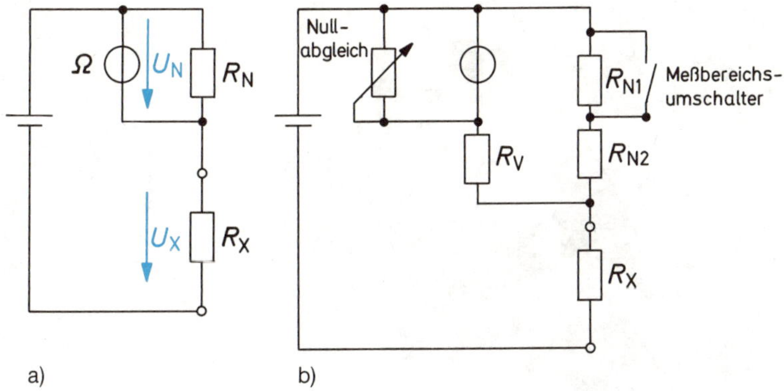

Bild 2/17
Grundschaltung eines
Ohmmeters

Bild 2/16
Zangenstrommesser

Zeigerstellung nach links oder nach rechts von der Nullage ab. Dadurch ist sofort erkennbar, in welchem Sinne der Abgleichwiderstand verstellt werden muß.

Im abgeglichenen Zustand stehen die vier Widerstände in einer eindeutigen Beziehung zueinander, die *Abgleichbedingung* genannt wird. Die Spannungen an den Widerständen eines unbelasteten Spannungsteilers verhalten sich wie die dazugehörigen Widerstände.

Die in der Praxis vewendeten Wheatstone-Meßbrücken sind sogenannte **Schleifdrahtbrücken** (Bild 2/18). Der Abgleich erfolgt über einen als Schleifdraht oder Wendelpotentiometer ausgeführten Spannungsteiler (Bild 2/19). Zur Bereichsumschaltung wird der Vergleichswiderstand R_N in dekadisch gestuften Bereichen verstellt. Durch die Wahl des geeigneten Bereiches kann die Ablesung immer im mittleren Bereich mit der höheren Ableseempfindlichkeit erfolgen. Die Endbereiche $R_X = 0$ und $R_X = \infty$ sind durch Vorwiderstände zum Potentiometer unterdrückt.

Für *kleinste Widerstände* im Bereich zwischen etwa $10^{-6}\,\Omega$ und $1\,\Omega$ wird die **Thomson-Meßbrücke**, eine Doppelbrücke, verwendet (Bild 2/20). Zur Erzielung einer ausreichenden Empfindlichkeit sind größere Ströme erforderlich als bei höheren Widerstandswerten. Die Stromquelle wird daher nicht eingebaut. Die in den Abgleich einbezogene Spannung am unbekannten Widerstand wird über getrennte Klemmen direkt am Objekt abgegriffen. Spannungsabfälle an Zuleitungen und Klemmen für den Speisestrom werden dadurch eliminiert.

Mit Wechselspannung betriebene Brückenschaltungen, die mit induktiven und kapazitiven Widerständen bestückt sind, dienen zur Induktivitäts- und Kapazitätsbestimmung. Der Abgleich hat stets nach den beiden Kriterien, Betrag und Richtung (Phasenlage), getrennt zu erfolgen. Der ohmsche und der kapazitive bzw. induktive Anteil werden also getrennt erfaßt. Als Nullindikatoren können, da Wechselspannung anliegt, kein Galvanometer allein verwendet werden. Meistens wird die Brückenspannung vor der Anzeige noch verstärkt.

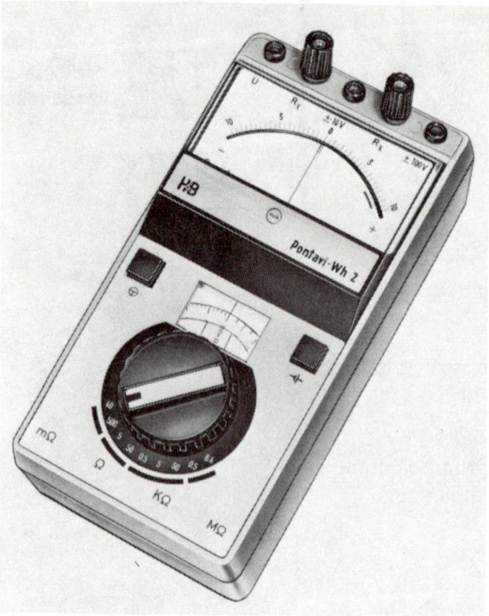

Bild 2/18
Wheatstone-Meßbrücke
(Werkbild Hartmann & Braun AG)

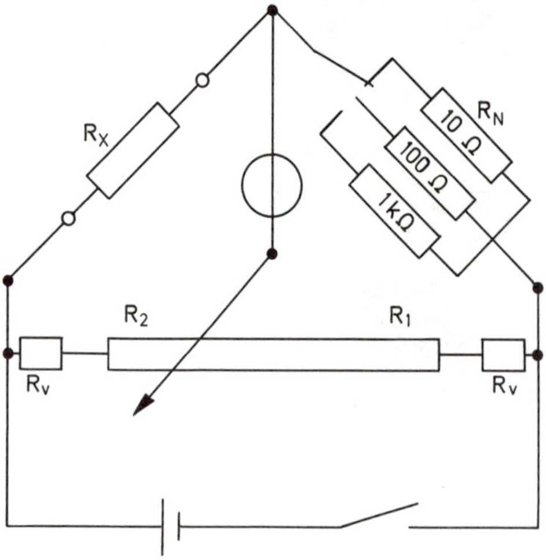

Bild 2/19
Grundschaltung einer Schleifdrahtbrücke

Bild 2/20
Thomson-Meßbrücke
(Werkbild Hartmann & Braun AG)

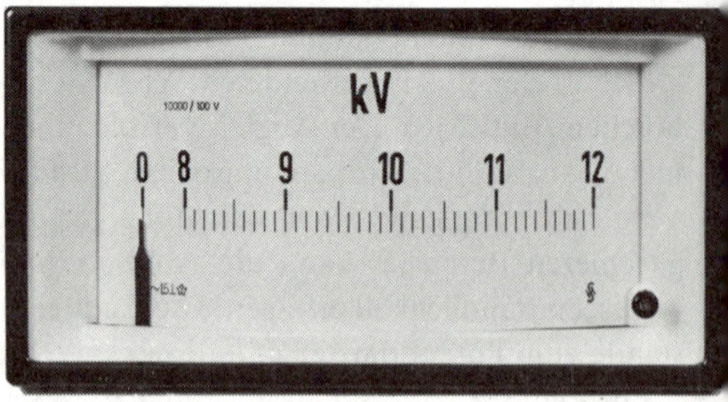

a)

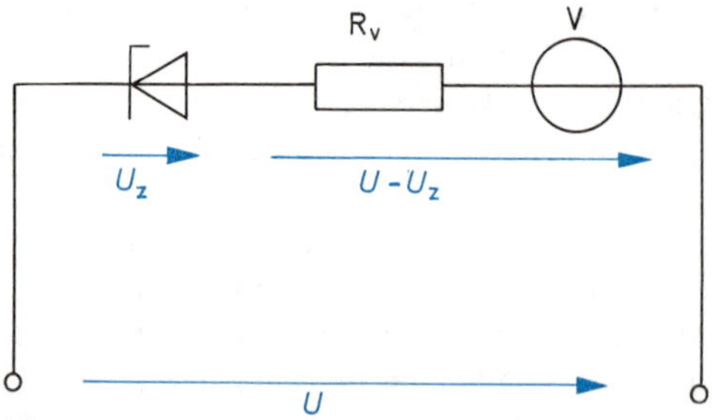

b)

Bild 2/21
Spannungslupe
a) Schalttafelinstrument
(Werkbild Siemens)
b) Grundschaltung

2.2.7 Drehspulinstrument mit Spannungslupe

Zur Erfassung kleiner Betriebsspannungsabweichungen bietet das normale Drehspulinstrument mit linearer Teilung nur eine geringere Ableseempfindlichkeit.

Beim Instrument mit Spannungslupe umfaßt der Meßbereich nur etwa ± 10 % bis ± 15 % der Nennspannung und nimmt nahezu die gesamte Skalenlänge ein (Bild 2/21a). Die Unterdrückung von Spannungen unterhalb des Meßbereiches erfolgt elektrisch mittels einer Z-Diode.

Die in Sperrichtung betriebene Z-Diode leitet erst bei Spannungen oberhalb ihrer Durchbruchspannung. Der Meßstrom steigt in der Reihenschaltung mit Instrument und Vorwiderstand (Bild 2/21b) oberhalb der Z-Spannung nahezu linear an. Die Skala ist daher im Meßbereich linear unterteilt.

2.3 Kreuzspulinstrument oder Drehspulquotientenmesser

2.3.1 Aufbau und Wirkungsweise

Das bewegliche Organ besteht aus zwei gekreuzten, gemeinsam auf der Zeigerachse angeordneten Spulen (Bild 2/22). Die vier Spulenschenkel befinden sich im ungleichen Luftspalt zwischen dem Weicheisenkern und den Polschuhen des Dauermagneten. Die Stromzuführung zu den beiden Spulen erfolgt über weiche Metallbänder, so daß kein mechanisches Rückstellmoment auf die Achse wirkt. Der Zeiger hat daher keine feste Ruhelage, d. h. er bleibt im stromlosen Zustand in jeder beliebigen Lage stehen.

Die Spulen sind so geschaltet, daß ihre Drehmomente gegeneinander wirken. Aufgrund des inhomogenen Dauermagnetfeldes kommt es bei einem bestimmten Verdrehwinkel zum Gleichgewicht der Drehmomente und damit zur Ruhelage eines Zeigers. **Die Zeigerstellung hängt nur vom Verhältnis oder Quotienten der Spulenströme ab.**

Werden beide Spulenströme von der gleichen Spannungsquelle geliefert, sind Spannungsschwankungen in weiten Grenzen ohne Einfluß auf die Anzeige, da das Verhältnis der Ströme erhalten bleibt.

Die als Versorgungsspannung dienende Gleichspannung braucht also nicht stabilisiert zu sein.

Bild 2/22
Kreuzspulmeßwerk

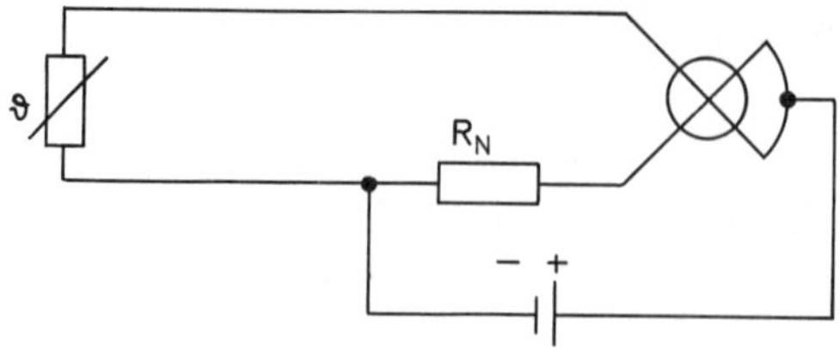

Bild 2/23
Grundschaltung eines Widerstandsthermometers mit Kreuzspulinstrument

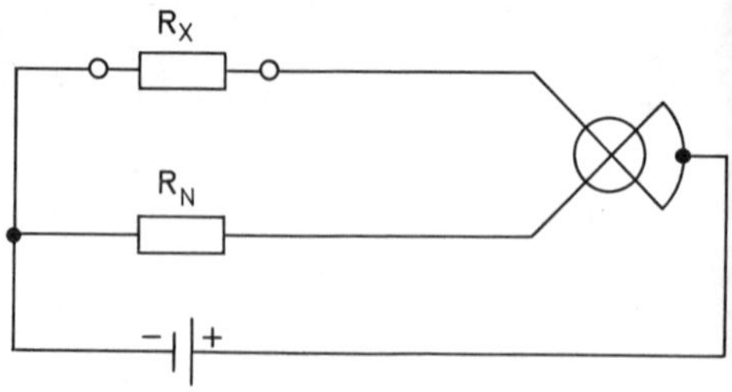

Bild 2/24
Grundschaltung eines Ohmmeters mit Kreuzspulinstrument

2.3.2 Anwendung

Das Kreuzspulinstrument dient in erster Linie der elektrischen Anzeige nichtelektrischer Größen, auch über größere Distanzen.

Beim Widerstandsthermometer vergleicht das Meßwerk den Strom durch einen temperaturabhängigen Widerstand mit dem durch einen konstanten Vergleichswiderstand (Bild 2/23, näheres siehe Abschnitt 6.2.1).

Beim Widerstandsferngeber wird das Verhältnis der Spulenströme über ein von der anzuzeigenden mechanischen Größe verstelltes Potentiometer verändert (Abschnitt 6.3.2).

Bei *Widerstandsmessern* (Ohmmetern) liegt wiederum in einem Zweig ein konstanter Vergleichswiderstand (R_N), während im anderen Zweig der unbekannte Widerstand (R_X) liegt (Bild 2/24). Da der unbekannte Widerstand allein das Verhältnis der Ströme bestimmt, ist die Skala direkt in Ohm geeicht. Meßbereichsumschaltung erfolgt durch dekadische Veränderung des Vergleichswiderstandes. Kreuzspulohmmeter finden heute kaum noch Verwendung.

2.4 Bimetallinstrument

Beim Bimetallmeßwerk wird das Drehmoment von einer Bimetallspirale hervorgerufen, die aus zwei aufeinandergewalzten Blechstreifen unterschiedlicher Wärmeausdehnungskoeffizienten besteht. Wird diese vom Meßstrom durchflossen versucht sie sich aufzudrehen, da die Erwärmung eine unterschiedliche Längenänderung der beiden Streifen bewirkt. Das innere an der Zeigerachse befestigte Ende der Spirale verursacht die Drehung (Bild 2/25). Es kommt zum Gleichgewicht, wenn die zugeführte gleich der abgegebenen Wärmemenge ist. Ein Metallstreifen dient zur Stromableitung von der Achse. Eine zweite stromlose im gegensinnigen Wickelsinn angeordnete Bimetallspirale kompensiert durch ihr Gegenmoment den Einfluß der Raumtemperatur.

Das Bimetallmeßwerk zeigt unabhängig von Stromart, Frequenz und Kurvenform den für die Wärmewirkung maßgeblichen Effektivwert an. Es ist mit einer Klassengenauigkeit von etwa 2,5 % relativ ungenau. Der Eigenverbrauch ist hoch. Bei seiner Anwendung als *Stromhöchstwertmesser* in Wechsel- und Drehstromanlagen wird die hohe Trägheit (8 oder 15 Minuten) in der Anzeige ausgenutzt. Der angezeigte Wert hängt neben der Höhe auch von

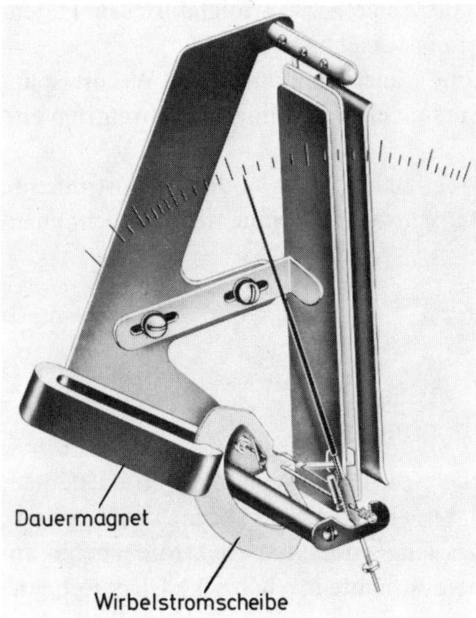

Bild 2/26
Elektrostatisches
Plattenmeßwerk

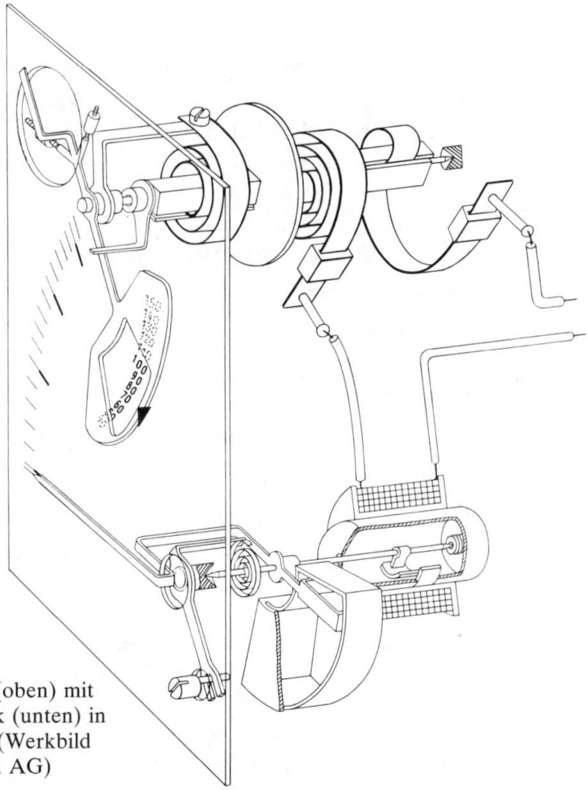

Bild 2/25
Bimetallmeßwerk (oben) mit
Dreheisenmeßwerk (unten) in
einem Instrument (Werkbild
Hartmann & Braun AG)

der Dauer des Stromflusses ab. Kurz andauernde Stromüberhöhungen, die eine Anlage thermisch nicht nennenswert belasten, werden entsprechend wenig berücksichtigt. Ein Schleppzeiger hält den für die Anlagenüberwachung wichtigen Höchstausschlag fest. Bild 2/25 zeigt ein Bimetallmeßwerk, das mit einem Dreheisenmeßwerk zu einem Instrument kombiniert wurde. Die Meßwerke sind in Reihe geschaltet.

Wegen ihres hohen Drehmomentes können Bimetallmeßwerke auch in registrierenden Instrumenten eingesetzt werden.

Ein weiteres thermisches Meßwerk ist das Hitzdrahtmeßwerk. Es ist heute überholt. Die Längenänderung eines vom Meßstrom erwärmten Drahtes wird über ein Fadengetriebe auf die Zeigerachse übertragen.

Hitzdrahtinstrumente waren die ersten brauchbaren Meßgeräte für Wechselströme mit höherer Frequenz.

2.5 Elektrostatische Instrumente

Elektrostatische Meßwerke nutzen die Kraftwirkung des elektrischen Feldes in einem Kondensator mit einer beweglichen Platte. Beim elektrostatischen Plattenmeßwerk (Bild 2/26) ist eine leichte Metallplatte beweglich zwischen zwei feststehenden angeordnet. Wird eine genügend hohe Spannung zwischen eine feststehende und die beiden anderen Platten gelegt, so entsteht eine Auslenkung. Die Übertragung auf die Zeigerachse erfolgt durch ein Fadengetriebe. Das Meßwerk ist mit Wirbelstromdämpfung versehen.

Elektrostatische Plattenmeßwerke werden für hohe Gleichspannungen und Wechselspannungen, auch bei hohen Frequenzen, verwendet. Sie sind in erster Linie in Laboratorien und Prüfräumen anzufinden.

Da in elektrischen Anlagen hohe Spannungen über 1000 V nicht an die Meßinstrumente geführt werden dürfen (VDE 101), sind elektrostatische Meßinstrumente dort nicht anzutreffen.

2.6 Frequenzmesser

2.6.1 Zungenfrequenzmesser oder Vibrationsmeßwerk

Das Vibrationsmeßwerk unterscheidet sich wesentlich von den übrigen Meßwerken, denn es besitzt keinen Zeiger, der auf einer Achse befestigt ist. Die Anzeige übernehmen mehrere Stahlzungen, die in einer Reihe im Kraftfeld eines langgestreckten Elektromagneten angeordnet sind (Bild 2/27a). Jede Zunge ist auf eine bestimmte mechanische Eigenfrequenz abgestimmt. Wird die Wicklung von Wechselstrom durchflossen, wirken auf alle Zungen Wechselkräfte. In sichtbare Schwingungen werden jedoch nur die wenigen Zungen versetzt, deren Eigenfrequenzen unmittelbar neben bzw. direkt bei der Anregungsfrequenz des Kraftfeldes liegen. Je geringer die Abweichung, um so größer ist die Schwingungsweite. Es entsteht auf der Skala ein typisches Schwingungsbild (Bild 2/27b), das auch die Abschätzung von Zwischenwerten gestattet.

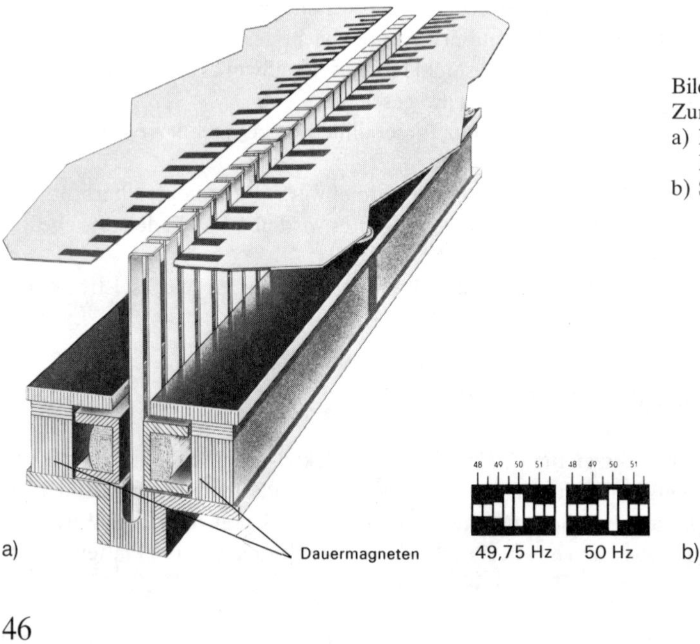

Bild 2/27
Zungenfrequenzmesser
a) Meßwerkbild (Werkbild Hartmann & Braun AG)
b) Schwingungsbilder

In einfachen Geräten haben die Eigenfrequenzen der Zungen den doppelten Betrag der aufgedruckten Skalenwerte. Die mechanische Anregungsfrequenz ist nämlich die doppelte Frequenz des Wechselstromes, da – unabhängig von der Stromrichtung – während jeder Halbwelle eine Kraft auf die Zungen ausgeübt wird.

In dem Meßwerk nach Bild 2/27a wird dem Wechselfeld durch die in den magnetischen Kreis eingebauten Dauermagnete ein Gleichfeld überlagert. Das Wechselfeld wirkt in einer Richtung verstärkend und in der anderen entgegen dem Gleichfeld. Die Kraftwirkung wechselt nun mit der gleichen Frequenz wie der Wechselstrom. Höhere Wechselkräfte und längere Zungen verbessern die Ablesbarkeit.

Vibrationsmeßwerke können für Frequenzen von wenigen Hertz bis in den Tonfrequenzbereich gebaut werden. Sie zeichnen sich durch hohe gleichbleibende Genauigkeit (0,2 bis 0,5 %) und unempfindliche Bauart aus. Der Eigenverbrauch liegt in der Größenordnung Watt.

In Synchronisiereinrichtungen für Wechselstromgeneratoren werden häufig Doppelfrequenzmesser verwendet. In einem Instrument sind dann zwei gleiche Meßwerke zum Vergleich nebeneinander abgeordnet.

2.6.2 Zeigerfrequenzmesser

Zeigerfrequenzmesser zeigen die Frequenz direkt mit einem in Hertz geeichten Drehspul-Gleichrichterinstrument an. Sie arbeiten nach dem sogenannten Kondensator-Umladungsprinzip, indem die Frequenzabhängigkeit des kapazitiven Widerstands eines Kondensators in einer Brückenschaltung ausgenutzt wird. Bei Zeigerfrequenzmessern für Netzfrequenz umfaßt der Meßbereich nur einen kleinen interessierenden Bereich um die Nennfrequenz (z. B. 45 Hz bis 55 Hz).

2.7 Elektrodynamisches Instrument als Leistungsmesser

2.7.1 Aufbau und Wirkungsweise

Das elektrodynamische Meßwerk besteht aus einer drehbar gelagerten Spule, die im Kraftfeld einer größeren feststehenden Spule angeordnet ist (Bild 2/28a). Der Drehspule wird der Strom über zwei Spiralfedern zugeführt, die gleichzeitig das Gegendrehmoment liefern. Das Meßwerk ist mit einer Luftdämpfung ausgerüstet.

Zur Erzeugung eines Drehmomentes müssen beide Spulen vom Strom durchflossen werden (Bild 2/28b). Die Umpolung eines der beiden Spulenströme bewirkt die Umkehrung der Kraftrichtung und damit der Ausschlagrichtung. Werden beide Ströme umgepolt, bleibt der Drehsinn erhalten. Die Kraftwirkung auf die Drehspule ist sowohl ihrem eigenen Strom wie dem in der festen Spule verhältnisgleich. **Das elektrodynamische Meßwerk bildet also das Produkt zweier Meßgrößen. Es wird daher zur Messung der elektrischen Leistung verwendet.** Die feststehende Spule mit relativ großem Drahtquerschnitt und geringer Windungszahl bildet den Strompfad, und die leichte Drehspule wird über einen Vorwiderstand in den Spannungspfad gelegt (Bild 2/29).

Das Drehmoment und damit die Anzeige entsprechen dem Produkt aus Spannung und Strom. Die Skala wird in Watt (W) bzw. Kilowatt (kW) geeicht.

Bild 2/28
Eisenloses elektrodynamisches Meßwerk
a) Meßwerkbild (Werkbild Hartmann & Braun AG)
b) schematische Darstellung

a)

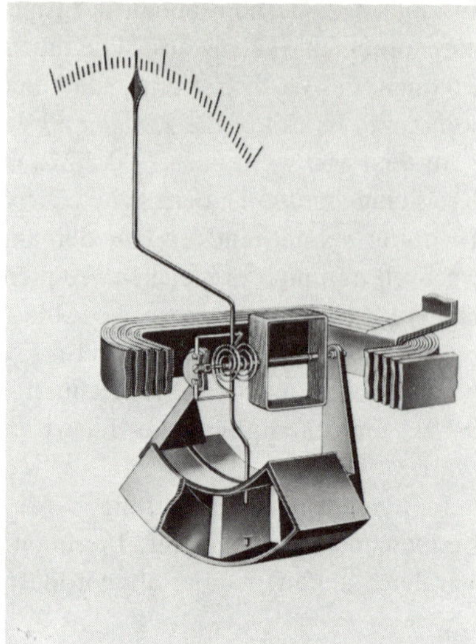

b)

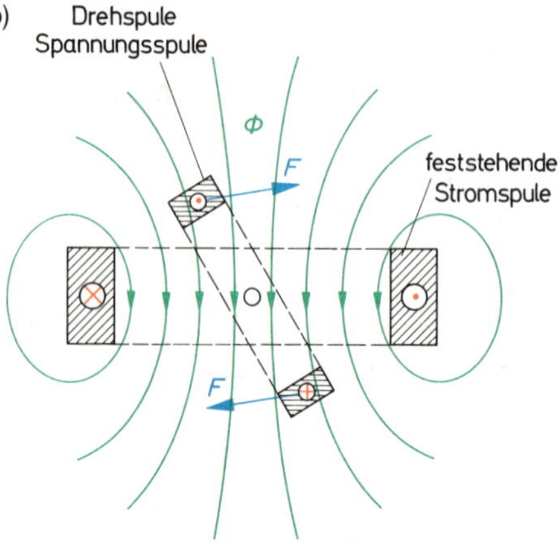

a)

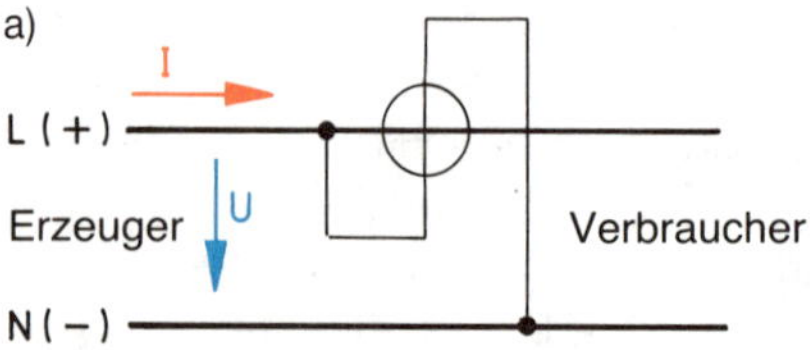

b)

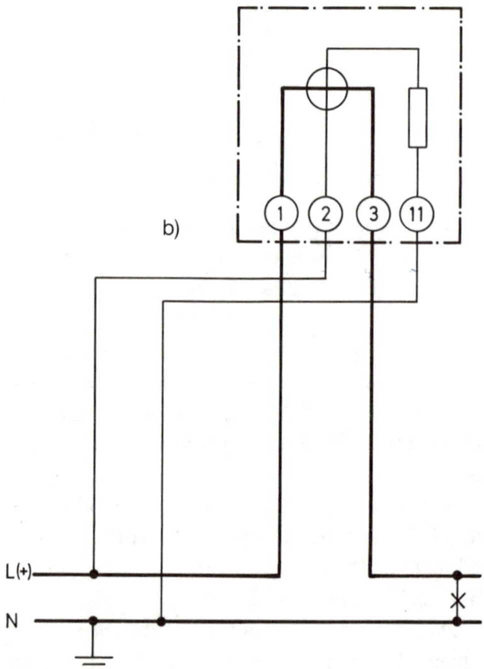

Bild 2/29
Grundschaltung eines Leistungsmessers
a) Prinzipschaltung
b) Schaltbild für Einphasen-Wechselstrom

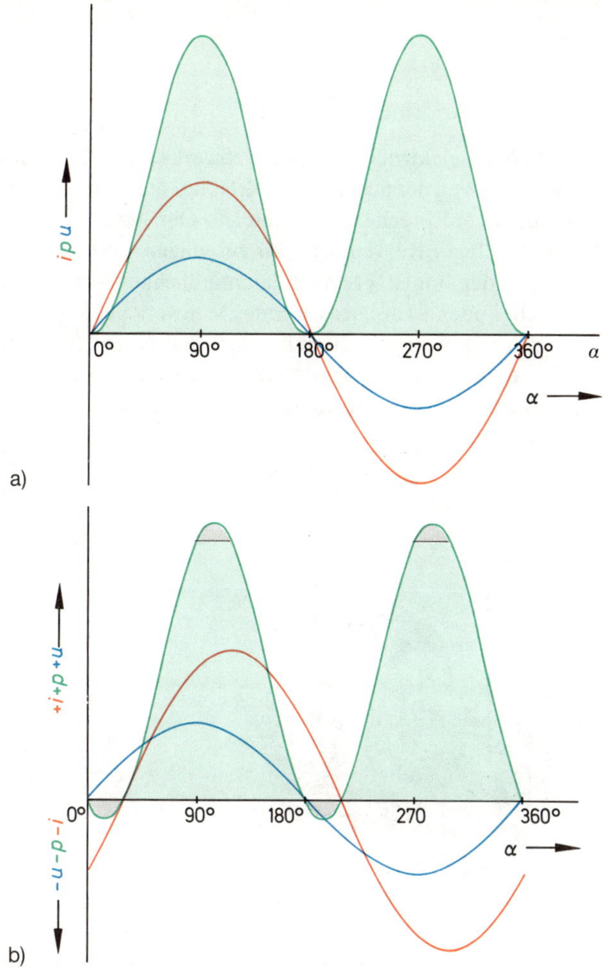

Bild 2/30
Zeitlicher Verlauf der Spannung, des Stromes und der Leistung bei Wechselstrom
a) bei ohmscher Last
b) bei ohmsch-induktiver Last

Bei Wechselstrom mit rein ohmscher Last gehen Verbraucherstrom und Spannung gleichzeitig durch Null. Da sich die beiden Magnetflüsse gleichzeitig mit umpolen, bleibt der Drehsinn erhalten. Das Meßwerk zeigt, aufgrund seiner mechanischen Trägheit, die mittlere Leistung an (Bild 2/30a).

Bei einer Phasenverschiebung zwischen Spannung und Strom polt ein Magnetfluß eher um als der andere, es entsteht kurzzeitig ein Gegendrehmoment. Da sich das Meßwerk aufgrund seiner mechanischen Trägheit wieder auf den arithmetischen Mittelwert einstellt, bleibt die zwischen Erzeuger und Verbraucher hin- und herpendelnde Blindleistung unberücksichtigt (Bild 2/30b).

Das elektrodynamische Meßwerk zeigt bei Wechselstrom nur die Wirkleistung an.

$$P = U \cdot I \cdot \cos\varphi$$

2.7.2 Bauformen

Das eisenlose elektrodynamische Meßwerk (Bild 2/28a) wird in erster Linie als Feinmeßwerk verwendet. Weil der magnetische Kreis nur aus Luft besteht, ist das Drehmoment gering und der Aufbau entsprechend empfindlich. Der Anzeige erfolgt bei Gleichstrom und Wechselstrom beliebiger Kurvenform (bis zu einigen 100 Hz) mit gleicher Genauigkeit.

Wegen der hohen Fremdfeldempfindlichkeit wird die eisenlose Ausführung meist als astatisches oder als eisengeschirmtes Meßwerk gebaut. Bei der astatischen Ausführung sind zwei gleiche Spulenpaare unmittelbar hintereinander auf derselben Achse angeordnet. Die Spulen sind mit entgegengesetztem Wickelsinn in Reihe geschaltet. Die durch Fremdfelder verursachten Drehmomentänderungen heben sich auf diese Weise auf.

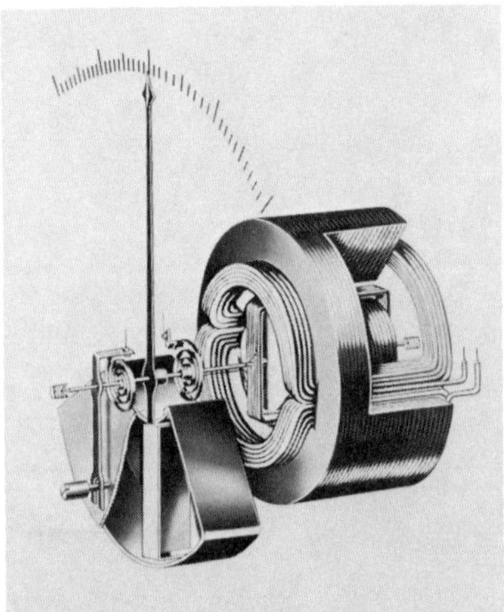

Bild 2/31
Eisengeschlossenes elektrodynamisches Meßwerk (Werkbild Hartmann & Braun AG)

Leistungsmeßinstrumente für Wechselstrom werden vorwiegend mit eisengeschlossenen Meßwerken ausgerüstet (Bild 2/31). Die feststehende Spule ist in einen geschlossenen lamellierten Eisenring mit Polschuhen eingelegt). Die Drehspule umschließt einen ebenfalls feststehenden lamellierten Eisenkern. Das Drehmoment ist infolge des größeren magnetischen Flusses um ein Vielfaches höher als beim eisenlosen Meßwerk. Die Ausführung kann daher den Betriebsbedingungen besser angepaßt werden. Wegen der Remanenz des Eisens kann daß Meßwerk jedoch nur bei Wechselstrom eingesetzt werden.

Bei Leistungsmessern für Drehstrom wirken bis zu drei Meßwerke gemeinsam auf eine Achse. Durch die Summenbildung der Drehmomente wird die gesamte Wirkleistung angezeigt.

2.7.3 Indirekte Leistungsmessung

Bei höheren Verbraucherströmen erfolgt eine halbindirekte Leistungsmessung, d. h., der Verbraucherstrom wird nicht direkt über den Strompfad des Meßwerkes geleitet (Bild 2/32a), sondern nur der Sekundärstrom eines Stromwandlers (Abschnitt 4.2). Der Stromwandler muß nicht nur ein genaues Strom-Übersetzungsverhältnis aufweisen, sondern der

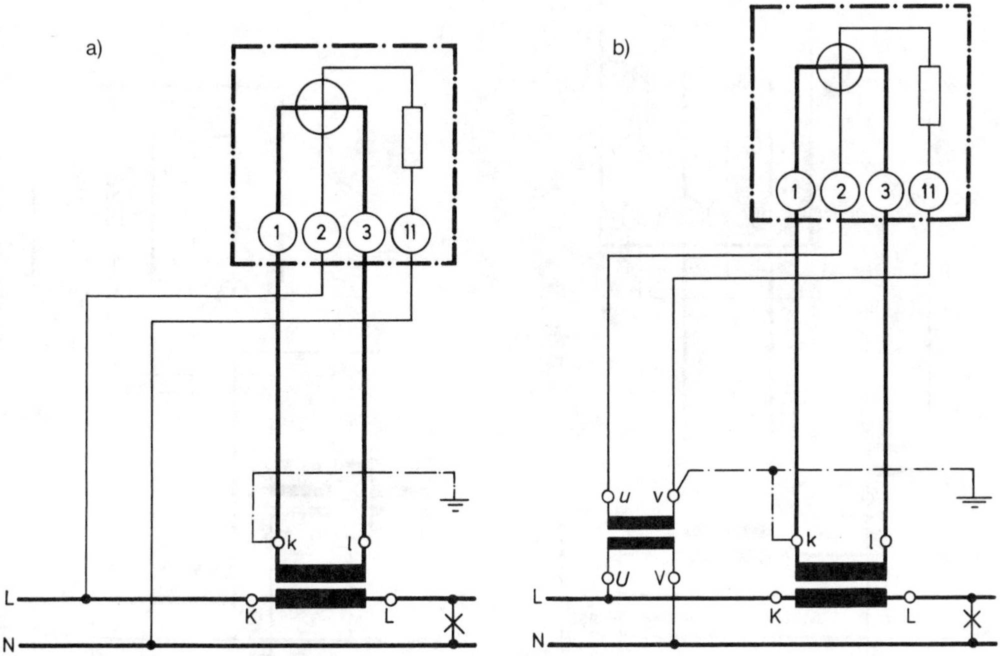

Bild 2/32 Leistungsmessung bei Einphasen-Wechselstrom
a) mit Stromwandler
b) mit Strom- und Spannungswandler

Sekundärstrom muß auch möglichst genau die gleiche Phasenlage wie der Primärstrom haben. Bei falscher Polung des Strompfades schlägt das Meßwerk in der falschen Richtung aus.

Bei Wandlerinstrumenten ist das Übersetzungsverhältnis des Wandlers mit eingeeicht. Im anderen Fall muß mit dem Übersetzungsverhältnis multipliziert werden.

In Hochspannungsanlagen erfolgt die Leistungsmessung (wie auch die übrigen Messungen) voll indirekt. Der Spannungspfad wird zur vollständigen galvanischen Trennung des Meßinstrumentes über einen Spannungswandler (Abschnitt 4.1) und der Strompfad über einen Stromwandler angeschlossen (Bild 2/32b).

2.7.4 Leistungsmessung bei Drehstrom

Die Leistung eines Drehstromsystems ist die Summe der Leistungen in den einzelnen Strängen. Je nach der Art der Belastung und ob ein Drei- oder Vierleiternetz vorliegt, sind verschiedene Schaltungen zu unterscheiden:

a) Im *symmetrisch belasteten Vierleiterdrehstromnetz* genügt die Leistungsmessung in einem Strang (Bild 2/31a). Der abgelesene Wert muß mit 3 multipliziert werden. Bei Schalttafelgeräten wird der Faktor 3 in der Skalenbezifferung berücksichtigt.

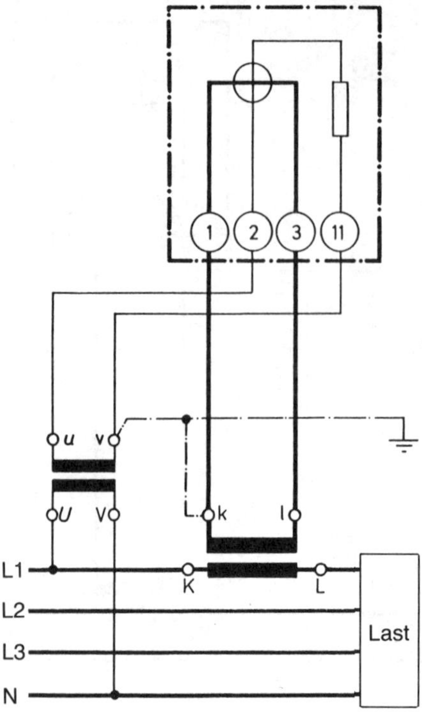

Bild 2/33
Leistungsmessung bei Drehstrom
a) symmetrisch belastetes Vierleiter-Drehstromnetz

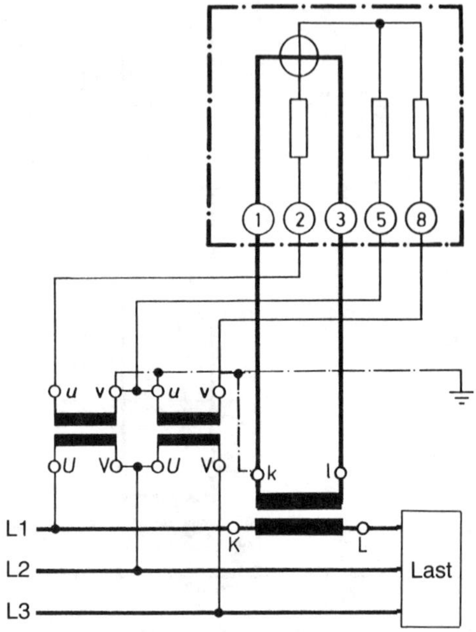

b) symmetrisch belastetes Dreileiter-Drehstromnetz

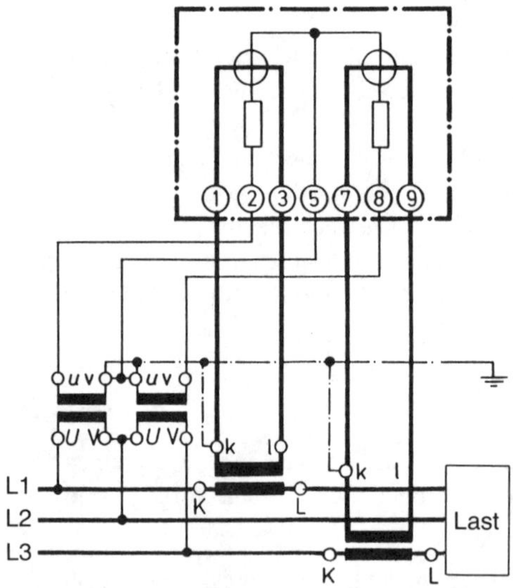

c) unsymmetrisch belastetes Dreileiter-Drehstromnetz

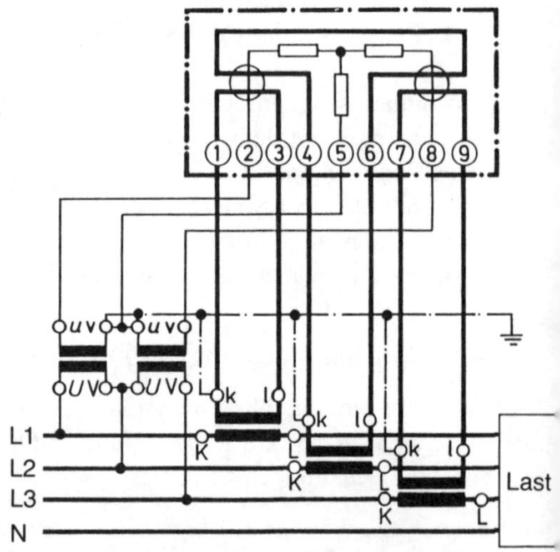

d) unsymmetrisch belastetes Vierleiter-Drehstromnetz

b) Im *symmetrisch belasteten Dreileiterdrehstromnetz* braucht ebenfalls nur der in einem Strang gemessene Wert mit 3 multipliziert zu werden. Es muß jedoch erst die Strangspannung nach Größe und Richtung erstellt werden.

Der Spannungspfad darf nicht, auch nicht über einen Vorwiderstand zur Spannungsreduzierung, zwischen die Außenleiter gelegt werden. Die vollkommen andere Phasenlage hätte eine Fehlmessung zur Folge.

Es muß ein *künstlicher Mittelpunkt* durch drei gleiche Widerstände gebildet werden (Bild 2/33b). Der dritte Widerstand wird durch den Spannungspfad selbst dargestellt.

c) Im *unsymmetrisch belasteten Dreileiterdrehstromnetz,* wie es z. B. in Hochspannungsanlagen vorkommt, kann die Leistung mit drei oder mit zwei Meßwerken gemessen werden.

Bei der *Dreileistungsmessermethode* wird wieder ein künstlicher Mittelpunkt gebildet. Die dafür erforderliche Sternschaltung bilden die drei gleichen Widerstände der Spannungspfade selbst. Die Summierung kann wieder durch Kupplung der Achsen erfolgen.

Bei der *Zweileistungsmessermethode*, auch *Aronschaltung* genannt, liegen die Spannungspfade an Außenleiterspannung gegen den Strang, der kein Meßwerk enthält (Bild 2/33c). Die Gesamtleistung ist die Summe der beiden angezeigten Werte. Der Vorteil dieser Methode liegt darin, daß nur zwei Meßwerke auf einer Zeigerachse untergebracht werden müssen und Wandler eingespart werden. Es wird also stets die Gesamtleistung angezeigt.

Diese Schaltung geht von dem Tatbestand aus, daß bei fehlendem Mittelpunktleiterstrom der Strom im dritten Leiter festliegt, wenn zwei Ströme ermittelt werden. Denn es ist:

$$\vec{I}_{L1} + \vec{I}_{L2} + \vec{I}_{L3} = I_N = 0$$

Stellt man die Gleichung z. B. nach dem Strom in Strang L2 um, so ist:

$$\vec{I}_{L2} = -(\vec{I}_{L1} + \vec{I}_{L3})$$

Dieser kann in die Leistungsgleichung eingesetzt werden:

$$P = \vec{U}_{L1} \cdot \vec{I}_{L1} + \vec{U}_{L2} \cdot \vec{I}_{L2} + \vec{U}_{L3} \cdot \vec{I}_{L3}$$

$$P = \vec{U}_{L1} \cdot \vec{I}_{L1} - \vec{U}_{L2} (\vec{I}_{L1} + \vec{I}_{L3}) + \vec{U}_{L3} \cdot \vec{I}_{L3}$$

Durch Auflösung der Klammer und nachfolgendes Ausklammern von $\vec{I}_{L1}$ und $\vec{I}_{L3}$ erhält man schließlich:

$$P = \vec{U}_{L1} \cdot \vec{I}_{L1} - \vec{U}_{L2} \cdot \vec{I}_{L1} - \vec{U}_{L2} \cdot \vec{I}_{L3} + \vec{U}_{L3} \cdot \vec{I}_{L3}$$

$$P = \vec{I}_{L1} (\vec{U}_{L1} - \vec{U}_{L2}) + \vec{I}_{L3} (\vec{U}_{L3} - \vec{U}_{L2})$$

Da die Differenz zweier Strangspannungen die Außenleiterspannung darstellt, kann dafür geschrieben werden:

$$P = \vec{I}_{L1} \cdot \vec{U}_{L1\,L2} + \vec{I}_{L3} \cdot \vec{U}_{L3\,L2}$$

Zu beachten ist jedoch, daß die Zweileistungsmessermethode nur dann eingesetzt werden kann, wenn *kein* Mittelpunktleiterstrom fließt. Die Spannungspfade müssen außerdem für die Außenleiterspannung bemessen sein.

d) Im *unsymmetrisch belasteten Vierleiterdrehstromnetz* kann die Leistung durch insgesamt 3 Meßwerke in jedem Strang gemessen werden. Die Summe der Strangleistungen wird von einem Instrument mit gekuppelten Meßwerken direkt angezeigt.

Leistungsmesser für das unsymmetrisch belastete Vierleiternetz besitzen heute meist nur zwei gekuppelte Meßwerke mit je zwei Stromspulen. Die Meßwerke sind mit je einem Strompfad entsprechend der Zweileitungsmessermethode geschaltet (Bild 2/33d). Die beiden zusätzlichen Stromspulen liegen in Reihe und bilden den dritten Strompfad. Sie erfassen dadurch Unsymmetrien infolge eines Stromes im Mittelpunktleiter.

2.7.5 Blindleistungsmessung

Durch besondere schaltungstechnische Maßnahmen kann mit dem elektrodynamischen Meßwerk die Blindleistung eines Wechselstromverbrauchers angezeigt werden. Das elektrodynamische Meßwerk zeigt jedoch immer das Produkt der phasengleichen Komponenten von Strom und Spannung an, d. h., $P = U \cdot I \cos \varphi$. Zur Bestimmung der Blindleistung muß aber das Produkt

$$Q = U \cdot I \cdot \sin \varphi$$

gebildet werden.

Der Unterschied zwischen der Cosinus- und der Sinusfunktion ist lediglich eine Verschiebung um 90°. Die Multiplikation mit dem $\cos \varphi$ kann daher durch eine künstliche Verschiebung des Stromes im Spannungspfad um $-90°$ (Nacheilung) in eine Multiplikation mit dem $\sin \varphi$ umgestellt werden.

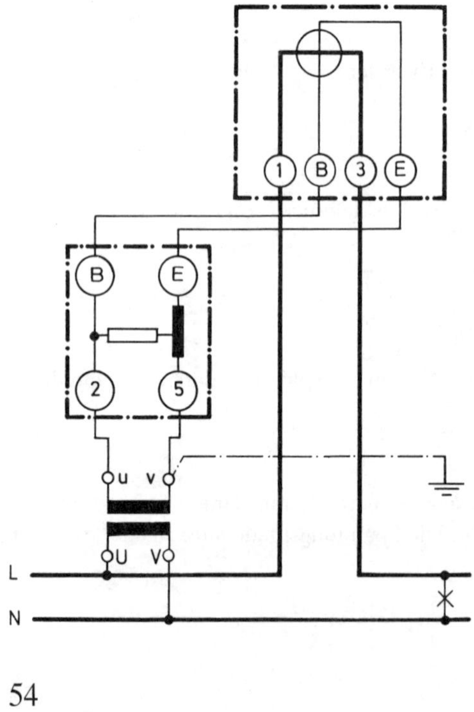

Bild 2/34
Blindleistungsmessung im Einphasen-Wechselstromnetz

Bild 2/35
Blindleistungsmessung im symmetrisch belasteten Drehstromnetz
a) Zeigerdiagramm
b) Schaltung

a)

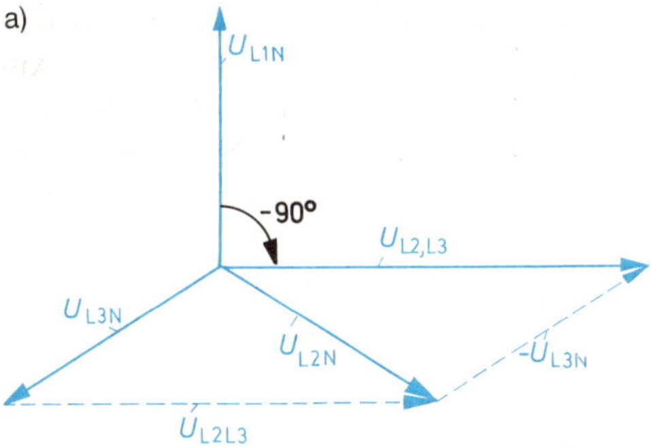

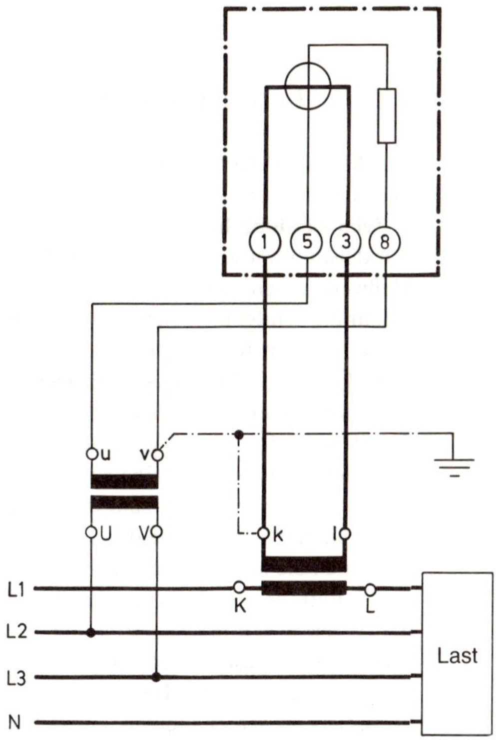

b)

Beim Blindleistungsmesser eilt der Strom im Spannungspfad der Verbraucherspannung um 90° nach.

Diese Aussage gilt selbstverständlich nur für induktive Blindleistung. Bei kapazitiver Blindleistung schlägt der Zeiger in die entgegengesetzte Richtung aus. Soll kapazitive Blindleistung gemessen werden, muß der Strom im Spannungspfad um 90° vor- statt nacheilen. Dieses wird durch einfache Umpolung des Spannungspfads erreicht.

Bei einpoligem Wechselstrom ist eine 90°-Verschiebung des Stromes nur durch eine besondere Kunstschaltung realisierbar (Bild 2/34). Blindleistungsmessung an Wechselstromverbrauchern kommt jedoch selten vor.

Im *Drehstromsystem* nutzt man zur Blindleistungsmessung die Phasenverschiebung von 90°, der Spannung zwischen zwei Außenleitern gegenüber der Spannung des dritten Außenleiters gegen den N-Leiter. Zum Beispiel (Bild 2/35a) eilt die Außenleiterspannung $U_{L2,L3}$ gegenüber der Leiterspannung U_{L1N} um 90° nach. Zur Bestimmung der Blindleistung wird dieses ausgenutzt, indem der Spannungspfad jedes Meßwerkes an die beiden anderen Außenleiter gelegt wird (Bild 2/35b). Die damit verbundene Vergrößerung der Spannung um den Verkettungsfaktor $\sqrt{3}$ wird durch einen zusätzlichen bzw. hochohmigeren Vorwiderstand im Spannungspfad kompensiert.

Bei unsymmetrisch belastetem Drehstrom muß wieder für jeden Strang ein Meßwerk vorgesehen werden. (Siehe auch Blindverbrauchszähler Bild 3/10).

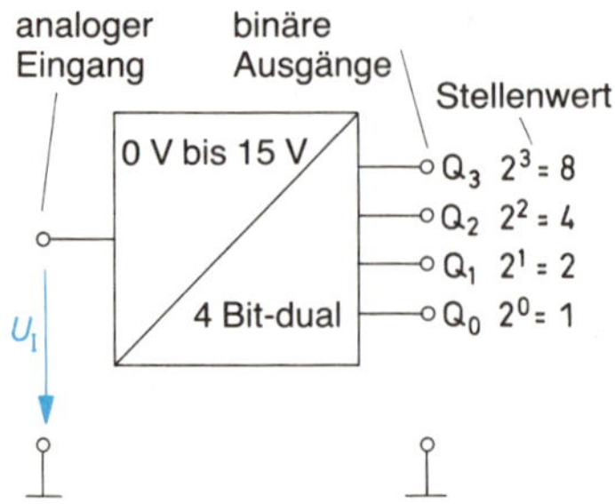

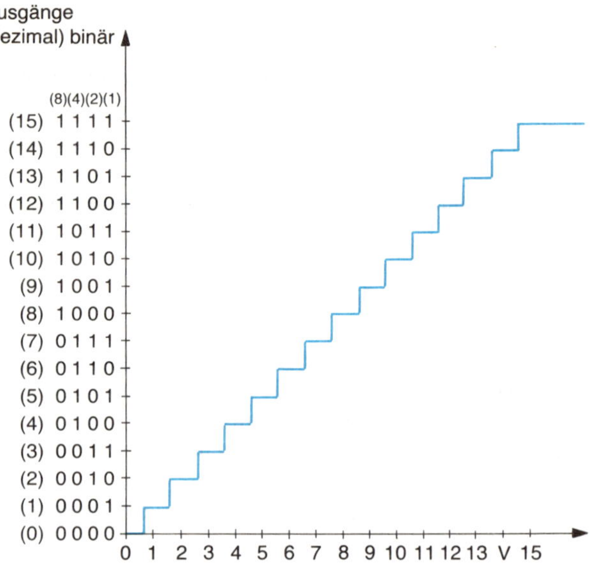

Bild 2/37
Prinzipielles Übertragungsverhalten eines A/D-Wandlers

Bild 2/38 Digital-Einbaumeßgeräte in Schmahlrahmenausführung (Fotos: Gossen)
links mit 3½stelliger und rechts mit 4stelliger Anzeigeeinheit

der höchsten, der sogenannten halben Stelle, nur eine 1 als Übertrag in die vierte Stelle, d. h. 1000, anzeigen. Damit verdoppelt sich der Wertebereich auf 2000 Werte oder Digit im Bereich 0 bis 1999. **Der Anzeigebereich ist bei einer 3½stelligen Anzeigeeinheit also doppelt so groß wie bei einer 3stelligen.** Die höchste Stelle der Anzeigeeinheit kann meist nur die 1 darstellen. Eine vierstellige Anzeigeeinheit hat die fünffache Anzeigekapazität einer 3½stelligen Anzeige.

2.9.2 Verfahren von Analog-Digital-Wandlern

Es gibt verschiedene Verfahren der Analog-Digital-Umwandlung, von denen hier die wichtigsten skizziert werden sollen[1]:

1. **Parallel-A/D-Wandler** sind sehr schnelle Wandler, die den Augenblickswert des Eingangssignals durch Vergleich mit einer Vielzahl von Teilspannungen digitalisieren. Die Referenzspannung, eine hochstabile und genau festgelegte Vergleichsspannung, wird durch einen Spannungsteiler in viele kleine Stufen unterteilt (Bild 2/39), die über Komparatoren[2] mit dem Eingangssignal verglichen werden. Jeder Komparator meldet an

[1] Grundkenntnisse der Elektronik mit Digitaltechnik sind hierfür erforderlich.
[2] Komparator = Vergleicher

Bild 2/39 Prinzip eines Parallel-A/D-Wandlers (4 Bit)

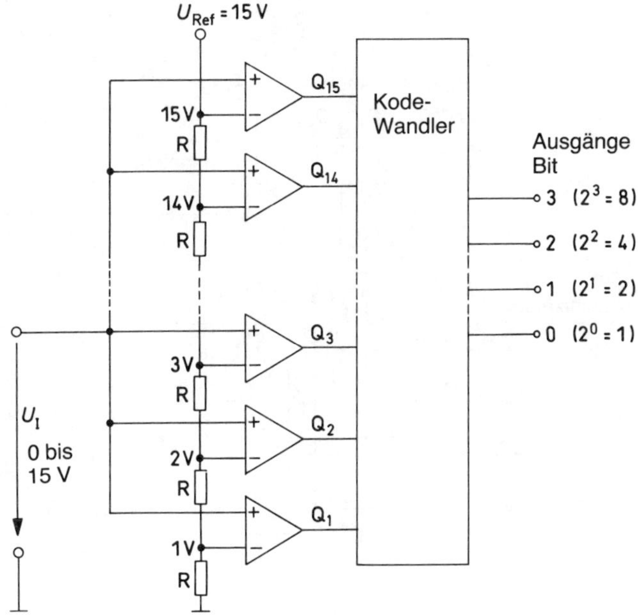

seinem Ausgang mit 0- oder 1-Signal, je nachdem, ob das Eingangssignal die betreffende Stufe unter- oder überschritten hat. Der Codewandler erzeugt aus den Ausgangssignalen der vielen Komparatoren einen binären Zahlenwert, z. B. im Dualcode.

Anmerkung: Wegen des hohen Aufwands (große Zahl von Komparatoren bei hoher Auflösung) wird dieses Verfahren nur dort eingesetzt, wo eine sehr kurze Wandlungszeit (Mikrosekunden) verlangt wird, also normalerweise nicht in Anzeigeinstrumenten.

2. **Treppenspannungs-A/D-Wandler (Zählverfahren)** verwenden einen Digital-Analog-Wandler (D/A-Wandler), also die Umkehrung des A/D-Wandlers. Der D/A-Wandler hat binäre Eingänge, von denen jedem ein bestimmter Stellenwert im Dualcode zugeordnet ist. Das analoge Ausgangssignal steigt um eine dem Stellenwert des Eingangs entsprechende Stufe, wenn einer der Eingänge von 0- auf 1-Signal gelegt wird. Die Eingänge des D/A-Wandlers sind mit den Ausgängen eines Dualzählers verbunden (Bild 2/40a). Wird dieser Zähler von einem Taktgenerator hochgezählt, steigt die Ausgangsspannung des D/A-Wandlers in kleinen Stufen an. Es entsteht eine Treppenspannung (Bild 2/40b). (Für die Anzeigeeinheit läuft neben dem Dualzähler gleichzeitig ein Dezimalzähler mit.) Ein Komparator vergleicht die beim Hochzählen entstehende Treppenspannung des D/A-Wandlers (U_T) mit dem analogen Eingangssignal (U_I). Meldet der Komparator die Überschreitung des analogen Eingangssignals durch die Treppenspannung, wird der Ausgangswert des Dezimalzählers sofort im Anzeigespeicher zwischengespeichert und als Digitalwert ausgegeben. Der Zähler wird anschließend zurückgesetzt und der Zählvorgang wiederholt. Je höher das Analogsignal, desto länger dauert der Zählvorgang, d. h. um so höher ist der Endwert des Zählers (in Bild 2/40b U_{I1} und U_{I2}).
Anmerkungen: Die Umwandlungszeit des Treppenspannungs-A/D-Wandlers ist von der Anzahl der Zählimpulse, also der Höhe der Analogspannung, abhängig. Eine geringere

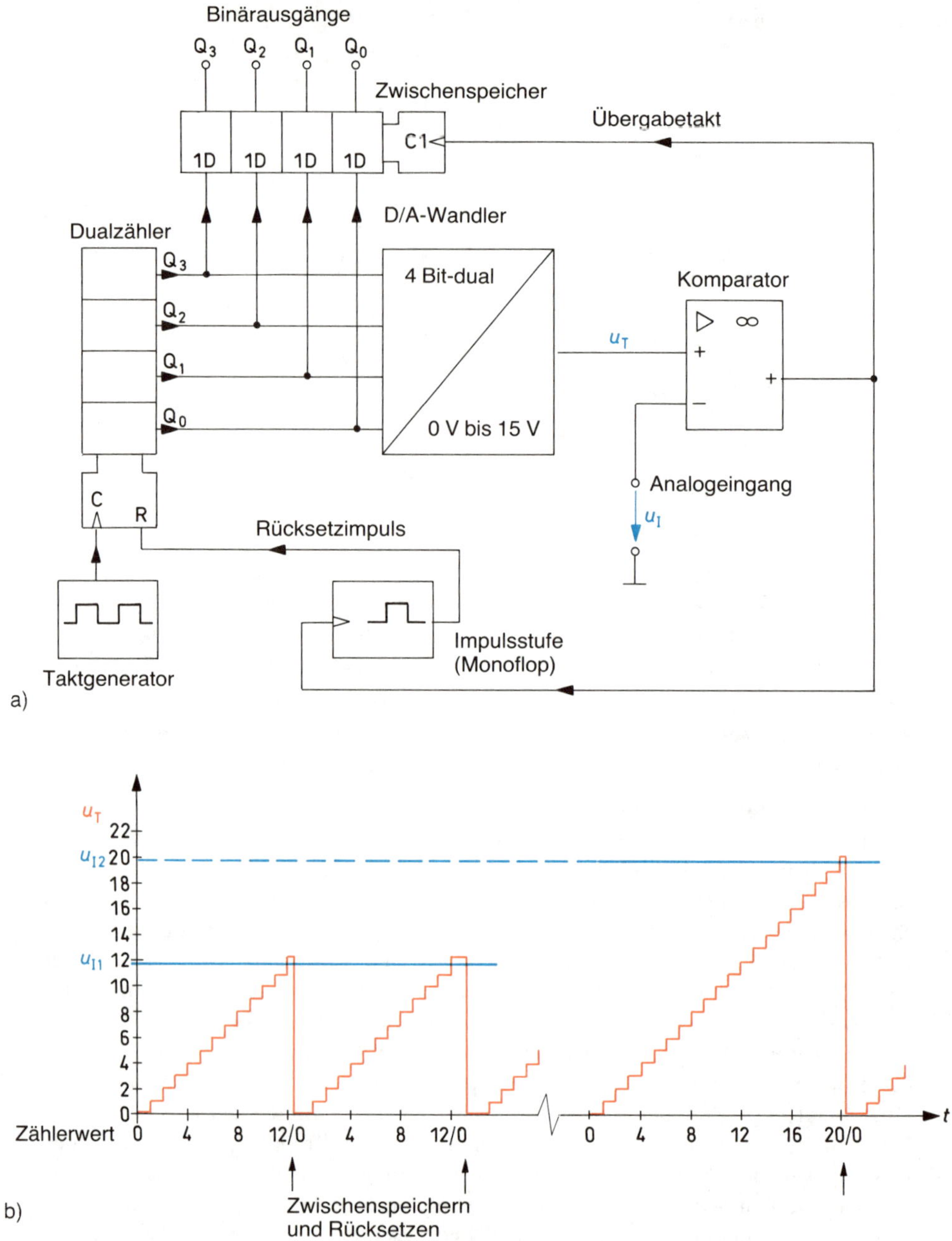

Bild 2/40 Prinzip eines Treppenspannungs-A/D-Wandlers
a) Blockschaltbild
b) Signal-Zeit-Diagramme

und konstante Umwandlungszeit benötigt der A/D-Wandler nach dem Verfahren der schrittweisen Näherung (sukzessive Approximation). Anstatt einen Zähler von 0 hochzuzählen, tastet man sich, mit dem höchstwertigen Stellenwert beginnend, an den Analogwert heran (dieses Verfahren soll hier nicht näher erläutert werden).
Nachteilig für die Verwendung in Meßgeräten ist auch bei diesem Verfahren, daß der Momentanwert des Eingangssignals im Schaltzeitpunkt des Komparators digitalisiert wird. Dieses hat eine erhöhte Anfälligkeit gegenüber Störspannungen zur Folge.

3. **Integrierende[3] A/D-Wandler** bilden einen Digitalwert, der dem arithmetischen Mittelwert des Eingangssignals während der Integrationszeit entspricht. Integrierende A/D-Wandler sind daher langsamer als die nach den anderen Verfahren arbeitenden Wandler. Die meisten anzeigenden Meßgeräte verwenden integrierende A/D-Wandler, da sie für diese Aufgabe folgende Vorteile aufweisen:
   a) Sie sind infolge der Mittelwertbildung gegenüber Störimpulsen unempfindlicher. Kurze Störimpulse fallen infolge der längeren Integrationszeit, in der der Mittelwert gebildet wird, kaum ins Gewicht.
   b) Außerdem stört die Restwelligkeit nicht, die bei der Umwandlung von gleichgerichteten Wechselspannungen auftritt. Die Integrationszeit muß dafür mindestens gleich der Periodendauer der überlagerten Wechselspannung sein (sie liegt z. B. bei 100 ms).

Integrierende A/D-Wandler in elektronischen Meßinstrumenten sind heute meist komplexe integrierte Schaltungen (ICs), die nach dem **Zweirampen-Integrations- oder Dual-Slope-Verfahren** arbeiten. Diese ICs übernehmen sowohl die entsprechende Codewandlung für die Anzeige als auch die Ansteuerung der 7-Segment-Anzeigeeinheit.

Das Verfahren, das relativ kompliziert ist, wird im folgenden Abschnitt beschrieben. Für das Verständnis der nachfolgenden Abschnitte ist es nicht erforderlich, diesen Abschnitt zu erarbeiten.

2.9.3 Prinzip des Dual-Slope-A/D-Wandlers

Für das Verständnis der Wirkungsweise des Dual-Slope-A/D-Wandlers muß zunächst das Prinzip des Integrators[4] bekannt sein: Der Integrator besteht aus einem Operationsverstärker mit einem Kondensator im Gegenkopplungszweig (Bild 2/41a). Vor der Integration wird der Integrationskondensator C entladen, d. h., das Ausgangssignal des Integrators wird auf $U_Q = 0\,V$ zurückgesetzt. Liegt nun eine konstante Spannung U_I am Eingang, steigt die Ausgangsspannung linear an (Aufintegration Bild 2/41b). Ändert sich die Eingangsspannung, so ändert sich proportional dazu die Anstiegsgeschwindigkeit der Ausgangsspannung. Die momentane Ausgangsspannung ist der Fläche unter der Eingangsspannungskurve (Spannungs-Zeit-Fläche) nach dem Rücksetzen proportional. Ändert das Eingangssignal sein Vorzeichen, läuft das Ausgangssignal in die entgegengesetzte Richtung[5] (Abintegration).
Der Integrator erzeugt eine Ausgangsspannung, die der Zeit und dem Mittelwert des Eingangssignals proportional ist.

---

[3] Integrieren = zusammenschließen
[4] siehe auch im Band «Grundlagen der Elektronik»
[5] Anmerkung: Die Umkehrung des Vorzeichens durch den Integrator wurde zur Vereinfachung ignoriert.

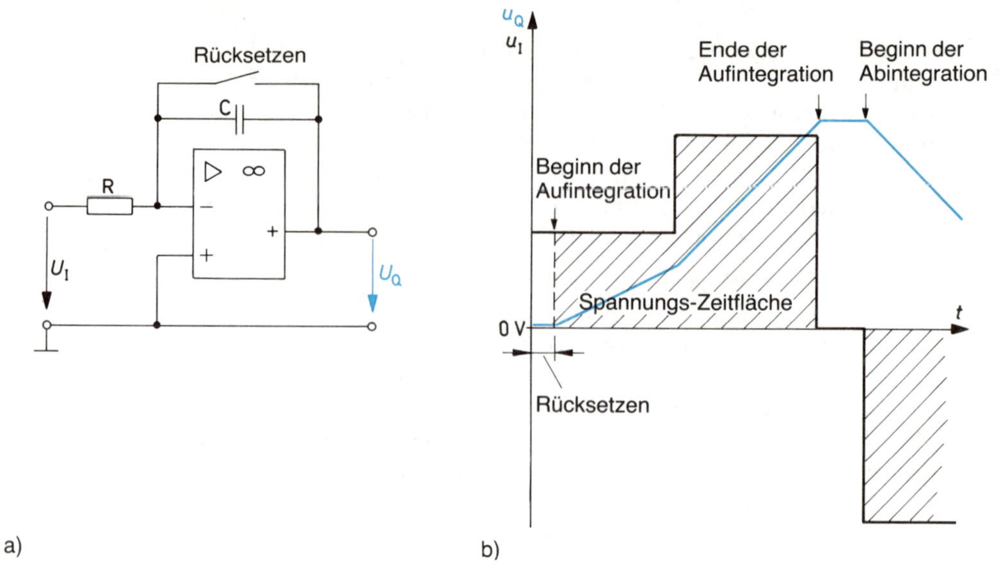

Bild 2/41 Prinzip eines Integrators
a) Prinzipschaltung
b) Beispiel für Spannungs-Zeit-Diagramm bei unterschiedlichen Eingangsspannungen

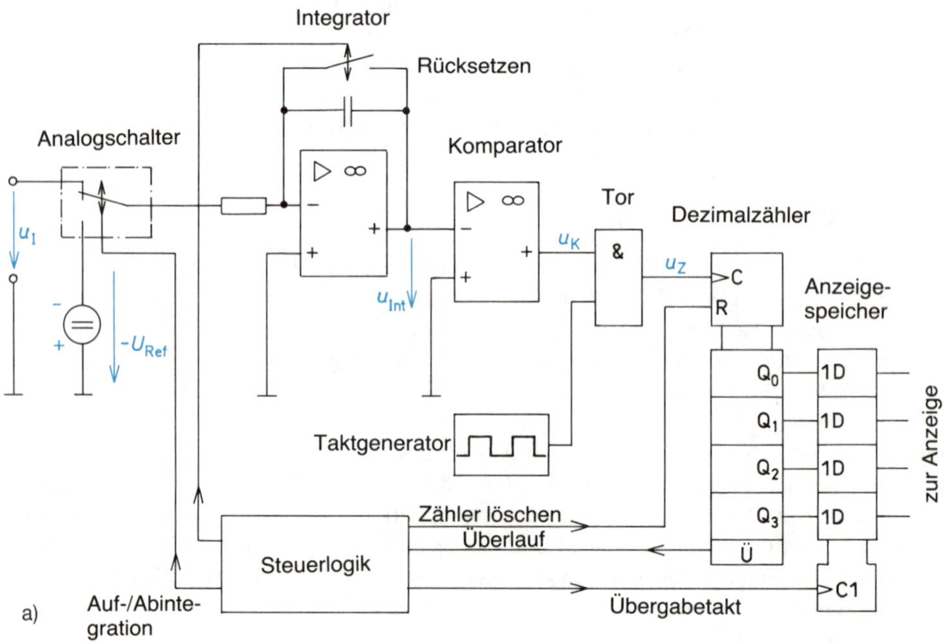

Bild 2/42 Prinzip eines Dual-Slope-A/D-Wandlers
a) Blockschaltbild
b) Signal-Zeit-Diagramm

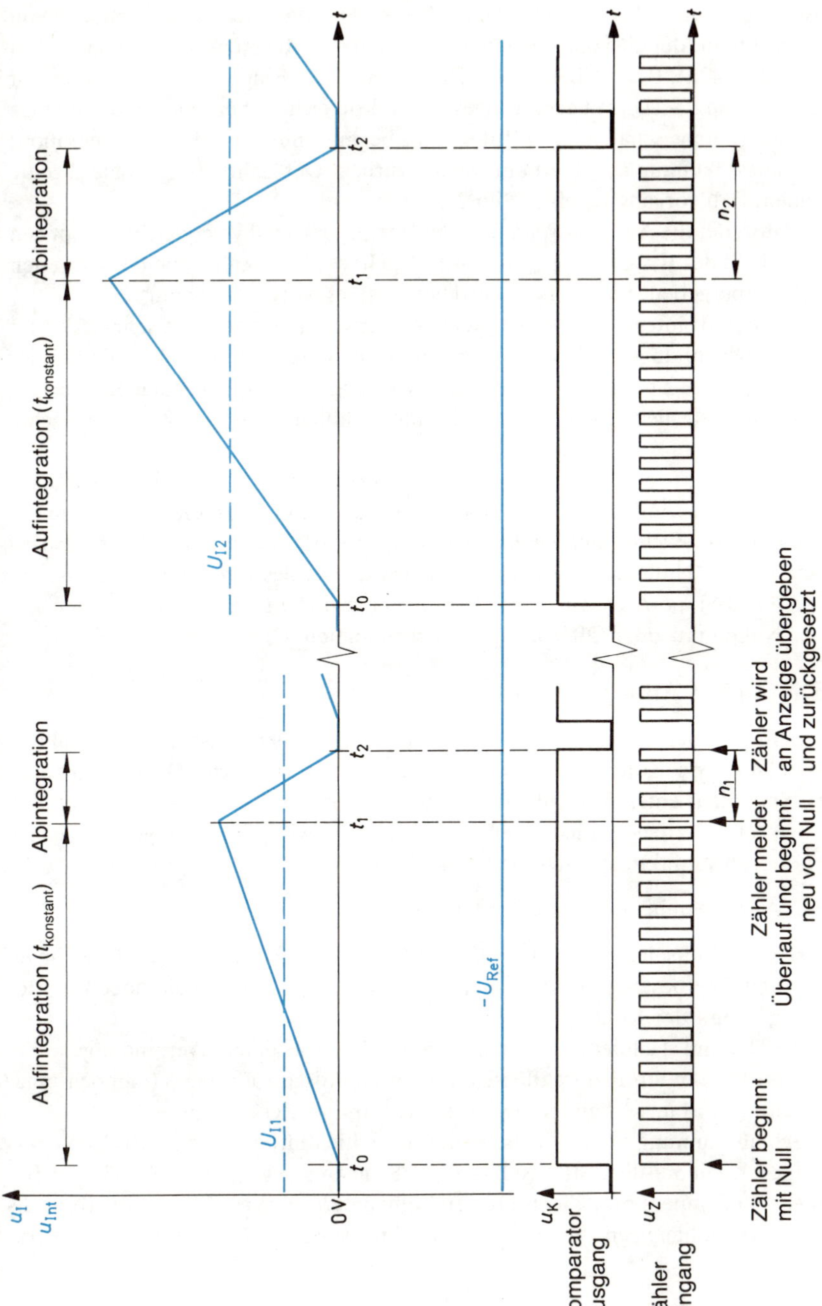

u_I
u_{Int}
Aufintegration ($t_{konstant}$)
Abintegration
Aufintegration ($t_{konstant}$)
Abintegration
U_{I1}
U_{I2}
0 V
$-U_{Ref}$
t_0
t_1
t_2
t
u_K
Komparator Ausgang
u_Z
Zähler Eingang
n_1
n_2
Zähler beginnt mit Null
Zähler meldet Überlauf und beginnt neu von Null
Zähler wird an Anzeige übergeben und zurückgesetzt

b)

Im Dual-Slope-A/D-Wandler integriert der Integrator die analoge Eingangsspannung U_I über eine festgelegte Zeit (t_0 bis t_1 in Bild 2/42b). Die Zeit für diese Aufintegration wird von einem Zähler bestimmt, der die vom Taktgenerator gelieferten Rechteckimpulse von Null an aufsummiert (Bild 2/42a). Beim Überlauf des Zählers wird der Eingang des Integrators auf eine Referenzspannung $-U_{Ref}$ mit entgegengesetztem Vorzeichen (bezogen auf die analoge Eingangsspannung) umgeschaltet. Der Integrator beginnt nun mit der Abintegration, d. h., die Ausgangsspannung U_{INT} läuft nun wieder zurück. Der Zähler beginnt gleichzeitig erneut mit einem Zählvorgang (t_1 bis t_2 Bild 2/42b).

Ein Komparator, der die Ausgangsspannung des Integrators mit 0 V vergleicht, stoppt den Zählvorgang, sobald der Integrator (u_{int}) durch Null geht (t_2). Der Zählerstand wird an den Anzeigespeicher übergeben, bevor ein neuer Umwandlungsvorgang beginnt.

Der am Ende der Abintegration aufgetretene Zählerwert (n) entspricht sehr exakt der analogen Eingangsspannung: Je höher die Eingangsspannung, d. h. je höher die bei der Aufintegration erreichte Spannung am Integratorausgang, um so länger dauert die Abintegration, d. h. um so mehr Zählimpulse oder um so höher ist der im Zähler erreichte Endwert.

Anmerkung: Die Taktfrequenz hat, soweit sie während eines Umwandlungsvorgangs konstant bleibt, keinen Einfluß auf die Genauigkeit, da sie sowohl in die Auf- wie in die Abintegration eingeht. Wichtig sind eine stabile (temperaturkompensierte) Referenzspannung und eine geringe Nullpunktverschiebung (Offsetfehler) des Integrators.

In genauen Dual-Slope-A/D-Wandlern wird daher zwischen den Meßvorgängen ein automatischer Nullpunkt- oder Offsetabgleich vorgenommen.

2.9.4 Die Ziffern-Anzeigeeinheit

Die Anzeigeeinheiten der Digital-Meßgeräte sind meist 7-Segment-Displays. Sie erlauben nur die Darstellung von Ziffern, und werden daher auch numerische Displays genannt (Bild 2/43a). Sollen auf einer Anzeigeeinheit neben Ziffern auch Buchstaben und andere Symbole dargestellt werden (alphanumerisches Display), wird das 16-Segment-Display (Bild 2/43b) oder das Punktmatrix-Display (Bild 2/43c) verwendet.

Elektronische Anzeigeeinheiten können unterteilt werden in:

1. **LED-Anzeigen**[6] sind selbstleuchtend. LED-Anzeigeeinheiten sind bei geringer Umgebungshelligkeit am besten ablesbar. Bei hoher Umgebungshelligkeit oder direkter Beleuchtung nimmt der Kontrast stark ab.
   Prinzip: LEDs sind Halbleiterdioden aus besonderen Halbleiterverbindungen. Sie senden, wenn sie vom Strom durchflossen werden, praktisch einfarbiges (monochromatisches) Licht aus. Man verwendet die Farben rot, orange, grün oder gelb.

   Die Durchlaßspannung einer LED beträgt, je nach Lichtfarbe, zwischen ca. 1,6 V (rot) bis 2,4 V (gelb). Die mittlere Stromstärke eines Segments liegt, je nach Größe, im Bereich einiger Milliampere bis zu mehreren 10 Milliampere. Wegen des Stromverbrauchs werden in netzunabhängigen Vielfachmeßgeräten meist keine LED-Anzeigeeinheit verwendet.

---

[6] LED = engl. Light Emitting Diodes (siehe auch im Band «Grundlagen der Elektronik»)

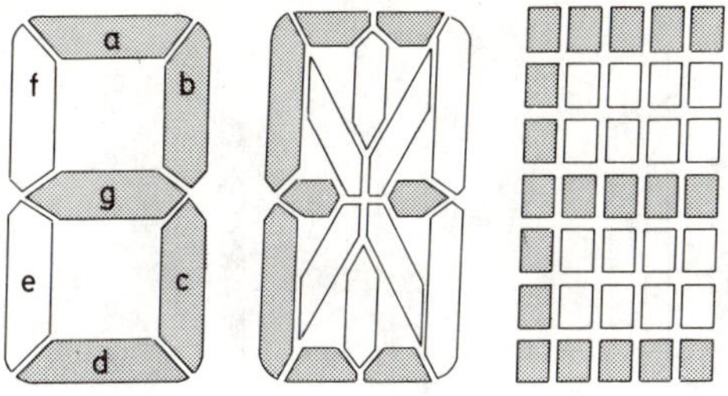

a) b) c)

Bild 2/43 Verschiedene Arten von Anzeigeeinheiten
a) 7-Segment-Anzeigeeinheit
b) 16-Segment-Anzeigeeinheit
c) Punktmatrix-Anzeigeeinheit

Ansteuertabelle

Ziffer	Segment a	b	c	d	e	f	g
0	1	1	1	1	1	1	0
1	0	1	1	0	0	0	0
2	1	1	0	1	1	0	1
3	1	1	1	1	0	0	1
4	0	1	1	0	0	1	1
5	1	0	1	1	0	1	1
6	1	0	1	1	1	1	1
7	1	1	1	0	0	0	0
8	1	1	1	1	1	1	1
9	1	1	1	0	0	1	1

1 ≙ Segment EIN
0 ≙ Segment AUS

Aufbau: Jedes Segment besteht aus einem lichtdurchlässigen Kunststoffkörper, der das von der LED eingekoppelte Licht streut und damit gleichmäßig auf die Segmentoberfläche verteilt (Bild 2/44). Die einzelnen LEDs, mit Dezimalpunkt sind es 8 Stück, sind entweder anodenseitig oder katodenseitig miteinander verbunden. Die jeweils anderen Anschlüsse sind einzeln herausgeführt.

Bild 2/44 Aufbau einer 7-Segment-LED-Anzeigeeinheit

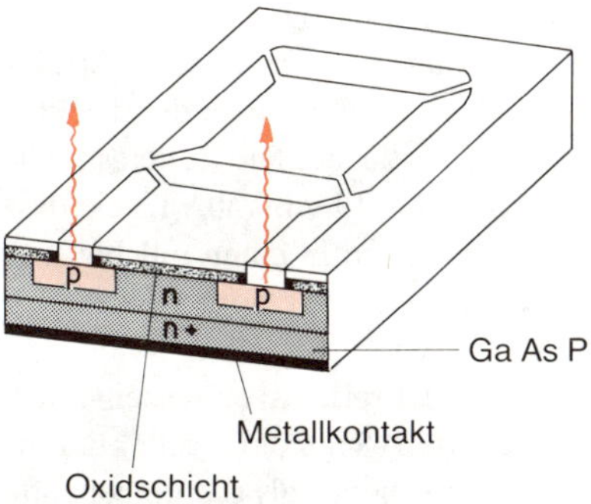

2. **Flüssigkristall-** oder **LCD[7]-Anzeigen** leuchten nicht selbst, sie sind also auf fremde Lichtquellen angewiesen. Der Kontrast nimmt mit steigender Umgebungshelligkeit zu.
   Aufbau: Die Moleküle des Flüssigkristalls befinden sich zwischen zwei Glasplatten, die durch einen Glaslotrahmen auf einen Abstand von ca. 10 Mikrometer gehalten werden. Segmente aus transparentem Zinnoxid auf den Innenseiten der Glasplatten bilden die Elektroden (Bild 2/45).

[7] LCD = engl. Liquid Cristal Display = Flüssigkristallanzeige (siehe auch im Band «Grundlagen der Elektronik»)

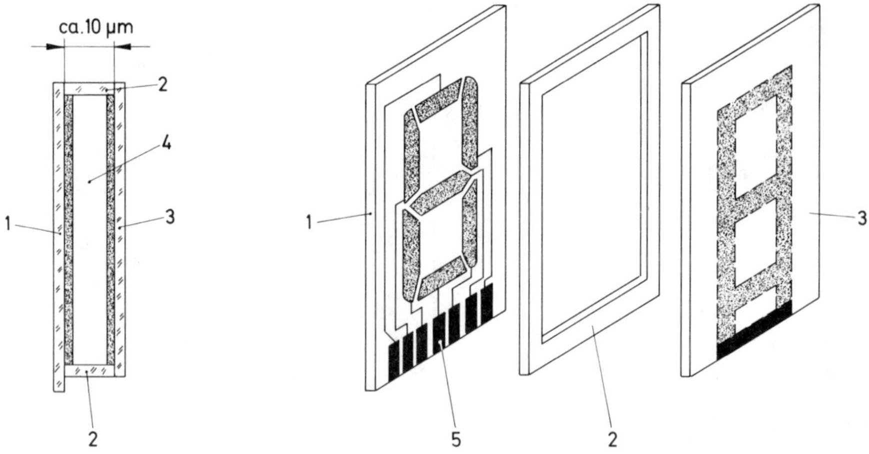

Bild 2/45 Aufbau einer 7-Segment-Anzeigeeinheit
1 Glasplatte mit Segmentelektroden
2 Glaslotrahmen
3 Glasplatte mit gemeinsamer Gegenelektrode
4 Flüssigkristallschicht
5 Kontaktierung der Segmentelektroden

Prinzip: Flüssigkristalle sind organische Verbindungen, die in einem bestimmten Temperaturbereich eine flüssige, kristalline Phase durchlaufen.

LCD-Anzeigen arbeiten nach dem Prinzip der dynamischen Streuung oder in Feldeffekttechnik. Digitalinstrumente mit größeren Ziffern verwenden meist LCD-Anzeigeeinheiten mit dynamischer Streuung:

Ohne Spannung an den Elektroden stehen die Moleküle mit ihren Achsen senkrecht zur Oberfläche. Die Zellen sind lichtdurchlässig. Liegt an den Elektroden eine Wechselspannung (15 V bis 30 V), geht die Flüssigkeit in diesem Bereich durch elektrodynamische Turbulenzen in einen milchig trüben Zustand über.

Bezüglich der optischen Anordnung unterscheidet man reflektive und transmissive Anzeigen.

Bei der **reflektiven Anzeige** ist die Rückseite der Glasplatten undurchsichtig. Die angesteuerten Segmente reflektieren und streuen das einfallende Licht, sie erscheinen dadurch heller als die umgebenden Bereiche.

Bei der **transmissiven Anzeige** wird die transparente Rückseite über einen Spiegel von vorn beleuchtet. Das schräg von der Vorderseite einfallende Licht, das die Platten durchdringt, wird von dem hinten angeordneten Spiegel reflektiert und läßt die angesteuerten Segmente durch die Streuung dunkler erscheinen.

Um einen besseren Kontrast bei geringer Helligkeit zu erhalten, werden gelegentlich helle LEDs hinter der Anzeigeeinheit angeordnet.

Die Leistungsaufnahme der LCD-Anzeigeeinheit ist sehr gering (einige 10 Mikrowatt je Ziffer). LCD-Anzeigeeinheiten in Feldeffekt-Technik werden mit nur 1,5 V angesteuert und benötigen nur wenige Mikrowatt. Sie sind daher besonders für Geräte mit Batteriespannungsversorgung geeignet.

3. **Vakuum-Fluoreszenz-Anzeigen** sind flache Vakuum-Elektronenröhren. Durch die relativ hohe Leuchtdichte der grünen Lichtstrahlung sind sie auch bei höherer Umgebungshelligkeit gut ablesbar.
   Aufbau: Jedes Segment ist eine mit Phosphor beschichtete Anode, die einzeln angesteuert werden kann. Die Katode ist ein direkt geheizter dünner Draht, der über die Segmentanoden gespannt ist. Zwischen den Anoden und der Katode ist aus dünnen Drähten das Steuergitter aufgespannt. Bei einer Anodespannung von ca. 24 V gegen Katode bringen die auftreffenden Elektronen die fluoreszierenden Phosphoranoden zum Leuchten. Mit der negativen Gitter-Katoden-Spannung kann die Leuchtdichte gesteuert werden.

Prinzip der Ansteuerung einer Anzeigeeinheit:
In einer Anzeigeeinheit aus mehreren Ziffern ist die Anzahl der Segmente zu groß, um jedes einzelne mit vertretbarem Aufwand mit einem eigenen Anzeigentreiber (Verstärker) zu verbinden. Um die Zahl der Verbindungen zu verringern, wird die Anzeigeeinheit im **Multiplexbetrieb** angesteuert (genauer: Zeitmultiplex).

Bild 2/46 zeigt den Multiplexbetrieb an einer LED-Anzeigeeinheit, die Ziffern mit gemeinsamen Anoden verwendet. Die Katoden der an gleicher Stelle in der Ziffer befindlichen

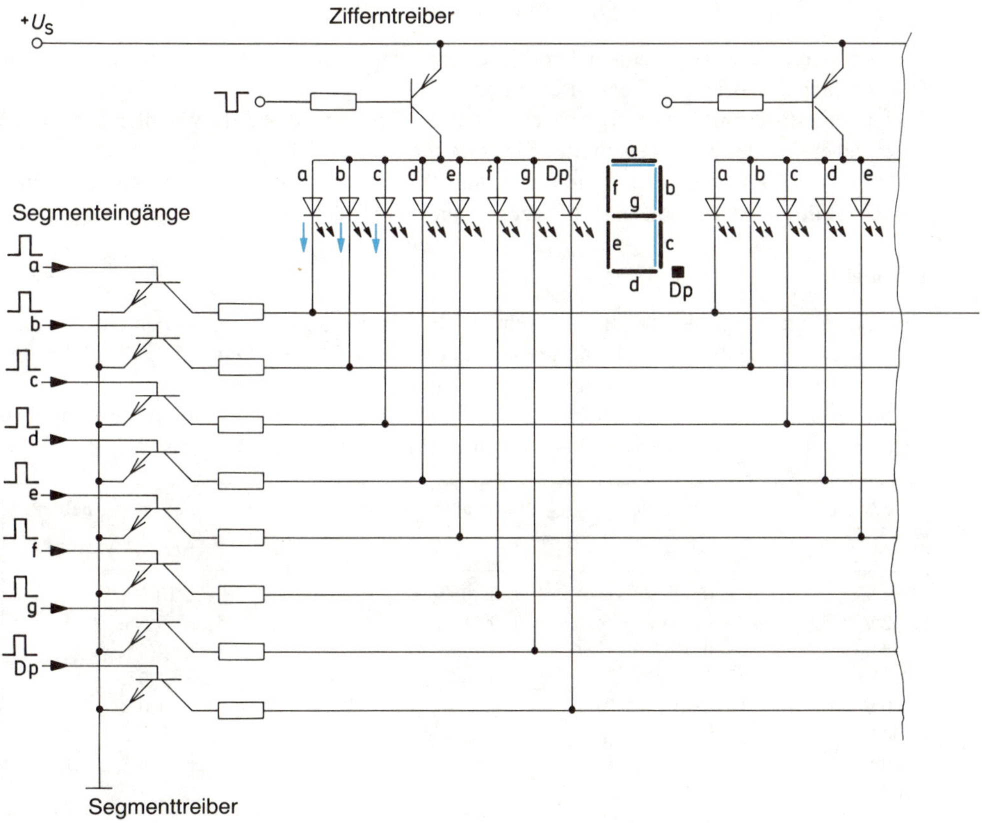

Bild 2/46 Prinzip der Multiplex-Ansteuerung einer 7-Segment-LED-Anzeigeeinheit

Segmente aller Ziffern sind zu gemeinsamen Segmentleitungen verbunden (mit Dezimalpunkt 8 Leitungen). Der Segmenttreiber enthält acht Transistoren, die die Segmentleitungen über Strombegrenzungswiderstände einzeln mit 0 V verbinden können.

Es fließt immer nur über die Segment-LEDs ein Strom, deren Zifferntreiber die gemeinsame Anode mit + U_s verbindet und deren Katoden gleichzeitig durch den Segmenttreiber an Masse gelegt sind.

Während der Zifferntreiber die Anoden einer Ziffer mit + U_s verbindet, legt der Segmenttreiber die entsprechenden Segmentleitungen an 0 V, die zur Anzeige der gewünschten Ziffer führen. Nach einer Verweildauer von einigen Millisekunden sperren die Transistoren. Die nächste Ziffer wird angesteuert, indem der betreffende Zifferntreiber öffnet und der Segmenttreiber auf die Segmente der neuen Ziffer umschaltet. Nach diesem System werden alle Ziffern zyklisch angesteuert. Die Wiederholfrequenz ist (mit ca. 25 Hz) so hoch gewählt, daß dem Auge ein kontinuierliches Leuchten vorgetäuscht wird.

Zur Überprüfung der Anzeigeeinheit besitzen Digitalmeßgeräte teilweise eine Taste zum **Segmenttest**. Bei ihrer Betätigung werden alle Segmente der gesamten Anzeigeeinheit angesteuert. Fehlerhafte Segmente können hierbei sofort erkannt werden.

2.9.5 Genauigkeit von Digitalmeßgeräten

Der Anzeigefehler eines Digitalmeßgeräts setzt sich aus dem Quantisierungsfehler und dem Grundfehler des A/D-Wandlers zusammen.

Der **Quantisierungsfehler** ergibt sich aus der Auflösung des A/D-Wandlers und dem Anzeigebereich der Anzeigeeinheit, er beträgt mindestens 1 Digit.

Der **Grundfehler** des A/D-Wandlers ist auf Toleranzen seiner Schaltungskomponenten zurückzuführen. Er wird meist in % bezogen auf den tatsächlichen Wert angegeben.

Beispiel:

Ein 3½stelliges Digital-Meßgerät hat einen Meßbereich von 200 V (maximale Anzeige 199,9 V). Die Angabe für die Fehlergrenzen lauten: ± (0,5 % + 1 Digit).

Der Quantisierungsfehler beträgt somit 1 Digit = 0,1 V.

Der Grundfehler ist vom Meßwert abhängig. Die folgende Tabelle enthält die zulässigen absoluten und relativen Anzeigefehler für einige Meßwerte dieses Beispiels:

Meßwert U	Grundfehler $\pm\ 0{,}005 \cdot U$	max. absol. Fehler $\Delta U = \pm\ (0{,}05 \cdot U + 0{,}1\ \text{V})$	max. relat. Fehler $\pm\ (\Delta U/U) \cdot 100\,\%$
1 V	± 0,005 V	± 0,105 V	± 10,5 %
2 V	± 0,010 V	± 0,110 V	± 5,5 %
5 V	± 0,025 V	± 0,125 V	± 2,5 %
10 V	± 0,05 V	± 0,15 V	± 1,5 %
20 V	± 0,10 V	± 0,20 V	± 1,0 %
50 V	± 0,25 V	± 0,35 V	± 0,7 %
100 V	± 0,50 V	± 0,60 V	± 0,6 %
200 V	± 1,00 V	± 1,10 V	± 0,55 %

2.9.6 Meßgeräte mit quasianaloger Anzeige

Bei der Anzeige von Meßwerten, die häufigen Schwankungen unterliegen, ist die Digitalanzeige oft nicht die übersichtlichste Anzeigeform. Vor allem, wenn es auf die rasche Erkennung der Tendenz ankommt.

Auch der Vergleich mehrerer gleichartiger Meßwerte, die auf dicht beieinander angeordneten Instrumenten angezeigt werden, ist mit Analoganzeigen übersichtlicher durchzuführen.

Um die bereits genannten Vorzüge der elektronischen Meßgeräte auch mit der Analoganzeige nutzen zu können, werden elektronische Instrumente mit einer Anzeigeeinheit hergestellt, die den Zeiger eines Analoginstruments nachbildet (Bild 2/47).

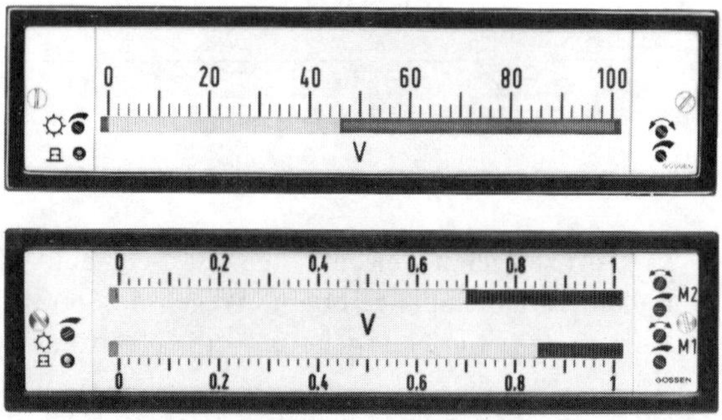

Bild 2/47 Elektronische Schalttafelmeßgeräte mit quasianaloger Anzeige (Fotos: Gossen)
a) Einfachanzeiger b) Doppelanzeiger

Da die Anzeigeeinheit einen Balken aus einzelnen Segmenten zusammensetzt, kann sie nur eine endliche Anzahl von Zwischenwerten darstellen. Es handelt sich also um keine echte Analoganzeige, man nennt sie deshalb Quasianaloganzeige.

Quasianalog anzeigende Meßgeräte besitzen, genau wie Digitalmeßgeräte, einen A/D-Wandler. Die Ausgangssignale werden lediglich anders kodiert.

Die Anzeigeeinheiten der quasianalog anzeigenden Meßgeräte arbeiten zum Teil nach den gleichen physikalischen Prinzipien wie die der numerischen Anzeigeeinheiten:

1. **LED-Anzeigeeinheiten** bestehen aus vielen auseinandergereihten Leuchtdioden. Meistens bilden die vom Anfang bis zum angezeigten Wert angesteuerten Dioden einen Leuchtbalken variabler Länge. Es gibt auch Anzeigen, bei denen nur die LED angesteuert wird, die den Meßwert markiert (geringer Strombedarf).
   Ansteuerung: Zur Reduzierung der Leitungen zwischen Treiber und Anzeigeeinheit, erfolgt auch hier die Ansteuerung im Multiplexverfahren. Die LED-Zeile ist in Bereiche unterteilt, deren LEDs an eine gemeinsame Anodenleitung angeschlossen sind (Bild 2/48). Die Katoden der an der gleichen Stelle in den Bereichen stehenden LEDs sind wiederum verbunden. So läßt sich jede LED nach dem in Abschnitt 2.9.4 erläuterten Multiplexverfahren einzeln ansteuern. Bei ausreichender Taktfrequenz nimmt das Auge einen Balken wahr.

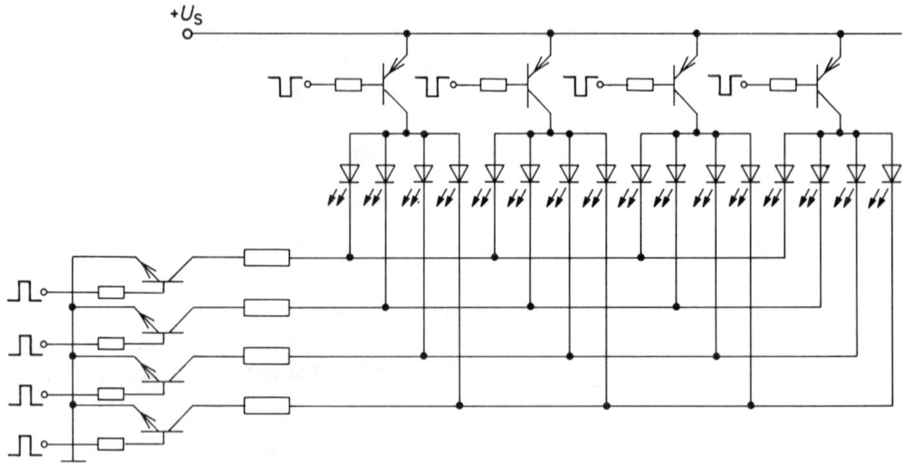

Bild 2/48 Prinzip der Ansteuerung einer Leuchtdiodenzeile

2. **LCD-Anzeigeeinheiten** enthalten viele Segmente, die so angesteuert werden, daß sich ein Balken variabler Länge ergibt. Wegen des geringeren Energiebedarfs wird die LCD-Anzeigeeinheit in batteriebetriebenen elektronischen Vielfachinstrumenten (Abschnitt 2.9.7) verwendet.
3. **Glimmstrecken-Anzeigeeinheiten** (Bargraph-Display) bestehen aus einer Vielzahl von Gasentladungsstrecken.
   Aufbau: In einem langgestreckten Glasrohr sind gegenüber der ebensolangen Anode viele kleine Katoden aufgereiht (Bild 2/49).
   Prinzip: Die erste Katode liegt ständig an Spannung, so daß die erste Glimmstrecke gezündet bleibt. Die übrigen Katoden sind mit nur 5 Leitungen verbunden. Durch zyklische Taktimpulse auf den 5 Leitungen werden die Katoden so angesteuert, daß die Glimmentladung von der ersten bis zu der Katode weitergegeben wird, die den Meßwert markiert. Vor jedem neuen Zyklus werden alle Glimmstrecken (bis auf die erste) gelöscht.

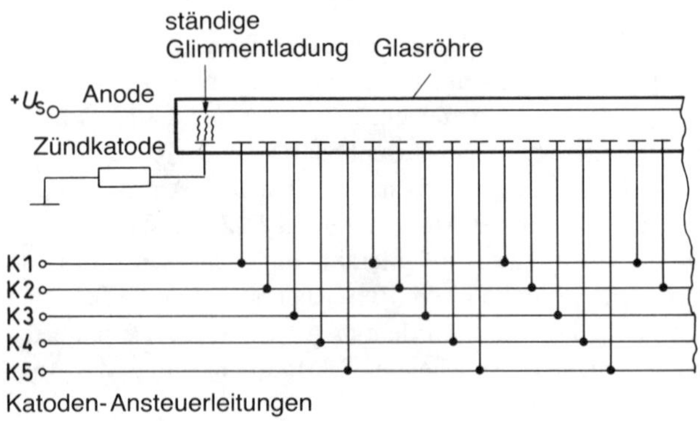

Bild 2/49
Prinzip der Quasianaloganzeige mit Glimmstrecken

Die Spannung reicht allein nicht zur Zündung aus. Sie benötigt die Ionisation der unmittelbar davor liegenden Glimmstrecke. Die Taktfrequenz ist so hoch gewählt, daß kein Flackern auftritt.

Um den Vorteil der einfacher und genauer ablesbaren Digitalanzeige mit dem Vorteil der besseren Tendenzerkennung in einem elektronischen Instrument zu vereinbaren, werden Meßgeräte mit quasianaloger und digitaler Anzeige gebaut (Bild 2/50). Die Quasianaloganzeige ist dabei jedoch meist mit einer geringeren Auflösung ausgestattet als bei den Meßgeräten mit reiner Quasianaloganzeige.

Bild 2/50 Schalttafelmeßgeräte mit quasianaloger und digitaler Anzeige (Foto Gossen)

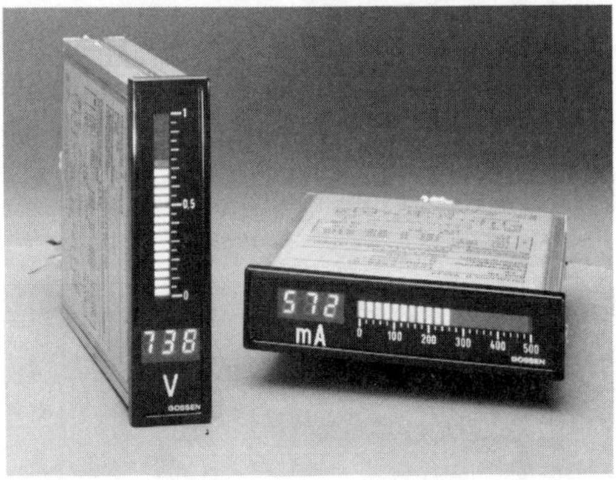

2.9.7 Elektronische Vielfachmeßgeräte

Elektronische Vielfachmeßgeräte mit digitaler Anzeige, auch Digitalmultimeter genannt, zeichnen sich gegenüber den klassischen Drehspul-Vielfachmeßgeräten (Abschnitt 2.2.5) insbesondere durch Robustheit und einfache Ablesbarkeit aus, sie werden auch als Taschenmultimeter bezeichnet. Durch die lageunabhängige Arbeitsweise kann mit ihnen auch an schwer zugänglichen Stellen hantiert werden. Vielfach ist ein Stellbügel zur Schrägstellung vorhanden (Bild 2/51).

Die Elektronik ermöglicht bei einigen Typen noch Zusatzfunktionen wie z. B.:

- Meßwertspeicherung,
- Festhalten von Extremwerten,
- akustisches Signal bei Durchgangsprüfung,
- automatische Bereichsumschaltung und
- echte Effektivwertmessung.

Die Anzeige erfolgt in den netzunabhängigen Taschenmultimetern meist durch $3\,^1\!/_2$stellige-LCD-Anzeigeeinheiten (Abschnitt 2.9.4), da diese den geringsten Leistungsbedarf aufweisen (Bild 2/51a und b). Bei einigen Gerätetypen ist eine LED zur Skalenbeleuchtung eingebaut, die bei geringer Umgebungshelligkeit durch Festhalten eines Tasters zugeschaltet werden kann. Die Betriebsdauer der im Gerät eingebauten Batterie liegt heute in der

a)

b)

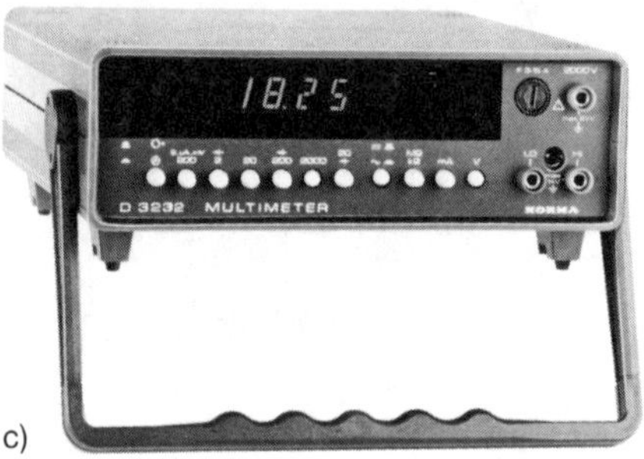

c)

Bild 2/51 Verschiedene Ausführungen von Digitalmultimetern (Fotos Gossen)
a) Taschenmultimeter für den Starkstromeinsatz
b) Taschenmultimeter für den Elektronikeinsatz
c) Digitalmultimeter mit Akku-/Netzbetrieb

Größenordnung einiger 100 Stunden. Das Absinken der Batteriespannung unter den für den einwandfreien Betrieb zulässigen Wert wird von einigen Gerätetypen automatisch angezeigt. Bei anderen Typen kann der Batteriezustand abgefragt werden.

Größere Digitalmultimeter, auch Tischmultimeter genannt, in Netz- oder Akku-Netz-Ausführung sind mit LED-Anzeigeeinheiten ausgestattet (Bild 2/51c). Der eingebaute NC-Akkumulator wird bei Betrieb am Netz geladen.

Elektronische Vielfachmeßgeräte sind, genau wie Drehspul-Vielfachmeßgeräte, entweder für die bevorzugte Verwendung im Bereich der Elektronik oder in der Starkstromtechnik ausgelegt. Es können meist folgende Größen gemessen werden:

Gleichspannung
Wechselspannung
Gleichstrom
Wechselstrom
Widerstand
vielfach auch Temperatur mit einem Temperaturfühler (als Zubehör)

Einige moderne Geräte können zusätzlich:
Wirkleistung,
Scheinleistung,
Leistungsfaktor (cos φ),
Frequenz und
Drehfeld-Richtung anzeigen.
Gelegentlich ist auch eine Meßwertspeicherung möglich.

2.9.7.1 Spannungsmessung mit elektronischen Vielfachmeßgeräten

Der ohmsche Eingangswiderstand ist (im Gegensatz zu den normalen Drehspul-Vielfachmeßgeräten) unabhängig von dem eingestellten Spannungsmeßbereich und liegt je nach Typ zwischen:
1 MΩ (meist Geräte für Starkstromanwendung) und
10 MΩ (meist Geräte für Elektronikanwendung).

Bei Wechselspannung ist die Eingangsimpedenz infolge der Eingangskapazität (Frequenzkompensation des Eingangsteilers) etwas geringer (frequenzabhängig).

Für die Messungen kleiner Spannungen an hochohmigen elektronischen Schaltungen ist die geringe Belastung der Signalquelle durch das Digitalmultimeter oft von erheblichem Vorteil. Der Meßstrom beträgt bei einem 10 MΩ-Instrument bei Meßbereichsendwert:
im 200-mV-Meßbereich nur 20 nA und im 200-V-Meßbereich 20 μA.
Der Meßbereichsstrom ist also abhängig vom eingestellten Meßbereich, da der Eingangswiderstand konstant ist. Im Drehspulmultimeter ist dagegen der Strom für Meßbereichsende vom Meßbereich unabhängig, z. B. 50 μA in einem Instrument mit 20 kΩ/V (Abschnitt 2.2.5).

Die Meßspannung wird im Digitalmultimeter zuerst auf einen Eingangs-Spannungsteiler gelegt und von diesem über den Meßbereichsschalter abgegriffen (Bild 2/52). Der nachgeschaltete Impedanzwandler ist ein Verstärker, der einen extrem hohen Eingangswiderstand aufweist, um den Spannungsteiler praktisch nicht zu belasten. Am Verstärkereingang liegen im allgemeinen maximal 200 mV. Gegen höhere Spannungen durch falsche Meßbereichswahl und hohe Impulsspitzen ist der Impedanzwandler durch Überspannungsableiter geschützt.

Meßbereichsüberschreitungen werden durch die **Überlaufanzeige** signalisiert. Bei einigen Gerätetypen blinkt das Anzeigefeld oder es wird z. B. nur die Eins in der höchsten Anzeigestelle angezeigt.

Einige Geräte haben für die Spannungsmessung eine **Meßbereichsautomatik** (Autorange). Das Gerät wählt automatisch den Meßbereich, der für die anliegende Meßgröße die optimale Auflösung ermöglicht.

Der **Meßwertspeicher** ermöglicht durch Knopfdruck das Festhalten des momentan angezeigten Wertes. Während der Messung kann die Aufmerksamkeit dem Meßobjekt gelten und die Ablesung nach der eigentlichen Messung erfolgen.

Geräte mit Maximalwertspeicherung (Peak-Hold) oder Extremwertspeicherung speichern automatisch den höchsten Meßwert oder den maximalen bzw. den minimalen Wert, der seit der Aktivierung dieser Funktion aufgetreten ist. Auf diese Weise können Langzeitbeobachtungen von Meßgrößen vereinfacht werden.

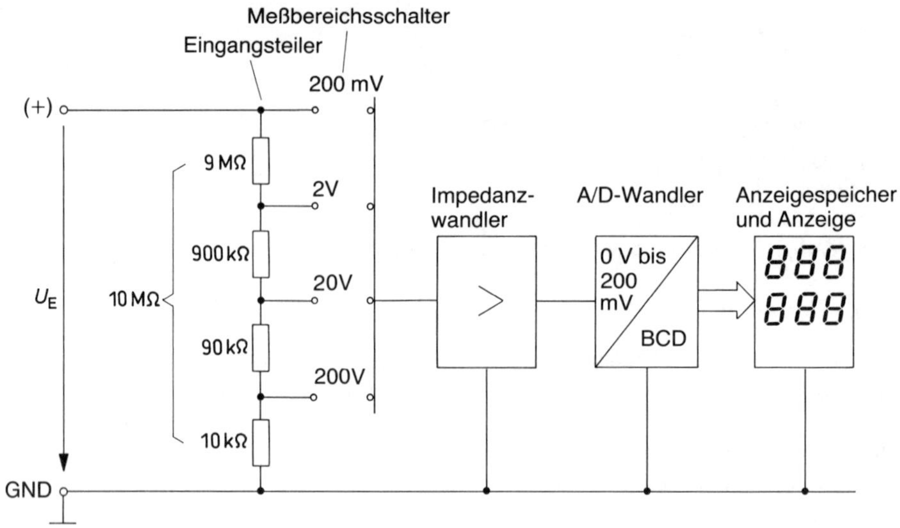

Bild 2/52 Prinzipielle Eingangsschaltung eines elektronischen Mulitmeters

Gleichspannungsmessung

Viele Digitalmultimeter haben fünf Gleichspannungsmeßbereiche, die sich bei 3½stelliger Anzeigeeinheit wie folgt aufteilen:

Meßbereich 0 V bis ...	Auflösung ± 1 Digit =	max. Anzeige
200 mV	0,1 mV = 100 μV	199,9 mV
2 V	1 mV	1,999 V
20 V	10 mV	19,99 V
200 V	0,1 V = 100 mV	199,9 V
1 kV	1 V	1,000 kV

Die Fehlergrenzen betragen in den Gleichspannungs-Meßbereichen z. B. ± (0,2 % + 1 Digit) (Abschnitt 2.9.5).

Stimmt die Polarität der Eingangsspannung nicht mit der Kennzeichnung der Klemmen überein, erscheint das Minuszeichen vor dem Anzeigewert.

Wechselspannungsmessung

Die zu messenden Wechselspannungen werden der gleichen Eingangsschaltung zugeführt wie die Gleichspannungen. Der ohmsche Eingangswiderstand ist daher bei Wechselspannungsmessung gleich dem bei Gleichspannungsmessung. Die Impedanz ist jedoch in Folge der Kapazitäten geringer. Zwischen den Impedanzwandler und den A/D-Wandler wird lediglich der Meßgleichrichter geschaltet. Durch den Einsatz eines Operationsverstärkers werden die Schwellspannungen der Gleichrichterdioden kompensiert (Bild 2/53).

Die Wechselspannungsmeßbereiche sind, bis auf den größten Meßbereich, meist identisch mit den Gleichspannungsmeßbereichen. Der höchste Meßbereichsendwert beträgt z. B.

Bild 2/53 Meßgleichrichter mit Operationsverstärker

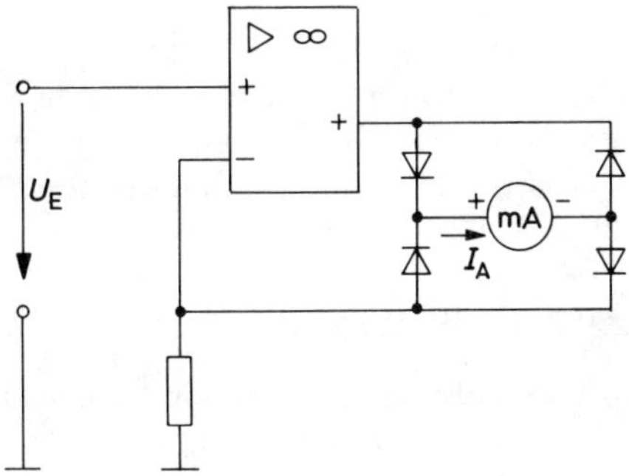

750 V (das entspricht einem Scheitelwert von ca. 1000 V bei sinusförmiger Wechselspannung).

Die meisten Digitalmultimeter ermitteln den Effektivwert der Wechselspannungs- bzw. Wechselstromgrößen über den arithmetischen Mittelwert bzw. den Scheitelwert der gleichgerichteten Wechselspannung. In die Anzeige ist also der Formfaktor bzw. der Scheitelfaktor für Sinusform eingeeicht.

Die Anzeige normaler Digitalmultimeter ist bei Wechselspannung bzw. Wechselstrom also genauso kurvenformabhängig wie bei normalen Drehspulmultimetern mit Gleichrichter (Abschnitt 2.2.4).

Die Fehlergrenzen gelten bei diesen Geräten daher nur für Sinusform, sie sind wegen des Meßgleichrichters außerdem in verschiedenen Frequenzbereichen unterschiedlich. Für das in Bild 2/51a dargestellte Gerät gelten z. B.:

Fehlergrenzen	Frequenzbereich
± (1,5 % + 5 Digit)	15 Hz bis 40 Hz
± (0,75 % + 3 Digit)	40 Hz bis 400 Hz
± (2,5 % + 15 Digit)	400 Hz bis 5 kHz

(Auf Meßgeräte mit echter Effektivwertanzeige wird in Abschnitt 2.9.7.4 eingegangen.)

2.9.7.2 Strommessung mit elektronischen Vielfachmeßgeräten

Bei der Gleichstrommessung wird dem A/D-Wandler der Spannungsfall an einem niederohmigen Nebenwiderstand zugeführt. Der Spannungsfall am Strommesser liegt bei Meßbereichsendwert nur im Bereich einiger 100 mV (meist 200 mV).

Das Gerät aus Bild 2/51a hat z. B. folgende Gleichstrommeßbereiche:

Meßbereich 0 A bis ...	Auflösung ± 1 Digit =	max. Anzeige
20 mA	10 µA	19,99 mA
200 mA	100 µA	199,9 mA
2 A	1 mA	1,999 A
10 A	10 mA	10,00 A

Für Wechselstrommessung in höheren Strombereichen ist in Geräte für die Starkstromanwendung meist ein Stromwandler eingebaut. Das oben erwähnte Gerät hat daher für Wechselstrom zusätzliche Bereiche für 20 A und 30 A. Der geringe Spannungsfall (nur ca. 40 mV bei 30 A) führt nur zu einer geringen thermischen Belastung.

2.9.7.3 Widerstandsmessung mit elektronischen Vielfachmeßgeräten

Widerstandsmessung erfolgt in Digitalmultimetern meist nach dem Konstantstromprinzip: Die eingebaute Konstantstromquelle speist das Meßobjekt mit einem definierten Gleichstrom. Der A/D-Wandler digitalisiert den am Meßobjekt auftretenden Spannungsfall. Da bei konstantem Strom die Spannung direkt proportional dem Widerstand ist, kann der Spannungswert als Widerstand angezeigt werden. Der Betrag des Konstantstroms ist vom eingestellten Widerstandsbereich abhängig.

Die Widerstandsmeßbereiche des als Beispiel ausgewählten Digitalmultimeters sind:

Meßbereich 0 Ω bis ...	Auflösung ± 1 Digit =	max. Anzeige
20 Ω	10 mΩ	19,99 Ω
200 Ω	100 mΩ	199,9 Ω
2 kΩ	1 Ω	1,999 kΩ
20 kΩ	10 Ω	19,99 kΩ
200 kΩ	100 Ω	199,9 kΩ
2 MΩ	1 kΩ	1,999 MΩ

Bei vielen Multimetern dient der 2 kΩ-Meßbereich gleichzeitig zur Prüfung von Halbleiter-Diodenstrecken als Halbleitertest. Dieser Meßbereich ist durch ein Diodensymbol besonders gekennzeichnet. Wegen der Schwellspannung von $U_F \approx 0{,}7\,V$ bei Siliziumdioden ist hierfür eine Spannung von mindestens 1 V erforderlich. Meist beträgt die Klemmenspannung bei Meßbereichsendwert ca. 1,5 V. Bei der Prüfung einer Silizium-Diodenstrecke in Durchlaßrichtung muß sich somit ein Anzeigewert von ca. 900 Ω einstellen. Wegen der Nichtlinearität des Durchlaßwiderstands darf dieser Wert nur als Gut-Aussage für die Prüfung gewertet werden.

Die maximale Spannung, die sich bei offenen Klemmen einstellt, liegt bei ca. 2 V bis 3 V.

Eine besondere Schalterstellung ist für die **Durchgangsprüfung** vorgesehen. Bei Unterschreitung eines Widerstandswerts von z. B. ca. 100 Ω wird ein akustisches Signal abgegeben.

2.9.7.4 Elektronische Vielfachmeßgeräte mit echter Effektivwertmessung

Elektronische Multimeter mit effektivwertrichtiger Messung (RMS-Response[8]) von Wechselstromgrößen können auch bei nicht sinusförmiger Kurvenform eingesetzt werden. Sie können z. B. im Bereich der Leistungselektronik zur Messung von Wechselspannungen bzw.

[8] RMS = Root Mean Square (engl.) = quadratischer Mittelwert = Effektivwert

Wechselströmen mit Phasenanschnitt eingesetzt werden. Diese Geräte sind meist mit der Beschriftung **RMS** am Bereichsschalter gekennzeichnet.

Da der Effektivwert der quadratische Mittelwert ist, wird das Meßsignal vor der Digitalisierung über einen Quadrierer gegeben.

Bei impulsartigen Kurvenformen, deren Scheitelwert erheblich höher als der Effektivwert ist, z. B. bei Phasenanschnitt mit kleinem Stromflußwinkel, muß der Crest-[9] oder Scheitelfaktor des Geräts beachtet werden.

Der Crestfaktor oder Scheitelfaktor ist das Verhältnis des Scheitelwerts einer Wechsel- oder Mischspannung (bzw. Strom) zum Effektivwert.

Der Crestfaktor einer sinusförmigen Wechselspannung ist $\hat{u}/U_{RMS} = \sqrt{2} = 1{,}414$. Bei einer Wechselspannung mit Phasenanschnitt erhöht sich der Crestfaktor. Bei einem Stromflußwinkel (siehe auch Abschnitt 7.4.2) von 90° erhöht sich der Crestfaktor z. B. um den Faktor $\sqrt{2}$ auf 2 (gleicher Scheitelwert bei halber Leistung, d. h. um Faktor $1/\sqrt{2}$ kleinerer Effektivwert).

Bei zu kleinem Crestfaktor des Meßgeräts werden der Eingangsverstärker oder der A/D-Wandler übersteuert. Die Spitzen oberhalb der Übersteuerungsgrenze werden «abgeschnitten», so daß der Anzeigewert zu gering ausfällt.

Da der maximale Crestfaktor im Bereich des Meßbereichsendwerts am geringsten ist, sollte man bei impulsartigen Signalen nicht in den Meßbereich mit der höchsten Auflösung schalten, sondern in einem größeren Meßbereich bleiben.

Bei Geräten mit AC- oder Wechselstromkopplung ist zu beachten, daß die Meßgröße eine reine Wechselgröße sein muß, d. h. keinen Gleichanteil besitzen darf. Mischspannungen oder -ströme können nur mit Geräten mit DC- oder Gleichstromkopplung gemessen werden.

2.9.7.5 Vielfachmeßgeräte mit analoger und digitaler Anzeige

Vielfachinstrumente mit analoger und digitaler Anzeige vereinigen in sich die Vorteile beider Anzeigearten: sichere und schnelle Ablesung auf der Digitalanzeige und sichere Tendenzerkennung auf der Analoganzeige.

Außerdem bietet der Eingangsverstärker die Vorteile der geringen Belastung des Meßobjektes, wie bei jedem elektronischen Meßgerät. Das in Bild 2/54 a dargestellte Multimeter hat für die Analoganzeige ein Drehspulinstrument.

Bild 2/54b zeigt die LCD-Anzeigeeinheit eines Geräts, das neben der Ziffernanzeige eine Quasianaloganzeige beinhaltet. Durch den Fortfall des Drehspulinstruments arbeitet dieses Gerät lage- und weitgehend erschütterungsunabhängig. Die Auflösung der Quasianaloganzeige ist allerdings durch Anzahl der Zeigersegmente begrenzt.

Einige Vielfachinstrumente mit zusätzlicher Quasianaloganzeige verfügen über eine **Zoomfunktion** oder **Spannungslupe**. Hierbei handelt es sich um eine Dehnung der Analogskala im Bereich um den Anzeigewert mit einer Unterdrückung des Nullpunktes. Durch diese Vergrößerung der Auflösung werden Tendenzen bei kleinen Meßwertänderungen gut sichtbar. Dieses kann z. B. bei Untersuchung von temperaturbedingten Meßwertänderungen in Schaltungen nützlich sein.

---

[9] Crest (engl.) = Bergkamm

a)

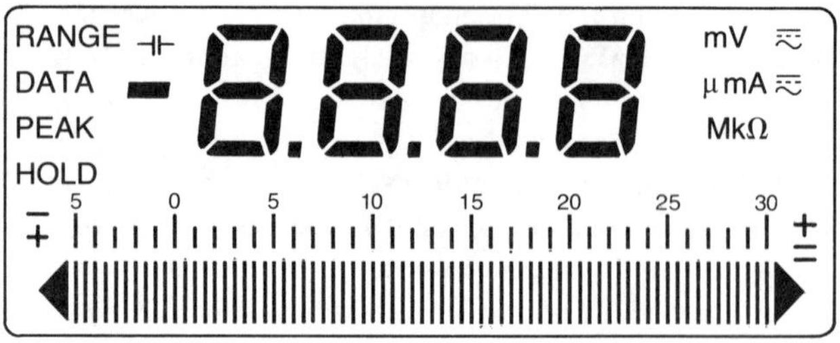

b)

Bild 2/54 Multimeter mit analoger und digitaler Anzeige
a) mit Drehspulmeßwerk und LCD-Anzeigeeinheit (Foto Gossen)
b) LCD-Anzeigeeinheit mit digitaler und quasianaloger Anzeige

2.9.8 Elektronische Leistungsmessung

Das klassische Leistungsmeßgerät ist das elektrodynamische Meßwerk (Abschnitt 2.8). Es führt die für die Leistungsmessung erforderliche Multiplikation unter Ausnutzung der mechanischen Kräfte zwischen den stromdurchflossenen Leitern aus Strom- und Spannungspfad aus.

Das Problem der elektronischen Leistungsmessung liegt in der Multiplikation zweier elektrischer Größen. Sie kann prinzipiell mit einem Analogmultiplizierer (Vierquadranten-Multiplizierer) erfolgen, der die aus Meßspannung und Meßstrom gewonnenen Signale multipliziert oder mit einem Digitalrechner, der die Multiplikation der digitalisierten Signale in einem schnellen Rechenwerk ausführt.

Ein Verfahren der Analogmultiplizierung zweier elektrischer Größen liefert der **Hallmultiplizierer**. Er nutzt aus, daß die in einem Hallgenerator[10] erzeugte Spannung sowohl dem durch dieses Halbleiterplättchen (Bild 2/55a) fließenden Steuerstrom I_{St} als auch der magnetischen Flußdichte des Magnetfelds proportional ist, das das Plättchen durchdringt.

Im Hallmultiplizierer (Bild 2/55b) wird das Magnetfeld, das den Hallgenerator durchdringt, von dem zweiten Strom I_2 erzeugt. Dieser fließt durch die Wicklung, die um ein Joch aus Ferritmaterial gelegt ist, in dessen Luftspalt der Hallgenerator liegt. Die Hallspannung ist den beiden Strömen, d. h. deren Produkt proportional:

$$U_H \sim I_1 \cdot I_2$$

Ist einer der beiden Ströme der Meßspannung und der andere dem Meßstrom am Meßobjekt proportional, ist die Hallspannung der im Meßobjekt umgesetzten Leistung proportional.

Bei Wechselspannung ist der arithmetische Mittelwert der pulsierenden Hallspannung der Wirkleistung im Meßobjekt proportional. Bei gleichzeitiger Umpolung beider Größen bleibt die Polarität der Hallspannung erhalten:

$$+U_H \sim (-I_1) \cdot (-I_2)$$

---

[10] siehe im Band «Grundlagen der Elektronik»

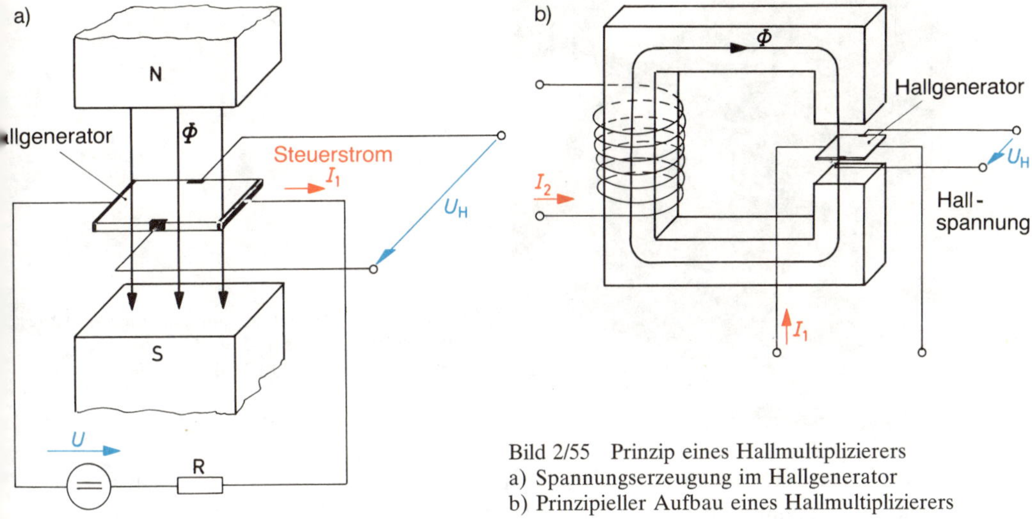

Bild 2/55 Prinzip eines Hallmultiplizierers
a) Spannungserzeugung im Hallgenerator
b) Prinzipieller Aufbau eines Hallmultiplizierers

Bei einer Phasenverschiebung polt sich die Hallspannung nur zwischen den Nulldurchgängen der beiden Meßgrößen um, so daß sich der Mittelwert um den Faktor $\cos\varphi$ verringert (Bild 2/30a und b).

Die vom Hallgenerator gelieferte Spannung wird gemittelt (integriert) und kann einem A/D-Wandler zur Digitalisierung zugeführt werden. Der digitalisierte Wert entspricht der Wirkleistung.

Bild 2/56a zeigt ein Mehrbereichs-Wirkleistungsmeßgerät, mit dem Leistungen an Wechselstromverbrauchern zwischen 100 mW bis 15 kW gemessen werden können.

Bild 2/56

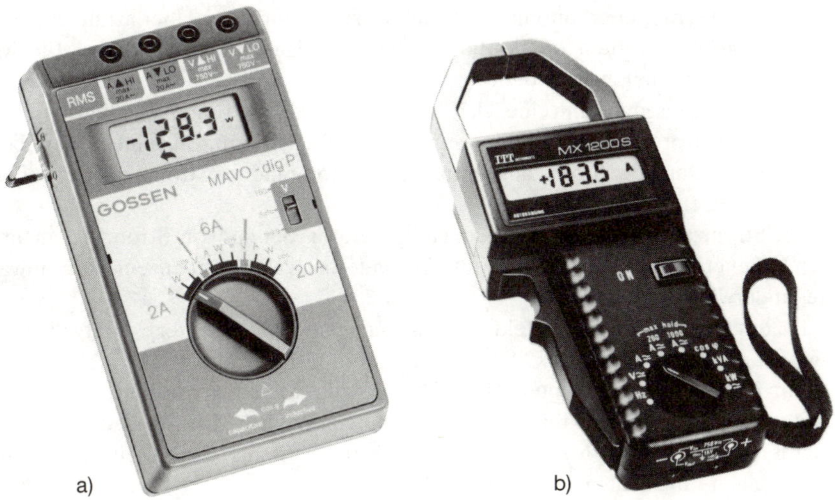

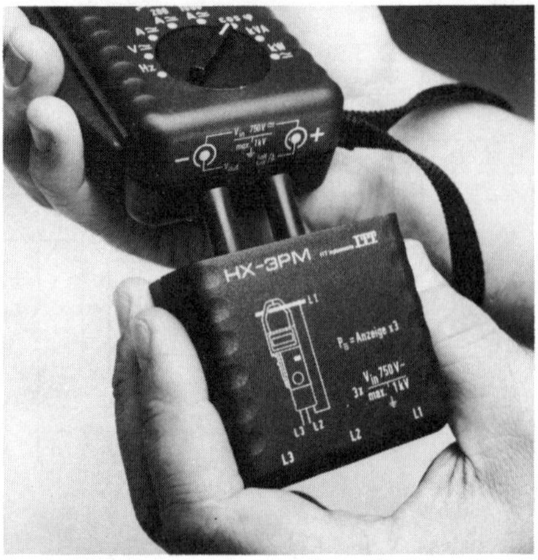

c)

Bild 2/56
Elektronisches Multimeter mit Leistungsmessung
a) Wirkleistungsmesser (Foto Gossen)
b) Zangenanleger (Foto Müller & Weigert)
c) Meßadapter für Zangenanleger
(Foto Müller & Weigert)

Der Meßstrom wird über einen eingebauten Stromwandler zugeführt, sodaß zwischen Strom- und Spannungspfad eine Potentialtrennung besteht. Kapazitive bzw. induktive Belastungen werden auf der Anzeigeeinheit durch Pfeile (← kapazitiv, → induktiv) angezeigt. Auch Übersteuerung des Strom- oder Spannungsbereichs werden gemeldet. Es muß dann auf einen höheren Bereich umgeschaltet werden.

Bild 2/56b zeigt ein Digitalmultimeter als Zangenanleger für die Anwendung in der Energietechnik (Wechselstrom), der folgende Meßfunktionen beinhaltet:

Strommessung	bis 1000 A
Spannungsmessung	bis 750 V
Wirk-/Scheinleistungsmessung	bis 199,9 kW/kVA
Leistungsfaktormessung	0,3 kap. – 1 – 0,3 ind.
Frequenzmessung	bis 1000 Hz

Das Gerät verfügt über automatische Bereichswahl und zeigt Überlastung an. Fehlerhafte Eingangsgrößen werden durch Blinken der Anzeigeeinheit signalisiert. Ein Maximumspeicher ist ebenfalls vorhanden.

Am Analogausgang kann eine Gleichspannung zwischen 0 und 1 V abgegriffen werden, die der Meßgröße proportional ist. Sie kann z. B. zur Registrierung mit einem Schreiber verwendet werden. Dank der Stromzange braucht der Strompfad zur Strom- und Leistungsmessung nicht aufgetrennt zu werden.

Die Stromzange arbeitet mit einem Hallgenerator, der das vom Strom in dem umschlossenen Leiter erzeugte Magnetfeld erfaßt. Es handelt sich also nicht um einen Stromwandler mit Sekundärwicklung.

Da das Gerät eine echte Effektivwertmessung ausführt, arbeitet es weitgehend unabhängig von der Kurvenform der Meßgrößen.

Mit Hilfe eines Meßadapters (Bild 2/56c) ist die Messung von Leistung und Leistungsfaktor (cos φ) auch im Dreileiter-Drehstromnetz möglich. Der Meßadapter wird auf das Gerät aufgesteckt. Der Mittelpunkt des Drehstromsystems, der N-Leiter, wird im Adapter durch einen künstlichen Sternpunkt gebildet.

3 Elektrizitätszähler

Der Elektrizitätszähler dient zur Bestimmung der elektrischen Arbeit. Von den verschiedenen Arten der Zählermeßwerke hat heute nur noch der **Induktionszähler** praktische Bedeutung. Die übrigen Arten – sie hatten in der «Gleichstromzeit» ihren Platz – sollen hier kurz erwähnt werden: **Elektrolytzähler** nutzen die chemische Wirkung des Gleichstromes. Ein geringer Teil des Verbraucherstromes wird durch den Elektrolyten geleitet. Die in einem geeichten Meßrohr ausgeschiedene Stoffmenge gibt Aufschluß über die transportierte Ladung. Der Elektrolytzähler ist also ein **Amperestundenzähler**. Unter der Voraussetzung einer konstanten Netzspannung kann das Meßrohr in Kilowattstunden geeicht werden.

Der **Magnetmotorzähler** ist ebenfalls ein Amperestundenzähler, da er nur den Verbraucherstrom berücksichtigt. Wie beim Drehspulmeßwerk wird das Drehmoment durch eine im Dauermagnetfeld angeordnete Wicklung erzeugt.

Der **elektrodynamische Zähler** ist ein **Wattstundenzähler** für Gleich- und Wechselstrom. Das Prinzip entspricht dem des elektrodynamischen Meßwerks. Die Drehspule ist durch einen Läufer aus mehreren Wicklungen und dem Kollektor (Stromwender) ersetzt. Dieser Zähler wird wegen seines relativ komplizierten und damit empfindlichen Aufbaues nur in den Ausnahmen verwendet, wo eine von Frequenzschwankungen unabhängige Ermittlung der Arbeit gefordert wird.

Das heute in Wechselstromzählern verwendete **Induktions- oder Ferrarismeßwerk** zeichnet sich durch seinen relativ einfachen und robusten Aufbau aus. Der umlaufende Teil besteht nur aus einer Scheibe. Der Induktionszähler hat heute einen hohen technischen Stand erreicht.

3.1 Einphasiger Induktionszähler

3.1.1 Aufbau und Wirkungsweise

Das Induktionsmeßwerk ist mit einem Asynchronmotor vergleichbar. Als Ständer wirkt das **Triebsystem**, bestehend aus **Strom-** und **Spannungseisen** mit je einer Spule. Wie immer besteht die hochohmige Spannungsspule aus vielen Windungen mit geringem Drahtquerschnitt und die niederohmige Stromspule aus wenigen Windungen mit großem Drahtquerschnitt. Die Spannungsspule wird parallel zur Last und die Stromspule in Reihe zur Last angeschlossen. Werden die Spulen von ihrer Meßgröße durchflossen, erzeugen sie **Wanderfelder** wie die Spulen eines Induktionsmotors. Da diese Felder auch einen im Luftspalt befindlichen Aluminiumläufer an verschiedenen Stellen phasenverschoben durchsetzen, wird auf die Aluminiumscheibe ein Drehmoment ausgeübt (Bild 3/1).

Das größte Drehmoment entwickelt solch ein Triebsystem, wenn die Felder vom Spannungs- und Stromeisen 90° gegeneinander phasenverschoben sind. Zur genauen Einstellung ist eine **Phasenabgleichmöglichkeit** vorgesehen.

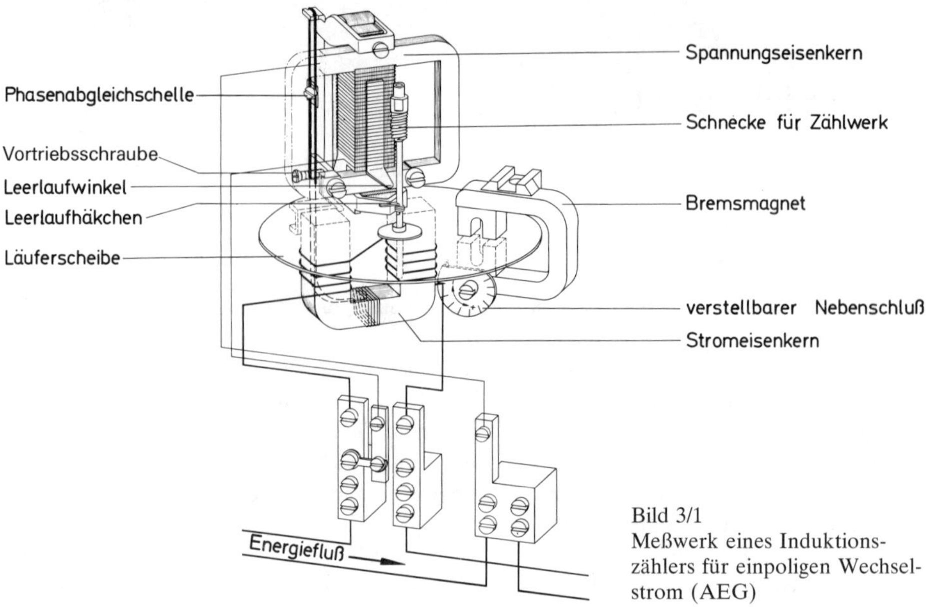

Bild 3/1
Meßwerk eines Induktionszählers für einpoligen Wechselstrom (AEG)

Beim Asynchronmotor ist die Umlaufgeschwindigkeit abhängig von der Polpaarzahl und der Netzfrequenz. Beim Zähler, der nur ein Poolpaar hat, soll die **Winkelgeschwindigkeit** jedoch der Größe der zu messenden **Wirkleistung** $P = U \cdot I \cdot \cos \varphi$ proportional sein. Deshalb ist für das Induktionsmeßwerk eine zusätzliche **Bremskraft als Gegenmoment** erforderlich, die der Drehzahl verhältnisgleich ist. Sie wird durch einen **Dauermagneten** gebildet, der auf die Läuferscheibe als **Wirbelstrombremse** wirkt.

Zum Überwinden der Reibungskräfte ist ein **Spannungsvortrieb** erforderlich. Er besteht aus einem mit dem Kern der Spannungsspule verbundenen Hilfspol (Prinzip Spaltpolmotor), durch den ein Drehmoment erzeugt wird, das gerade das Reibungsmoment übersteigt. Damit dieses dauernd wirksame Hilfsdrehmoment nicht zum Leerlauf des Zählers führt, besitzt das Meßwerk eine einstellbare Hemmung.

Das an der Läuferwelle befestigte eiserne **Leerlaufhäkchen** wird vom **Leerlaufwinkel** am Spannungseisen durch magnetische Kräfte festgehalten, solange nur das schwache Hilfsdrehmoment wirksam ist. In dieser Läuferstellung erscheint die rote Läufermarke im Fenster der Zählerkappe.

Das Zählwerk übernimmt durch die laufende Zählung der Läuferumdrehungen die für die **Arbeitsmessung** erforderliche Multiplikation mit der Zeit. Um **Zählwerksreibung** und Verschleiß auf ein Minimum zu begrenzen, sind **Zifferrollen, Zahnräder** und **Lagerbuchsen** aus Kunststoff hergestellt.

Die Lager der Läuferwelle sind ebenfalls durch besondere Werkstoffe und Bearbeitung für geringste und gleichbleibende Reibung konstruiert. Das Unterlager, das das Läufergewicht trägt, ist als **Ein**- oder **Doppelsteinlager** ausgeführt. Beim letzteren läuft die Lagerkugel aus Stahl zwischen den beiden Lagersteinen. Das **Oberlager** ist meist ein **Nadellager**.

Präzisionszähler zur Verrechnung hoher Energiebeträge werden zur Reduzierung des Reibungsfehlers mit magnetisch entlastendem Unterlager ausgerüstet. Durch magnetische Kräfte wird der Druck des Läufers auf das Unterlager fast aufgehoben.

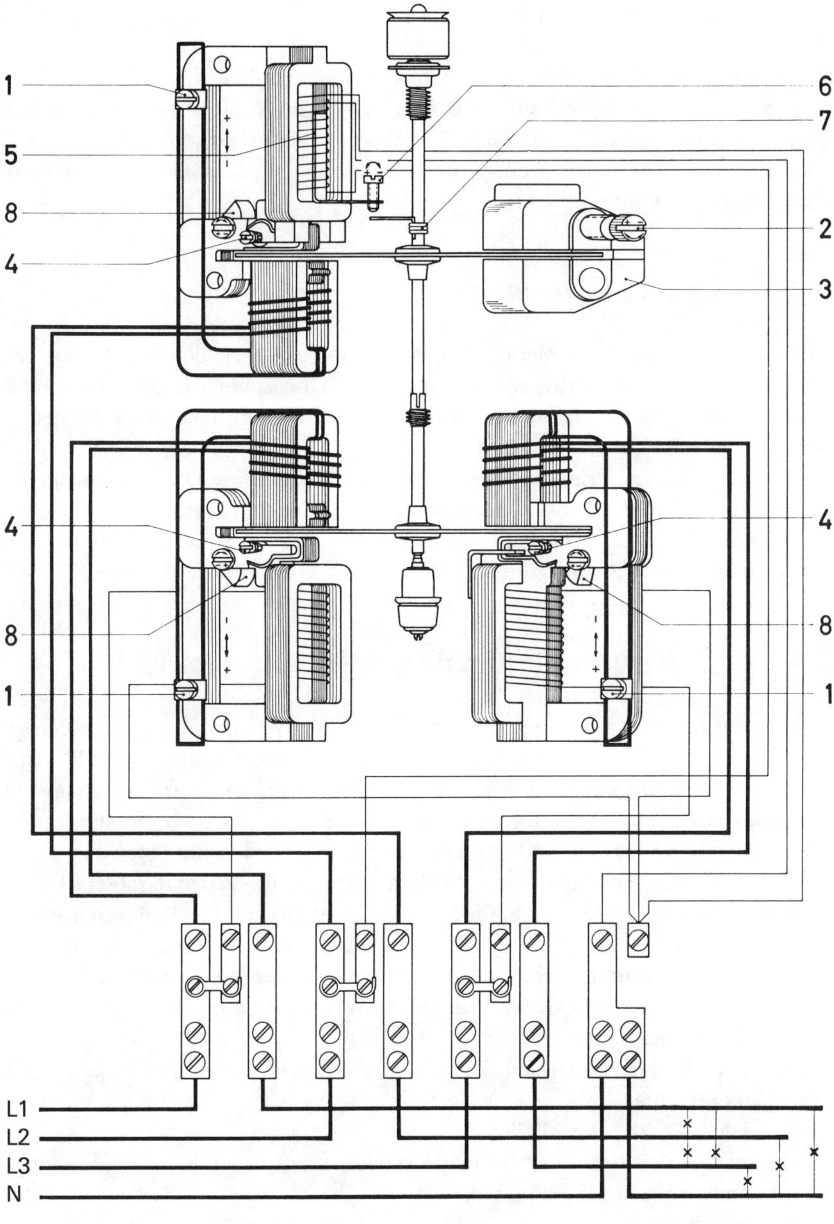

1 Phasenschelle auf der Widerstandsschleife
2 Bremsmagnet-Feineinstellschraube
3 Bremsmagnet
4 Vortriebsschraube im Spannungskern
5 Leerlaufwinkel
6 Anlaufschraube
7 Leerlaufhäkchen
8 Drehmoment-Abgleichflügel

Bild 3/2 Meßwerk eines Vierleiter-Drehstromzählers

3.2 Drehstromzähler

Bei Drehstromzählern besteht das Meßwerk aus mehreren Triebsystemen. Diese wirken meistens auf zwei Läuferscheiben, die auf derselben Welle angeordnet sind, so daß die Drehmomente sich addieren (Bild 3/2). Während bei Vierleiterdrehstrom drei Triebsysteme vorhanden sind, besitzen **Dreileiterdrehstromzähler** meist zwei Triebsysteme in **Zweileistungsmesserschaltung**.

3.3 Meßwandlerzähler

Für große Ströme werden Zähler über Stromwandler angeschlossen. Die Stromspulen sind dann für 5 A oder 1 A Nennstrom bemessen. Bei **Hochspannung** müssen neben den **Stromwandlern** auch **Spannungswandler** zur **Potentialtrennung** eingesetzt werden. Die Spannungsspulen sind dann für 100 V ausgelegt.

Wandlerzähler mit **Primärzählwerk** zeigen die Meßgröße auf der Primärseite, also auf der Hochspannungsseite an. Beim **Sekundärzählwerk** hingegen wird die Wandlerübersetzung nicht in der Anzeige berücksichtigt. Der abgelesene Wert muß daher mit dem Produkt der Übersetzungen von Strom- und Spannungswandler multipliziert werden.

3.4 Gesetzliche Bestimmungen und Zählerschild

Zähler, die zur Verrechnung von Energie verwendet werden, unterliegen den gesetzlichen Bestimmungen. Von der **«Physikalisch-Technischen Bundesanstalt» (PTB)** erhält jede zur amtlichen **Beglaubigung** und **Eichung** zugelassene Zählerbauart ein **Zulassungszeichen**. Dieses ist auf dem Zählerschild (Bild 3/3) angebracht und stellt ein stilisiertes **Z** mit der Gattungsnummer (212 für Induktionszähler) und der Bauartnummer dar.

Die Fehlergrenzen sind in den **«Bestimmungen für Elektrizitätszähler»** DIN VDE 0418 festgelegt. Bei der Eichung muß der Fehler innerhalb der **Eichfehlergrenzen** liegen.

Der Fehler wird in einer Fehlerkurve, abhängig von Strom- und Leistungsfaktor, aufgetragen. Die Grenzkurve darf nirgends überschritten werden. Diese ist im Bereich von 5 % des Nennstromes bis zum Grenzstrom bei Leistungsfaktoren von $\cos\varphi = 1$ bis $\cos\varphi = 0{,}5$ zwischen 2,0 % und 3,0 % Eichfehler festgelegt.

Auf dem **Zählerschild** (Bild 3/3) sind neben dem Zulassungszeichen noch folgende Angaben enthalten:

Ableseeinheit: kWh oder MWh
Zählerart: Wechsel- oder Drehstromzähler
Fabriknummer und Herstellungsjahr
Nennspannung
Nennstrom und **Grenzstrom**, bis zu welchem der Zähler dauernd belastet werden darf
Nennfrequenz
Zählerkonstante, nennt die Anzahl der Scheibenumdrehungen je gemessene kWh.
Schaltungsnummer (nach DIN 43856), gibt durch drei bis vier Ziffern Aufschluß über

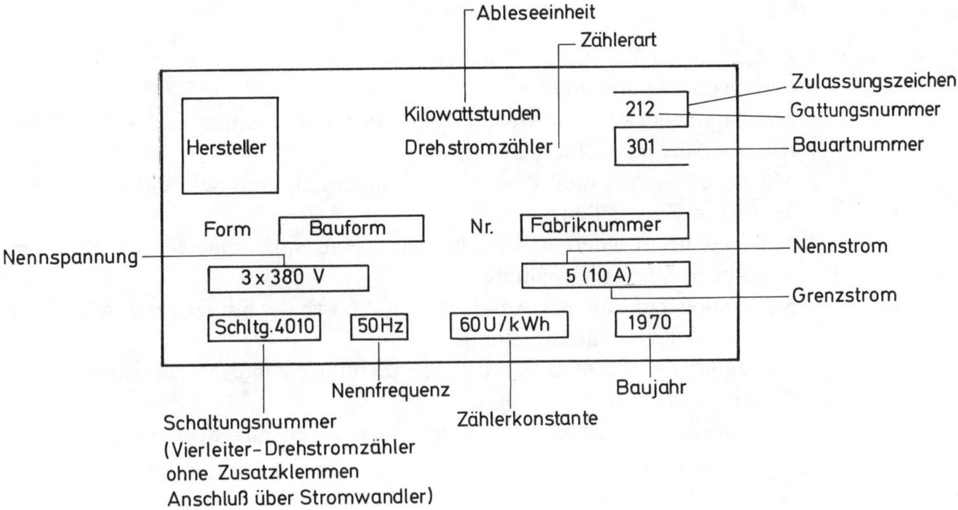

Bild 3/3 Zählerschild (Beispiel)

Grundart des Zählers, Zusatzeinrichtungen, Anschluß der Grundart und Schaltungen der Zusatzeinrichtung. Nr. 401 bedeutet z. B. Vierleiter-Drehstromzähler (4) ohne Zusatzeinrichtungen (0) Anschluß über Stromwandler (1).

Die Bedeutung der Zahlen lautet:

1. Ziffer: Grundart des Zählers
   - 1 Einpoliger Wechselstrom – Wirkverbrauchzähler
   - 2 Zweipoliger Wechselstrom – Wirkverbrauchzähler
   - 3 Dreileiter-Drehstrom-Wirkverbrauchzähler
   - 4 Vierleiter-Drehstrom-Wirkverbrauchzähler
   - 5 Dreileiter-Drehstrom-Blindverbrauchzähler mit 60°-Abgleich
   - 6 Dreileiter-Drehstrom-Blindverbrauchzähler mit 90°-Abgleich
   - 7 Vierleiter-Drehstrom-Blindverbrauchzähler mit 90°-Abgleich

2. Ziffer: Zusatzeinrichtungen
   - 0 Ohne Zusatzeinrichtung
   - 1 Mit Zweitarifeinrichtung
   - 2 Mit Maximumeinrichtung
   - 3 Mit Zweitarif- und Maximumeinrichtung
   - 4 Mit Maximumeinrichtung einschließlich elektrischer Rückstellung
   - 5 Mit Zweitarif- und Maximumeinrichtung einschließlich elektrischer Rückstellung

3. Ziffer: Äußerer Anschluß der Grundart
   - 0 Für unmittelbaren Anschluß
   - 1 Für Anschluß an Stromwandler
   - 2 Für Anschluß an Strom- und Spannungswandler

4. Ziffer: Schaltungen der Zusatzeinrichtungen

0 Ohne äußeren Anschluß

1 Mit einpoligem innerem Anschluß der Zweitarifeinrichtung und/oder der elektrischen Maximum-Rückstellung

2 Mit äußerem Anschluß der Zweitarifeinrichtung und/oder der elektrischen Maximum-Rückstellung

3 Mit einpoligem innerem Anschluß der Zusatzeinrichtungen und Maximumauslöser in Öffnungsschaltung

4 Mit einpoligem innerem Anschluß der Zusatzeinrichtungen und Maximumauslöser in Kurzschließschaltung

5 Mit äußerem Anschluß der Zusatzeinrichtungen und Maximumauslöser in Öffnungsschaltung

6 Mit äußerem Anschluß der Zusatzeinrichtungen und Maximumauslöser in Kurzschließschaltung

3.5 Blindverbrauchszähler

Zur Entlastung der Übertragungseinrichtungen wird unter gewissen Bedingungen die Energie, die zum Auf- und Abbau der Magnetfelder in elektrischen Maschinen hin- und herpendelt, vom **Energieversorgungsunternehmen** mit **Kosten** belegt.

Blindverbrauchszähler werden gewöhnlich nur für Drehstrom verwendet. Sie sind mit normalen Induktionsmeßwerken ausgerüstet. Durch die vom Blindleistungsmesser bekannte Schaltung (Bild 2/35) wird die erforderliche Phasendrehung um 90° erreicht. Da die Spannungsspulen an der **Außenleiterspannung** liegen, müssen sie für die $\sqrt{3}$fache Spannung bemessen sein. Die Blindverbrauchzähler besitzen eine **Rücklaufsperre**, sie sind in der **Phasenfolge L1 L2 L3** anzuschließen.

3.6 Schaltungen

3.6.1 Wirkverbrauchszähler

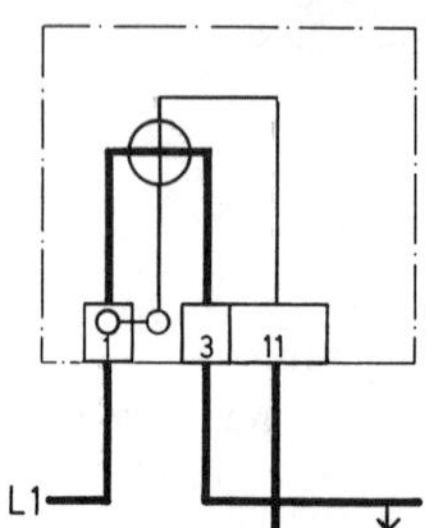

Bild 3/4
Wechselstromzähler für unmittelbaren Anschluß, Schaltungs-Nr. 1000

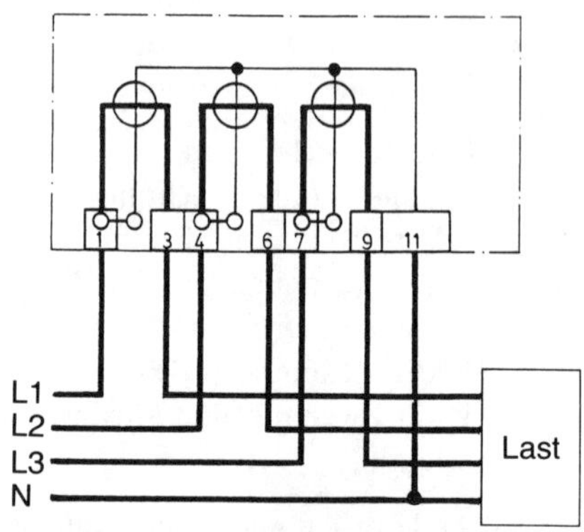

Bild 3/5
Drehstrom-Wirkverbrauch-Vierleiterzähler für unmittelbaren Anschluß, Schaltungs-Nr. 4000

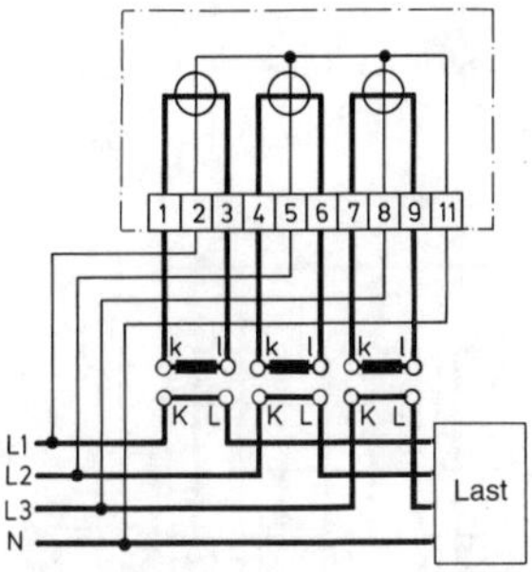

Bild 3/6
Drehstrom-Wirkverbrauch-Vierleiterzähler für Stromwandleranschluß, Schaltungs-Nr. 4010

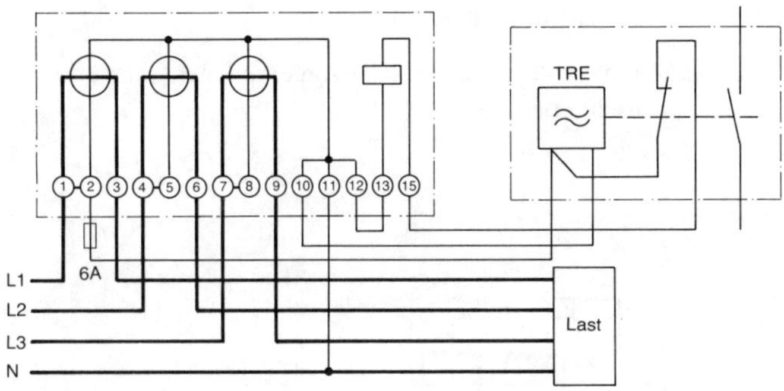

Bild 3/7
Drehstrom-2-Tarifzähler mit TRE (Abschnitt 3.7.1), Schaltungs-Nr. 4102

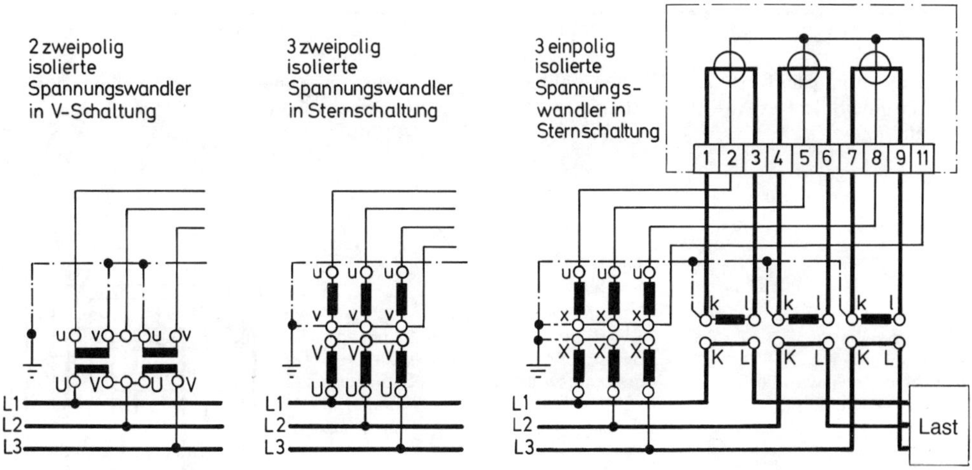

Bild 3/8 Drehstrom-Wirkverbrauch-Vierleiterzähler für Strom- und Spannungswandleranschluß, Schaltungs-Nr. 4020

3.6.2 Blindverbrauchszähler

Die Blindverbrauchszähler besitzen eine Rücklaufsperre; sie sind in der Phasenfolge L 1 L 2 L 3 anzuschließen.

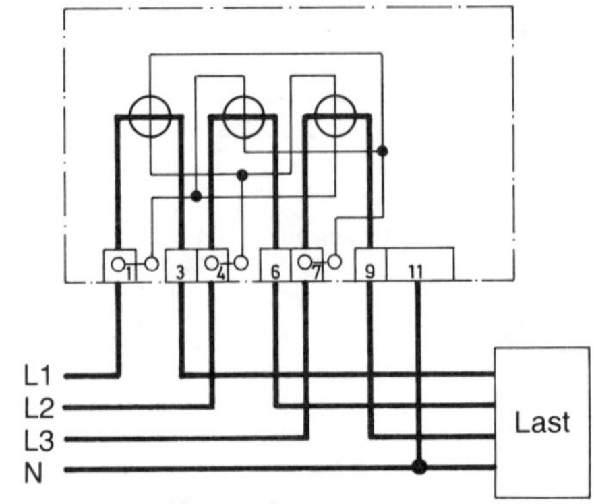

Bild 3/9
Drehstrom-Blindverbrauch-Vierleiterzähler für unmittelbaren Anschluß, Schaltungs-Nr. 7000

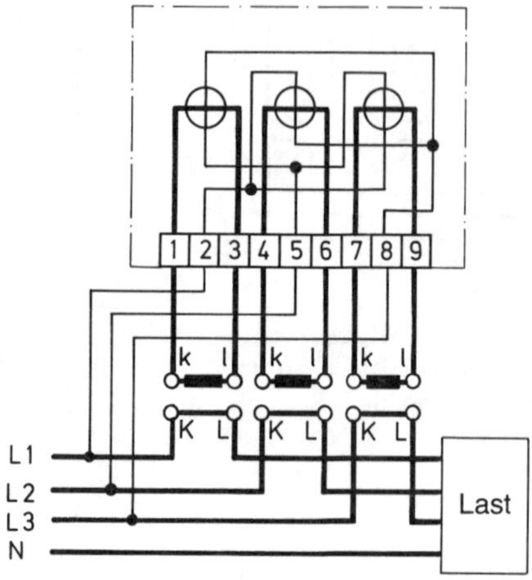

Bild 3/10
Drehstrom-Blindverbrauch-Vierleiterzähler für Stromwandleranschluß, Schaltungs-Nr. 7010

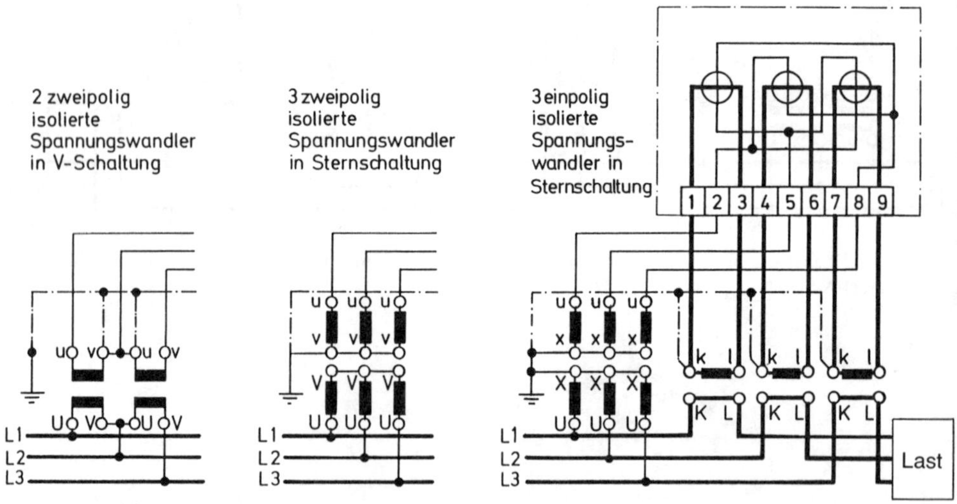

Bild 3/11 Drehstrom-Blindverbrauch-Vierleiterzähler für Strom- und Spannungswandleranschluß, Schaltungs-Nr. 7020

3.7 Sonderzähler

Aus wirtschaftlichen Gründen benötigen die Energieerzeugungsunternehmen eine Kalkulationsbasis für die zu liefernde Energiemenge. Dabei ist es besonders wichtig, daß die erforderliche Energie über längere Zeit möglichst gleichmäßig geliefert werden kann.

Wegen der langen Anlaufzeiten der großen wirtschaftlichen Dampfturbinen sind sie nicht geeignet, **Lastspitzen** auszugleichen. Dazu werden kleinere schnelle Turbinen mit entsprechend kleineren Generatoren benötigt. Diese Turbinen werden dann meist mit Gas oder Wasserkraft aus Pumpspeicherwerken betrieben. Der Energieerzeugungspreis liegt bei diesen Anlagen wesentlich höher als bei den großen Dampfturbinenanlagen.

Lastspitzen, wie sie durch die Haushalte zur Morgen-, Mittags- und Abendzeit entstehen, dürfen durch Industrie- und Gewerbebetriebe nicht zusätzlich erhöht werden. Mit den Abnehmern werden deshalb besondere Tarife vereinbart.

Zur Nachtzeit wird z. B. der **Niedertarif** (Nachttarif) für Speicherheizungen angeboten, um auch zu dieser Zeit die Energieerzeuger voll auszulasten. Während der Tageszeit, eventuell auch nur zu Lastspitzenzeiten, wird teilweise neben dem **Arbeitspreis** für die verbrauchten Kilowattstunden auch ein Preis für die bereitgestellte Leistung in kW berechnet. Der am häufigsten angewendete Tarif ist hierfür der **Leistungspreistarif M** (Maximumtarif). Er kann gemäß **Bundestarifordnung** vom 26. November 1971 ab einer in Anspruch genommenen Leistung von 25 kW angewendet werden. Unter diese Regelung fallen alle Industriebetriebe und die meisten Gewerbebetriebe.

Der Leistungspreis ist vom sogenannten **Maximum** abhängig. Das Maximum ist definiert als die **höchste mittlere Leistung**, die innerhalb eines Ablesezeitraumes aufgetreten ist. Die mittlere Leistung wird meist über den Zeitraum von 15 min gemittelt. Kurzzeitige Lastspitzen (z. B. Anlaufströme) wirken sich auf die Höhe der mittleren Leistung kaum aus.

Die Tarifverträge bewirken, daß die Energieabnehmer daran interessiert sind, innerhalb ihres Betriebes möglichst konstante Last zu führen und dieses gegebenenfalls auch zu überwachen.

Zur Ermittlung des Energieverbrauches in verschiedenen **Tarifzeiten, Registrierung** des Maximums und zur **Überwachung** des Maximums, gegebenenfalls an zentraler Stelle, sind besondere Zähler erforderlich.

3.7.1 Mehrtarifzähler

Der **Doppeltarifzähler** besitzt zwei Zählwerke an einem Meßwerk. Eine **Magnetkupplung** verbindet wahlweise das Zählwerk für den höheren bzw. für den niederen Tarif mit der Läuferwelle. Die Schaltbefehle werden über Zusatzklemmen von einer **Schaltuhr** oder durch einen **T**onfrequenz-**R**undsteuer-**E**mpfänger (TRE oder Rundsteuerrelais) an den Zähler übermittelt (Bild 3/7).

Soll die Verrechnung in drei oder sogar vier Tarifstufen erfolgen, werden Drei- bzw. Viertarifzähler mit entsprechend vielen Zählwerken eingesetzt.

3.7.2 Maximumzähler

Der **Maximumzähler** ermittelt die höchste, über einen Zeitraum von z. B. 15 min **gemittelte Leistung** während einer **Ableseperiode** (Abschnitt 3.7) (Bild 3/12).

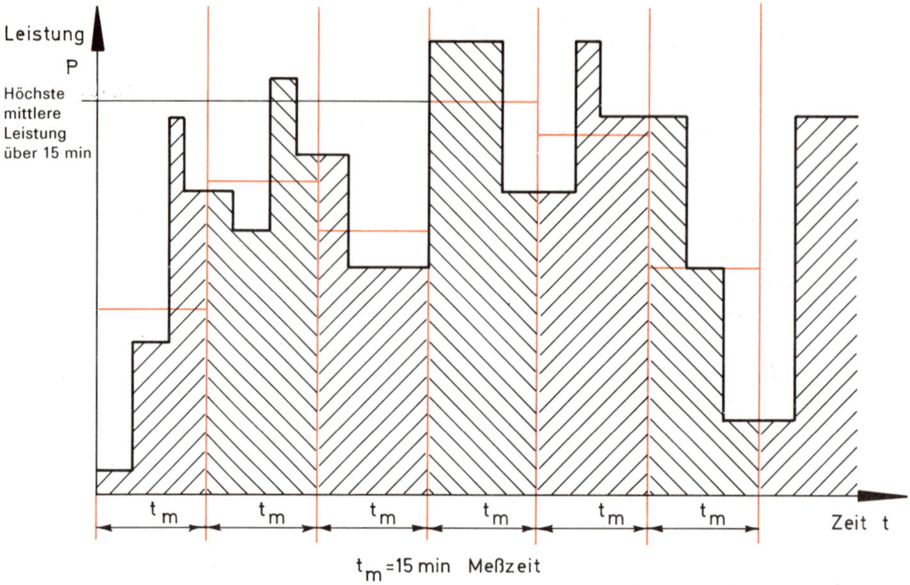

Bild 3/12 Ermittlung der höchsten mittleren Leistung mit dem Maximumzähler

3.7.2.1 Wirkungsweise

Der Läufer eines Drehstromzählers treibt neben dem kWh-Zählwerk noch ein **anzeigendes Maximumwerk** an. Die Läuferumdrehungen werden über ein Getriebe und eine Kupplung auf einen Mitnehmer übertragen, dessen zurückgelegter Weg proportional der während der Meßperiode verbrauchten elektrischen Arbeit ist. Weil die Meßperiode eine konstante Zeit ist, läßt sich aus dem Ausschlag des Mitnehmers, aus der Arbeit, die mittlere Leistung ableiten. Die Skala des Maximumwerkes kann deshalb in Kilowatt geeicht werden. Durch eine Schaltuhr wird am Ende der Meßperiode die Kupplung betätigt, so daß der vom Läufer getrennte Mitnehmer durch eine Rückholfeder seine Ausgangslage einnimmt. Der Mitnehmer schiebt den Maximumzeiger vor sich her, der jedoch beim Rückschnellen des Mitnehmers auf dem erreichten Wert stehenbleibt. Er wird nur bei einem größeren Ausschlag des Mitnehmers weitergeschoben. **Die Maximetereinrichtung zeigt somit die größte mittlere Leistung an, die innerhalb eines Ablesezeitraumes, z. B. einem Monat, aufgetreten ist** (Bild 3/13a). Je Ablesezeitraum wird der Stand des Maximumanzeigers abgelesen und der Zeiger dabei mit Hilfe einer Rückstellvorrichtung auf Null zurückgestellt.

Maximumzähler besitzen häufig neben dem Gesamtverbrauchs- und dem Maximumanzeiger noch ein **Kumulativzählwerk**[1] (Maximumzählwerk), das die Maximumwerte bei jeder Zeigerrückstellung addiert und ein Zählwerk, das die Anzahl der Rückstellungen anzeigt. Diese Einrichtungen ermöglichen bei z. B. jährlicher Verrechnung eine monatliche Rückstellung über Rundsteueranlage, so daß die manuelle monatliche Ablesung entfallen kann. Das

[1] kumulativ (lateinisch) anhäufend

a)

b)

Bild 3/13
Maximumzähler
a) Mechanisches Meßwerk mit Kumulativzählwerk und HT-NT-Umschaltung (Siemens)
b) Elektronisches Meßwerk mit Displaybeschriftung für kWh-Messung (AEG)

mittlere Maximum wird dann aus der Differenz von zwei aufeinander folgenden Ablesungen des Maximumzählwerkes gebildet.

Moderne **elektronische Maximumzähler** (Bild 3/13b) können, je nach Anwendungsgebiet, das Verbrauchsmaximum von Elektrizität, Gas, Wasser und Wärme anzeigen. Entsprechend sind die Anzeigedisplays beschriftet.

Damit dies möglich ist, benötigen die elektronischen Maximumzähler am Eingang Impulse von mindestens 10 ms Dauer bei einer maximalen Taktfrequenz von 40 Hz. Diese Impulse werden über internen oder externen Impulsgeberzähler (Abschnitt 3.7.4.1) erzeugt und dem Maximumzähler zugeführt. Ein Mikroprozessor verarbeitet die Impulse und ermittelt Verbrauch, Mittelwert und das Maximum. Die Ergebnisse werden über ein 16stelliges Flüssigkristall-Anzeigefeld zur Anzeige gebracht.

Der Vorteil der elektronischen Maximumzähler gegenüber den mechanischen Zählern liegt darin, daß in einem nichtflüchtigen Speicher mehrere Maxima je Monat, oft bis zu einem Jahr, mit Wert, Datum und genauer Uhrzeit abgespeichert werden und über Knopfdruck jederzeit abrufbar sind. Die Elektronik erlaubt weiterhin über spezielle Schnittstellen einen Drucker anzuschließen, der dann Verbrauch, Mittelwert und Maxima ausdruckt.

Die Meßperiodensteuerung kann durch ein internes Zeitwerk, aber auch über einen externen Meßperiodengeber erfolgen.

Spannungsausfälle werden von einem eingebauten NiCd-Akku für mehrere Stunden überbrückt. Mit seiner Energie werden vor seiner endgültigen Entladung alle Daten in einen nichtflüchtigen Speicher transferiert, so daß nach Netzwiederkehr weiterhin alle Daten zur Verfügung stehen.

Die Rückstellung des Maximumzählwerkes kann manuell über plombierbaren Tastschalter, über Rundsteueranlagen oder durch eine interne Rückstelleinrichtung erfolgen.

3.7.3 Überverbrauch- oder Subtraktionszähler

Der **Überverbrauchzähler** zeigt auf einem zusätzlichen Zählwerk die Arbeit an, die mit einer Leistung entnommen wurde, die oberhalb der vereinbarten **Grenzleistung** lag (Bild 3/14). Diese in den Lastspitzen enthaltene Energie wird dem Verbraucher mit hohen Kosten belegt.

Die Zählerwelle arbeitet auf ein Antriebsrad eines **Differentialgetriebes**. Das andere Antriebsrad wird in entgegengesetzter Richtung über ein Getriebe von einem Synchronmotor angetrieben. Die Umlaufgeschwindigkeit entspricht der Grenzleistung. Das Verbindungsrad des Differentialgetriebes ist über eine Rücklaufsperre mit dem Überverbrauchzählwerk verbunden. Liegt der Verbrauch unter der Grenzleistung, verhindert die Rücklaufsperre die Rückstellung des Zählwerkes. Wird die Grenzleistung überschritten, so erhält das Zählwerk die Drehzahldifferenz zwischen der tatsächlichen Leistung und der Grenzleistung.

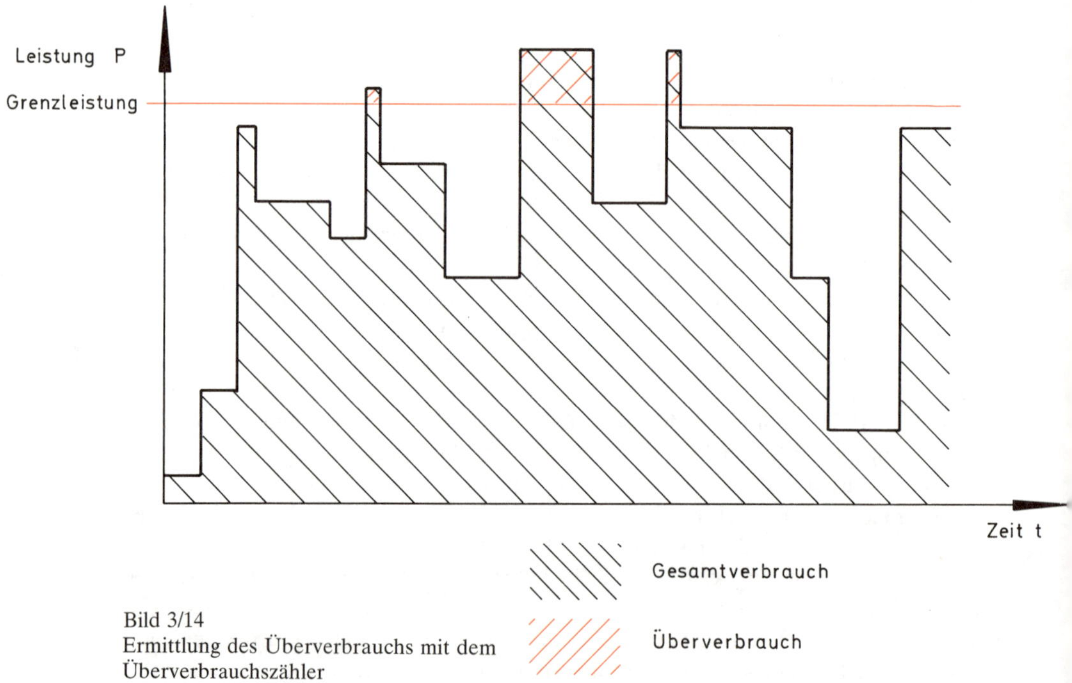

Bild 3/14
Ermittlung des Überverbrauchs mit dem Überverbrauchszähler

3.7.4 Fernzähleinrichtungen

Für viele Betriebe ist die Beurteilung der Versorgungslage aus wirtschaftlichen oder verrechnungstechnischen Gründen besonders wichtig. Daher wird die Forderung gestellt, die Werte über die Energieentnahme von bestimmten Verbrauchern, von Anlageteilen oder auch den Gesamtverbrauch zu einer zentralen Betriebsstelle zur Auswertung und Weiterverarbeitung zu übermitteln. Wegen der oftmals großen Entfernungen der einzelnen Meßstationen werden Fernzähleinrichtungen angewendet.

Dem **Fernzählprinzip** liegt die einfachste Form der elektrischen **Nachrichtenübermittlung** zugrunde. Ein vom Meßwertgeber angetriebener Schalter wandelt den analogen Meßwert in eine **Impulsfolge** (digitales Signal) um. Der Empfänger wandelt das **Signal** entweder in einen **analogen Meßwert** um, oder er zeigt diejenige Größe **durch Zählung digital** an (z. B. Bild 3/15).

Bild 3/15
Prinzipbild einer Signalübertragung

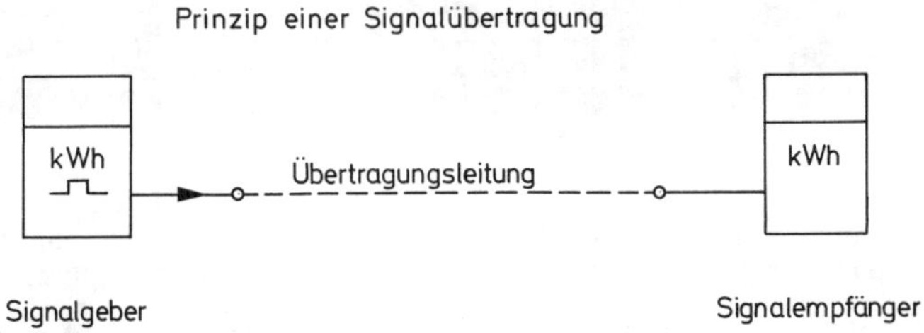

3.7.4.1 *Impulsgeber*

Impulse können auf verschiedenste Art und Weise erzeugt werden. Hier sollen nur zwei Möglichkeiten genannt werden.

a) Mechanische Impulserzeugung
Von der Welle des normalen kWh-Zählers oder von dessen Zählwerk wird zusätzlich über einen Nocken ein Kontakt geöffnet oder geschlossen. Vom Empfänger aus wird der Kontakt mit einer Spannung (meist 24 V) belegt. Im geschlossenen Kontaktzustand fließt dann ein Strom, im geöffneten Zustand nicht.

b) Elektronische Impulserzeugung
Eine Lochscheibe aus Metall wird vom Triebwerk des Zählers angetrieben und beeinflußt das **Schwingungsverhalten eines Oszillators** durch Flußänderung in einer Spule. Der Oszillator steuert einen Schalttransistor an, der beim Überstreichen eines bestimmten Drehwinkels einen elektrischen Impuls freigibt oder sperrt (Bild 3/16).

3.7.4.2 *Impulsempfängerzähler*

An zentraler Stelle, z. B. in einer Meßwarte, werden die vom Impulsgeber erzeugten Signale (etwa 5 bis 10 mA), die über eine Fernmeldeleitung übertragen werden, empfangen, verstärkt und weiterverarbeitet. Auch hier bieten sich verschiedene Möglichkeiten an, von denen wiederum nur zwei Arten besprochen werden sollen.

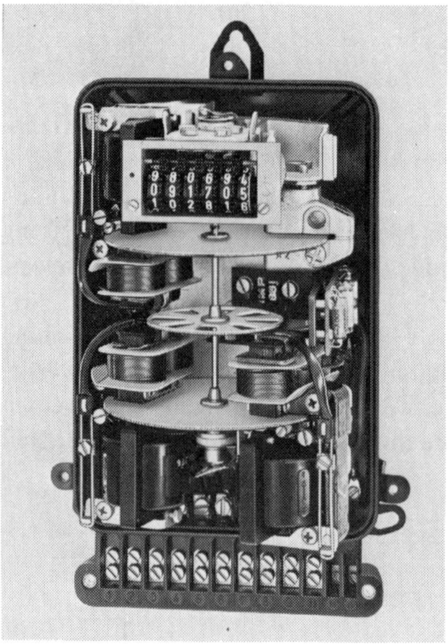

Bild 3/16
Drehstromzähler mit elektronischem Impulsgeber (AEG)

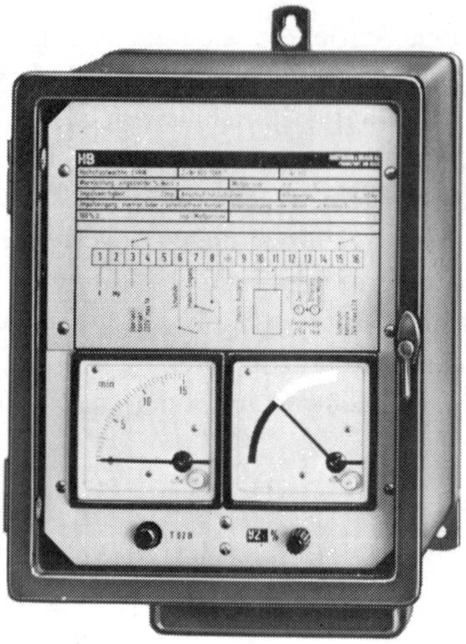

Bild 3/17
Elektronischer Höchstlastwächter mit Soll-Istwert-Anzeige (H & B)

a) Mechanische Impulszähler
Ankommende Impulse werden elektronisch verstärkt und auf einen **Schrittmotor** gegeben, der bei jedem Impuls ein Stück weiterdreht und ein Rollenzählwerk antreibt. Bei entsprechender Eichung ist die Rollenanzeige auf der Empfangsseite gleich der auf der Impulserzeugerseite.

b) Elektronischer Impulszähler
Mit den Impulsen wird eine **elektronische Zählschaltung** angesteuert. Die Anzeige erfolgt dann durch elektronische Bauteile digital.

3.7.5 Lastüberwachungsanlagen

Wird in einem Betrieb die Energiekostenabrechnung nach dem Leistungspreistarif durchgeführt, so ist der Betrieb daran interessiert, die vom Maximumzähler angezeigte mittlere Leistung möglichst niedrig zu halten. Dies kann erreicht werden, indem solche Verbraucher kurzzeitig abgeschaltet werden, durch deren Ausfall der Produktionsablauf nicht gestört wird. Solche Verbraucher lassen sich in fast jedem Betrieb finden. Als Beispiele sollen hier nun einige Möglichkeiten aufgezeigt werden:
Kompressormotoren zur Drucklufterzeugung müssen meist nicht immer laufen,
Heizungen und Wärmeöfen können oft kurzzeitig abgeschaltet werden, ohne daß sich erhebliche Temperaturschwankungen ergeben.
Eine Betriebsküche kann oft für wenige Minuten auf Heizgeräte verzichten. Elektrische Warmwasserbereiter und Klimaanlagen können kurzzeitig abgeschaltet werden.

Eine Abschaltung derartiger Verbraucher ist jedoch nur sinnvoll, wenn sie zeitlich richtig und in den meisten Fällen auch automatisch erfolgt. Dazu liefert die Industrie entsprechende Anlagen, die nachfolgend im Prinzip erläutert werden (Bild 3/17).

3.7.5.1 Wirkungsweise

Lastüberwachungsanlagen arbeiten heute meist elektronisch. Es erfolgt ein **Vergleich zwischen** einem vorgegebenen **Sollwert** und dem vorhandenen **Istwert**. Die Überwachung muß **synchron** zu den Meßperioden erfolgen, in denen der Energielieferant das Maximum mittelt. Dazu wird ein **Schaltuhr- oder Rundsteuerkontakt** vom EVU zur Überwachung bereitgestellt.

Den Sollwert stellt eine **Impulsfolgefrequenz** dar, die aus der Netzfrequenz abgeleitet wird (Frequenzteilung), und ist in der Größenordnung 10 bis 100 % einstellbar.

Der Istwert wird durch **Aufsummierung von Zählerimpulsen** gebildet. Der Istwert, die Differenz zwischen Istwert und Sollwert und die auf die Meßperiode bezogene Zeit werden meist digital oder auch analog angezeigt. Ergibt der Vergleich zwischen Sollwert und Istwert eine **Maximumüberschreitung**, wird ein **Signalkontakt** geschlossen, der zur optischen oder akustischen **Warnung** und auch zum **automatischen Lastabwurf** verarbeitet werden kann.

Die **Gefahrenmeldung** erfolgt wegen der **integrierenden Arbeitsweise** erst dann, wenn wirklich die Gefahr der **Maximumüberschreitung** besteht, das heißt, wenn eventuelle Leistungsreserven, die durch niedriges «Fahren» zu Beginn der Meßperiode entstanden sind, durch spätere Lastspitzen ausgeglichen sind.

Bei bestimmter Unterschreitung des Sollwertes wird der Kontakt wieder geöffnet. Nach einer Zeitverzögerung kann wieder eine Lastzuschaltung erfolgen.

Zur weiteren Ergänzung der Überwachung kann eine Registrierung der Mittelwerte über **Mittelwertschreiber** und eine Aufzeichnung der Abschaltzeiten der einzelnen Teillasten erfolgen (Abschnitte 5.4 und 5.5.2). Eine Übersicht zeigt Bild 3/18.

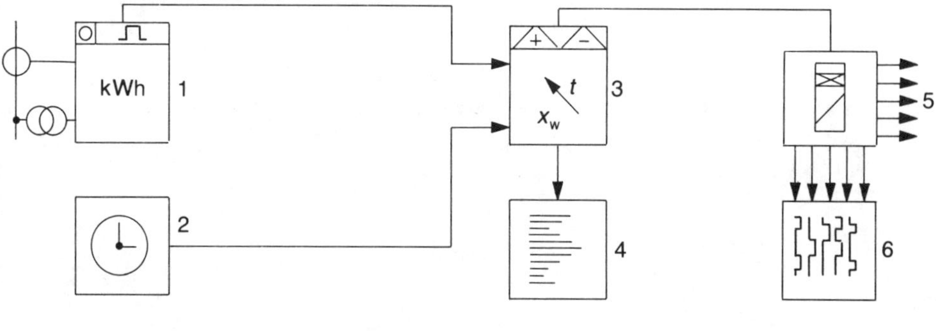

Bild 3/18 Blockschaltbild einer Lastüberwachungsanlage mit Mittelwertschreiber, automatischem Lastabwurf und Aufzeichnung der Abschaltzeiten
1 Drehstromzähler mit elektronischem Impulsgeber, 2 Tarifschaltuhr, 3 Lastwächter, 4 Mittelwertschreiber, 5 Lastabwurfrelais mit Signalleitungen zu den Verbrauchern, 6 Zeitschreiber

3.7.5.2 *Wirtschaftlichkeitsbetrachtung*

An einem Beispiel soll gezeigt werden, daß trotz erheblicher Anschaffungskosten der Lastüberwachungsanlage eine schnelle Amortisation und ein Gewinn in Form von Energiekostensenkung möglich ist.

Beispiel:

In einem Industriebetrieb mit einem Maximum von 9800 kW kann die Spitze um 800 kW gesenkt werden. Bei einem **Leistungspreis** von z. B. 125,– DM/kW und Jahr ergibt sich eine jährliche Einsparung von:

$$\frac{800\,\text{kW} \cdot 125\ \text{DM}}{\text{kW}} = \underline{100\,000,\text{– DM}} \quad \text{(Bild 3/19)}$$

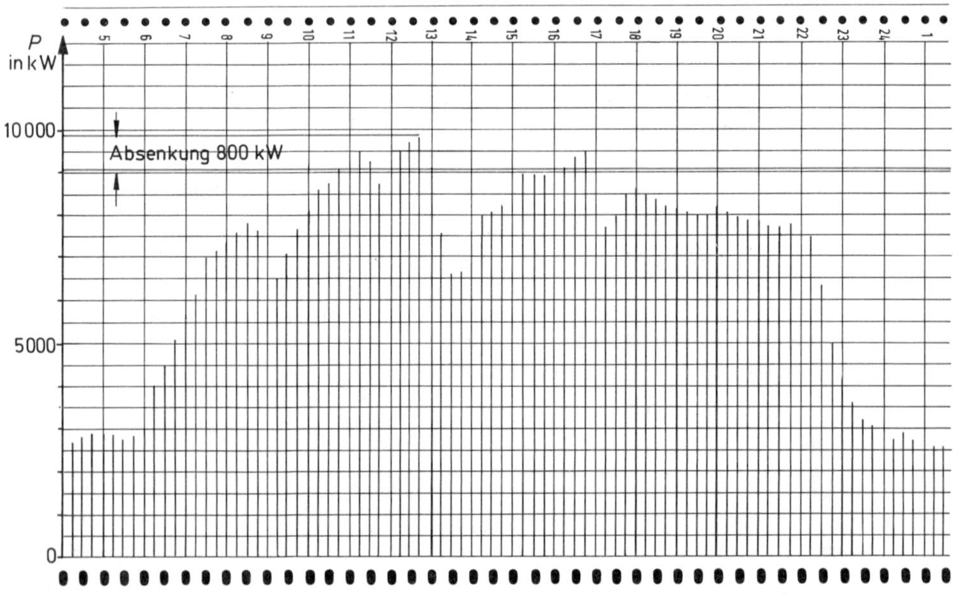

Bild 3/19 Ausschnitt aus einer Belastungskurve (H & B)

4 Meßwandler

Aus **Sicherheitsgründen**, in Verbindung mit wirtschaftlichen Betrachtungen, werden hohe Spannungen und große Ströme nicht direkt gemessen. Es erfolgt eine indirekte Messung von Spannungen über Spannungswandler und von Strömen über Stromwandler.

Aus Gründen der umfangreichen Thematik sollen im nachstehenden einige Schwerpunkte gesetzt werden, die es dem Fachmann ermöglichen, Wandler aus meßtechnischer Sicht (im Gegensatz zu fertigungstechnischen Betrachtungen) unter Berücksichtigung der praktischen Anwendung richtig auszuwählen und einzusetzen.

4.1 Spannungswandler

Die Anwendung von Spannungswandlern ist gemäß VDE 0101 in elektrischen Anlagen zur Messung von Spannungen über 1000 V erforderlich.

4.1.1 Aufbau

Auf einem verlustarmen Eisenkern sind **Primär- und Sekundärwicklung** zur Vermeidung größerer Streuflüsse übereinandergewickelt. Die Primärwicklung kann je nach Anwendungsfall **einpolig oder zweipolig isoliert** ausgeführt werden. Beim einpolig isolierten Spannungswandler wird der isolierte Ausgang an einen Außenleiter gelegt, das zweite Ende der

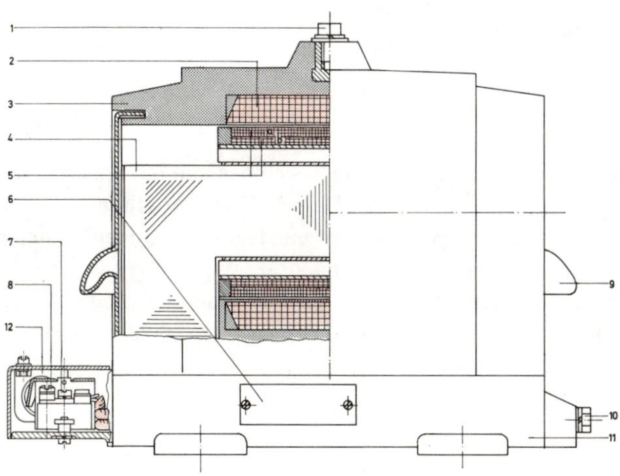

Bild 4/1
Schnittbild eines Spannungswandlers der Reihe 10 (AEG)

1 Primäranschluß M 10
2 Primärwicklung
3 Gießharzkörper
4 Kern
5 Sekundärwicklungen
   a) Meßwicklung
   b) Hilfswicklung für Erdschlußerfassung
6 Leistungsschild
7 Erdungsschraube für Sekundärkreis
8 Sekundäranschlußklemmen und erdseitiger Anschluß X der Primärwicklung
9 Traggriff
10 Erdungsschraube M 8
11 Grundplatte
12 PG-16-Einsätze zur Einführung der sekundärseitigen Anschlußleitungen

Wicklung gegen Erde geschaltet. Die Klemmenbezeichnung ist gemäß DIN VDE 0414 mit *U-X* für die Primärwicklung und *u-x* für die Sekundärwicklung festgelegt. Bei zweipolig isolierten Wandlern wird die Primärwicklung zwischen zwei Außenleiter geschaltet. Die Klemmenbezeichnung lautet hier für die Primärwicklung *U-V* und für die Sekundärwicklung *u-v* (Bild 4/1, 4/2 und 4/3).

◀ Bild 4/2
Einpolig isolierter Gießharzspannungswandler (Ritz)

Bild 4/3 ▶
Zweipolig isolierter Gießharzspannungswandler (Ritz)

Isoliermittel sind für Wandler bis 30 kV im allgemeinen **Lack, Kunstseide** und **Gießharz**, die bei entsprechender Verarbeitung eine **hochwertige Isolation** und gute **Festigkeitseigenschaften** zeigen. Bei Spannungen über 30 kV wird heute noch größtenteils mit **Keramikisolatoren** bei zusätzlicher **Ölfüllung** gearbeitet. Doch auch hier findet Gießharz in besonderer Zusammensetzung zunehmend Verwendung.

4.1.2 Wirkungsweise

4.1.2.1 Induktive Spannungswandler

Der von der Primärspannung U_1 getriebene Strom I_1 erzeugt über die Magnetflüsse eine sekundärseitige Spannung U_2. Die Höhe der Sekundärspannung ist abhängig vom

Windungsverhältnis $\frac{N_1}{N_2}$

Im Leerlauf gilt: $\frac{N_1}{N_2} = \frac{U_1}{U_2}$

Für den Belastungsfall muß wegen des inneren Spannungsabfalls in der Sekundärwicklung und des Streuflusses vom Hersteller ein **Windungsabgleich** vorgenommen werden.

Der Spannungswandler ist ein Transformator mit einer genauen Übersetzung.

Aufgrund der Induktivitäten der Wicklungen ist die Ausgangsspannung U_2 um einen Winkel δ gegenüber der Eingangsspannung phasenverschoben. Der hierdurch entstehende Meßfehler ist für den Praktiker meist vernachlässigbar, denn er bleibt in seinem Wert innerhalb der jeweiligen Klassengenauigkeit.

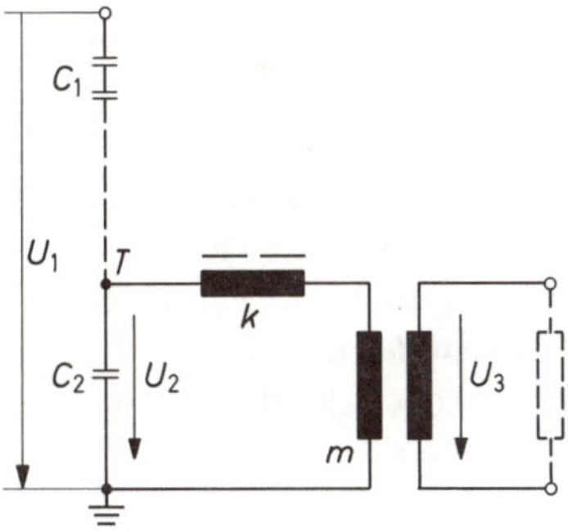

Bild 4/4a
Schaltbild eines kapazitiven Wandlers
C 1, C 2 Meßkondensatoren, k Resonanzdrosselspule, m induktiver Zwischenwandler, Z Belastungswiderstand (z. B. Voltmeter)

Bild 4/4b
Kapazitiver Spannungswandler für eine Reihenspannung von 500 kV (Meßwandler-Bau)

4.1.2.2 Kapazitive Spannungswandler

Für **Höchstspannungen** werden auch kapazitive Spannungswandler eingesetzt. Von einer **Reihenschaltung von Kapazitäten** wird eine **Teilspannung** abgegriffen und auf einen **induktiven Zwischenwandler** gegeben. Die Phasendrehung wird durch eine Drosselspule, die in Reihe zur Primärspule des Zwischenwandlers geschaltet wird, kompensiert (Bild 4/4a und b).

4.1.3 Hinweise für die Anwendung

4.1.3.1 Kurzschlußsicherung

Wegen der kleinen Innenwiderstände auf der Sekundärseite fließt im **Kurzschlußfall** ein **großer Sekundärstrom**, der über die Magnetflüsse auch ein Ansteigen des Primärstromes entsprechend dem Übersetzungsverhältnis bewirkt. **Die feindrähtige Primärwicklung kann thermisch zerstört werden**. Spannungswandler sind nicht kurzschlußfest, d. h., sie dürfen nicht im Kurzschluß betrieben werden.

Aus diesem Grund ist eine sekundärseitige Absicherung erforderlich. Die meisten Energieversorgungsunternehmen gestatten eine Absicherung nicht, sofern die Wandler zum Betreiben von Zählern oder anderen Arbeitsmeßeinrichtungen eingesetzt werden. Die Leitungen müssen dann kurzschluß- und erdschlußsicher verlegt werden.

4.1.3.2 Erdung

Im Falle eines Schlusses zwischen Primär- und Sekundärwicklung (Wicklungsschluß) würde die Sekundärseite des Wandlers Hochspannungspotential führen, wenn dieser nicht geerdet wäre. Somit bestünde **Gefahr für Mensch, Tier und Geräte**, weil der Sekundärkreis nicht für Hochspannung isoliert ist. Deshalb müssen Spannungswandler **sekundärseitig geerdet** werden. Bei Verwendung von einpolig isolierten Wandlern in Sternschaltung ist der Sternpunkt gemäß DIN VDE 0101 und 0141 zu erden. Die **Erdungsleitungen** sind entsprechend dem möglichen Erdschlußstrom auszulegen. Folgende **Mindestquerschnitte** dürfen nicht unterschritten werden:

50 mm² bei feuerverzinktem oder kupferplattiertem Stahl
16 mm² bei Kupfer
35 mm² bei Aluminium.

4.1.3.3 Schaltungen und Auswahl der Wandler

Die Anwendung im Einphasennetz ist relativ selten (Bild 4/5a). Zu beachten ist, daß hier die Primärwicklung zweipolig isoliert sein muß. Gleiches trifft für die sogenannten **V-Schaltung** zu (Bild 4/5b). Sie bietet den Vorteil, daß die nicht unerheblichen Kosten für Material und Montage eines Wandlers gespart werden können. Im netzseitigen Erdschlußfall ist es bei dieser Schaltung nicht direkt möglich, über die Sekundärseite den betreffenden Leiter, der

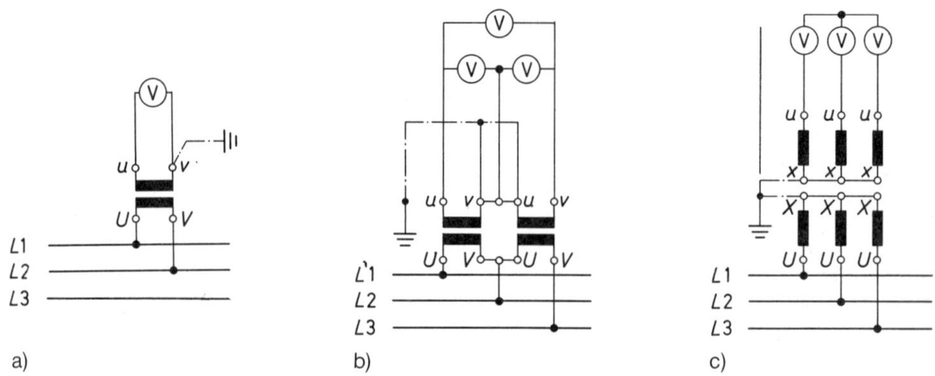

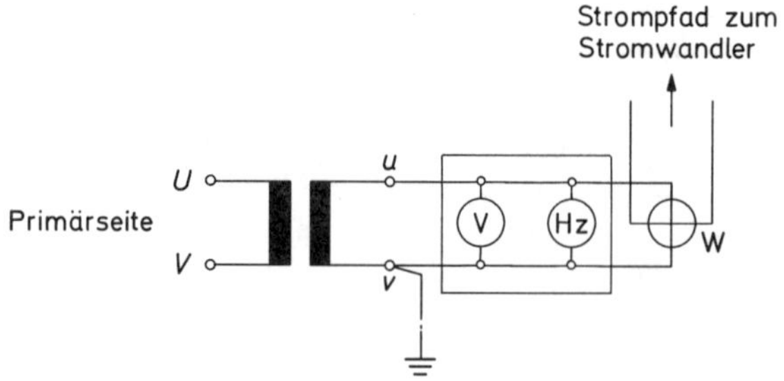

Bild 4/5
a) 1 Spannungswandler für einphasige Messung
b) 2 Spannungswandler in V-Schaltung am 3-Leiter-Drehstromnetz
c) 3 Spannungswandler in Sternschaltung am 3-Leiter-Drehstromnetz

Bild 4/6
Prinzipielles Anschlußschaltbild

vom Erdschluß betroffen ist, festzustellen. Abweichend von der üblichen Regel werden bei der V-Schaltung die zusammengeschalteten Wandlerausgänge geerdet. Bei der Schaltung Bild 4/5c sind drei Einphasenwandler primär- und sekundärseitig im Stern geschaltet. Die Sternpunkte werden geerdet. Für diese Anordnung ist es zweckmäßig, Wandler mit einpolig isolierter Primärwicklung zu wählen.

Grundsätzlich sind die Spannungspfade aller angeschlossenen Instrumente untereinander parallel zu schalten (Bild 4/6).

4.1.3.4 Auswahl der Wandler nach der Belastung der Sekundärseite

Jede beliebige Spannungsquelle ist nur begrenzt belastbar. Dies trifft auch für den Spannungswandler zu. Vor der Bestellung beim Hersteller ist zu klären, welche Verbraucher den Sekundärkreis belasten. Die Ausgangsleistung des Wandlers ergibt sich aus der Summe aller Einzelleistungen. Die Genauigkeit der Berechnung ist meist ausreichend, wenn der Einfachheit wegen (unabhängig vom Phasenwinkel) **ausnahmsweise die Scheinleistungen** der Verbraucher **algebraisch** addiert werden. Die Leitungsverluste können wegen des kleinen Stromes vernachlässigt werden.

Beispiel:

Ein Spannungswandler soll von folgenden Instrumenten die Spannungspfade speisen:

2 Spannungsmesser	Eigenverbrauch je Stück	3,5 VA =	7 VA
1 Wirkleistungsmesser	Eigenverbrauch je Pfad	1,0 VA =	1 VA
1 Blindleistungsmesser	Eigenverbrauch je Pfad	1,0 VA =	1 VA
1 Leistungsfaktormesser	Eigenverbrauch je Pfad	3,0 VA =	3 VA
1 Drehstromzähler	Eigenverbrauch je Pfad	4,0 VA =	4 VA
		Summe:	16 VA

Gewählt wird ein Wandler mit 20 VA Ausgangsleistung. Die genormten Werte für Wandlerleistungen sind jeder Herstellerliste zu entnehmen.

4.1.3.5 Klassengenauigkeit

Einteilung gemäß DIN VDE 0414; Klasse 0,1; 0,2; 0,5; 1; 3. Die Werte kennzeichnen den prozentualen Fehler, bezogen auf die Nennspannung. Der Spannungsfehler darf in den Grenzen 0,8 U_N bis 1,2 U_N, bei einigen Wandlern bis ca. 2 U_N, und einer Scheinleistung von 0,25 S_N bis 1 S_N bei einem $\cos\varphi = 0{,}8$, nicht überschritten werden.

4.1.3.6 Auswahl nach der Klassengenauigkeit

Als Faustregel gilt:
Der Wandler ist um eine Klasse genauer zu wählen, als das genaueste angeschlossene Meßinstrument.

4.1.3.7 Sekundärspannungen

Die **Sekundärspannung** beträgt beim kapazitiven wie auch beim induktiven Spannungswandler 100 V bzw. $100/\sqrt{3}$ V oder 110 V bzw. $110/\sqrt{3}$ V.

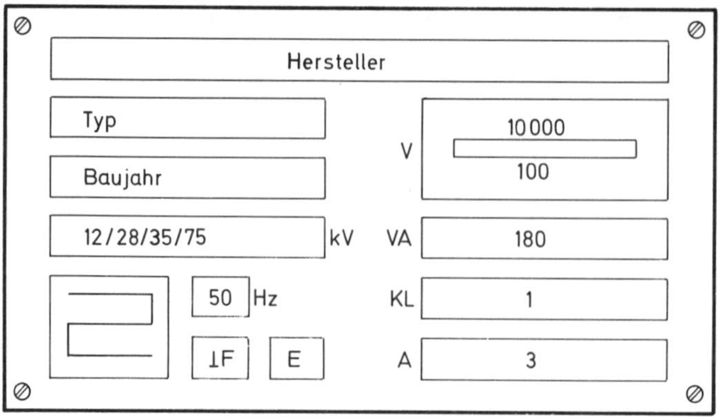

Bild 4/7
Leistungsschild eines Spannungswandlers

4.1.3.8 Leistungsschild (Bild 4/7)

Die Angaben sind laut DIN VDE 0414 festgelegt.

a) Unter der Angabe 12/28/35/75 kV bedeutet 12 kV die höchste dauernd zulässige **Betriebsspannung**, für die der Wandler ausgelegt sein muß, wenn er im 10-kV-Netz verwendet werden soll. Die weiteren Spannungsangaben beziehen sich auf die Wandlerprüfung, die jedoch vom Hersteller durchzuführen ist.
b) Das **Nennübersetzungsverhältnis** beträgt 10000 V : 100 V.
c) 180 VA stellt die unter Berücksichtigung der Fehlergrenzen festgelegte **Scheinleistung** dar, die der Wandler sekundär abgeben kann.
d) Kl 1 stellt den **Klassenfehler** dar. Übliche Werte sind: 0,1, 0,2, 0,5, 1 und 3. Die Werte verstehen sich als prozentualer Fehler, bezogen auf die Nennspannung. In den Bereichen $0{,}8 \times U_N$ bis $1{,}2 \times U_N$ sind Spannungswandler klassengenau.
e) 3 A geben den maximalen **thermischen Grenzstrom** der Sekundärwicklung an.
f) E bedeutet, die höchste zulässige **Dauertemperatur** für die Isolation beträgt in diesem Fall 120 °C.
g) Das Zeichen ⊥ besagt, die Isolatoren sind oben aufgesetzt, so daß nur **senkrechter Einbau** möglich ist. F bedeutet Wandler für **Freiluftaufstellung**.
h) Das Zeichen ꙅ bedeutet **Zulassungszeichen**. Mit **Gattungs- und Bauartbezeichnung** ist der Wandler zur **Eichung** zugelassen.

4.2 Stromwandler

Sollen in Niederspannungs-Schaltanlagen Strommessungen vorgenommen werden, so ist es ratsam, ab ca. 50 A mit Stromwandlern zu arbeiten, weil eine längere Leitungsführung zur Meßstelle mit ausreichenden Querschnitten sehr aufwendig ist.

Zur Strommessung in Hochspannungsanlagen sind aus Isolationsgründen grundsätzlich Stromwandler erforderlich.

4.2.1 Aufbau

Es ist zwischen Niederspannungs- und Hochspannungsstromwandlern zu unterscheiden. **Niederspannungsstromwandler** sind wegen der einfacheren Isolation wesentlich kleiner. Sie enthalten innerhalb des Isoliergehäuses im allgemeinen nur die Sekundärwicklung, weil die Primärwicklung meist durch die Schiene oder den Leiter gebildet wird.

Der **Hochspannungsstromwandler** hat primärseitig ebenfalls nur eine Schiene oder wenige Windungen großen Querschnitts, sekundärseitig je nach Größe des Primärstromes ein Vielfaches der Primärwindungszahl. Die Isolationsprobleme stellen sich ähnlich wie beim Hochspannungsspannungswandler (Abschnitt 4.1.1). Die Klemmenbezeichnung lautet gemäß DIN VDE 0414 bei allen Stromwandlern primärseitig K und L und sekundärseitig k und l (Bild 4/8).

Bild 4/8
Schnittbild eines Stromwandlers der Reihe 10 (AEG)

1 Primäranschluß
2 Primärwicklung
3 Gießharzkörper
4 Kern für Meß-, Schutz- oder Verrechnungszwecke
5 Sekundärwicklung
6 Leistungsschild
7 Erdungsschraube für Sekundärkreis
8 Sekundäranschlußklemmen
9 Erdungsschraube M 8
10 Grundplatte
11 PG-16-Einsätze für Einführung der sekundärseitigen Anschlußleitungen

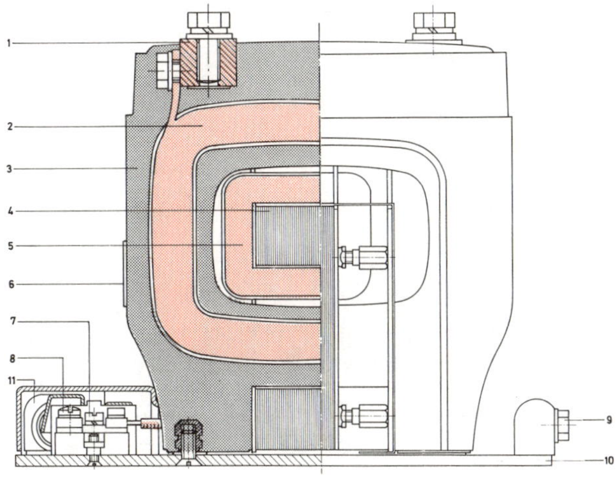

4.2.2 Wirkungsweise

Der in seiner Größe vom netzseitigen Verbraucher bestimmte Primärstrom I_1 erzeugt über den Magnetfluß eine sekundärseitige Spannung U_2, die im geschlossenen Stromkreis den Sekundärstrom I_2 treibt. Das Gleichgewicht der magnetischen Spannungen Θ_1 und Θ_2 fordern einen ständigen Betrieb mit **niederohmig** belasteter oder **kurzgeschlossener Sekundärwicklung**. **Im Leerlauf würde der Wandler zerstört werden** durch:

a) **Isolationsschäden** innerhalb der Sekundärwicklung infolge einer Überhöhung der Sekundärspannung bis über 1000 V. Die stark ansteigende Sekundärspannung ist in erster Linie auf die wesentliche Erhöhung des magnetischen Flusses infolge der fehlenden magnetischen Gegenspannung Θ_2 zurückzuführen.

b) **Zerstörung des Wandlerkernes**, weil der hohe magnetische Wechselfluß den Eisenkern bei ca. primärer Nennlast weit in die **Sättigung** treibt. Durch die hierbei entstehenden hohen **Eisenverluste** wird der Wandlerkern und damit der ganze Wandler thermisch zerstört.

4.2.3 Anwenderhinweise

4.2.3.1 Austausch von Meßinstrumenten

Vor dem Abklemmen von Verbrauchern sind aus vorgenannten Gründen die vom Hersteller vorgesehenen Kurzschlußklemmen zu verbinden. Stromwandler dürfen aus gleichen Gründen sekundärseitig nicht abgesichert werden.

4.2.3.2 Erdung

Hochspannungsstromwandler sind aus gleichen Gründen wie beim Hochspannungsspannungswandler (Abschnitt 4.1.3.2) zu erden. Niederspannungsstromwandler brauchen nicht, können aber geerdet werden. Aus Einheitlichkeitsgründen sollte die Klemme k geerdet werden.

4.2.3.3 Schaltungen

Die Anwendung im Einphasennetz (Bild 4/9a) ist selten. Die Schaltung (Bild 4/9b) findet Anwendung bei der einphasigen Strommessung im Drehstromnetz für z. B. Motoren.

Mit zwei Stromwandlern kann in Dreileiternetzen gearbeitet werden, da laut Kirchhoffschem Gesetz in jedem Augenblick die Summe der Leiterströme Null sein muß:

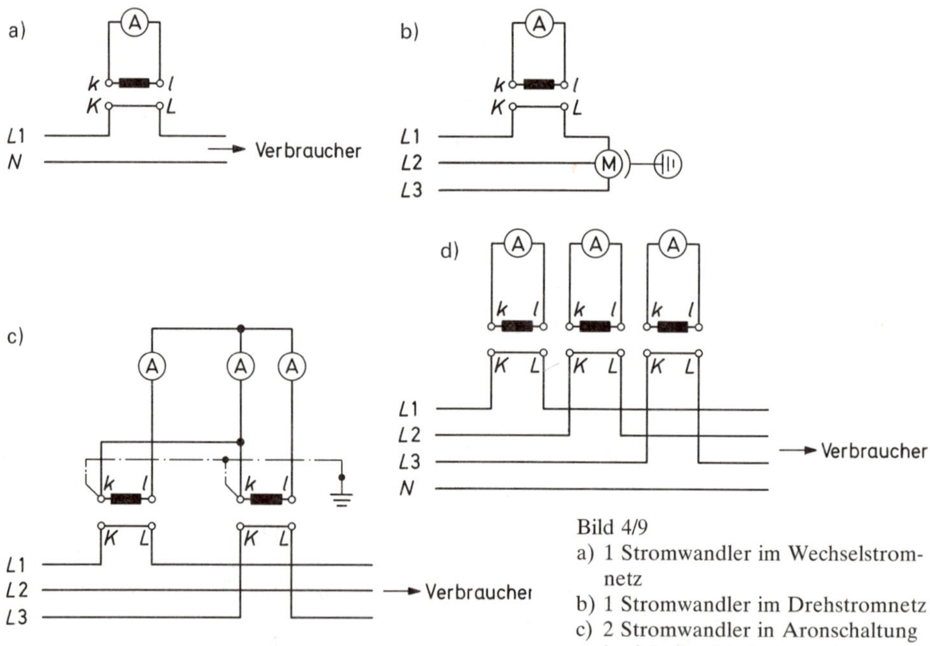

Bild 4/9
a) 1 Stromwandler im Wechselstromnetz
b) 1 Stromwandler im Drehstromnetz
c) 2 Stromwandler in Aronschaltung im 3-Leiter-Drehstromnetz an Hochspannung
d) 3 Stromwandler im 4-Leiter-Drehstromnetz

Bild 4/10
Prinzipielles Anschlußschaltbild

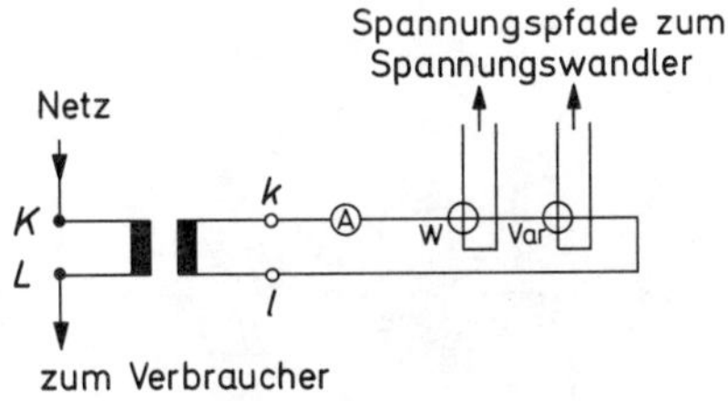

$i_{L1} + i_{L2} + i_{L3} = 0$. Durch Umstellung ergibt sich: $i_{L2} = -i_{L1} - i_{L3}$. Dies heißt, daß im Dreileiternetz aus zwei bekannten Strömen der dritte bestimmbar ist. Aus Kostengründen wird diese Schaltungsart gern angewendet. Wie bei der V-Schaltung der Spannungswandler sind hier die zusammengeschalteten Wicklungsausgänge zu erden (Bild 4/9c). Im Vierleiternetz muß bei dreiphasiger Messung immer mit drei Wandlern gearbeitet werden, da die Voraussetzungen für die 2-Wandler-Methode nicht erfüllt sind (Bild 4/9d). Die Strompfade der angeschlossenen Instrumente sind grundsätzlich in Reihe zu schalten (Bild 4/10).

4.2.3.4 Auswahl aus der Sicht verschiedener Bauarten

Es sollen hier nur die gebräuchlichsten Bauarten vorgestellt werden.

4.2.3.4.1 Niederspannungsstromwandler

a) **Aufsteckwandler mit Schienenhalter** zum Festschrauben auf der Anlagenschiene. Er kann auch zum Aufstecken auf einen Rundleiter verwendet werden (Bild 4/11a).
b) **Schienenabzweigwandler mit Rohrstück** als Primärleiter zum Einspannen zwischen zwei Schienen in Abzweigen (Bild 4/11b).
c) **Schienenwandler mit Fußplatte** und mit Primärschiene zum Anschrauben an Schienen und Kabelschuhen (Bild 4/11c).
d) **Fädelwandler mit gefädeltem Leiter.** Das Stromübersetzungsverhältnis kann durch mehrmaliges Durchschleifen des Primärleiters verändert werden. Er wird deshalb auch für kleinere Nennströme verwendet (Bild 4/11d).
e) **Messerwandler**, eingesetzt in ein **NH-Sicherungsunterteil**. Im allgemeinen nur für kurzzeitige Prüfungen (Bild 4/11e).

4.2.3.4.2 Hochspannungsstromwandler

a) **Stützerstromwandler** zur Verwendung in Schaltanlagen zum An- oder Aufbau (Bild 4/12a).
b) **Durchführungsstromwandler** zum Einbau in Mauer- oder Fußbodendurchbrüche (Bild 4/12b).

a)

b)

c)

d)

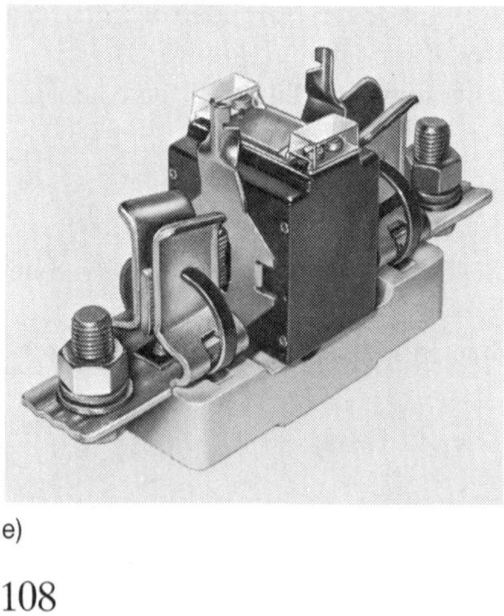
e)

Bild 4/11
a) Aufsteckwandler (AEG)
b) Schienenabzweigwandler (AEG)
c) Schienenwandler mit Primärschine (Ritz)
d) Fädelwandler (Ritz)
e) Messerwandler (AEG)

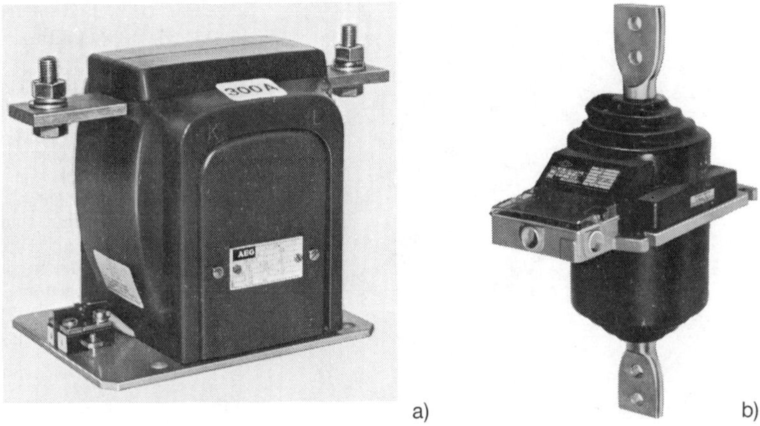

a) b)

Bild 4/12
a) Stützerstromwandler Reihe 10 (AEG)
b) Durchführungsstromwandler Reihe 10 (Ritz)

4.2.3.5 Auswahl nach Gesichtspunkten der Anwendung für Meß- bzw. Schutzzwecke

4.2.3.5.1 Allgemeines

Sollen über Stromwandler nicht nur Meßinstrumente, sondern auch Schutzorgane, wie z. B. **Überstromrelais** mit **Überstrom- und Kurzschlußstromauslösung**, versorgt werden, sind für die jeweilige Aufgabe auch entsprechend verschiedene Wandlercharakteristika erforderlich.

Bei Wandlern ohne Übersetzungsfehler würden bei primärseitigem Kurzschluß z. B. $100 \times I_N$, auch sekundärseitig $100 \times 5\,\text{A} = 500\,\text{A}$ fließen. Dies käme mit Sicherheit einer Zerstörung aller sekundärseitig angeschlossenen Instrumente gleich. Beim Betrieb von Meßinstrumenten ist eine ausreichende Begrenzung des Sekundärstromes durch den Wandler erforderlich.

Ein Kurzschlußauslöser benötigt jedoch zum Ansprechen Ströme in der Größenordnung $(10 \text{ bis } 20) \times I_N$. Ströme dieser Größenordnung können Meßinstrumente aber schon zerstören. Man unterscheidet deshalb für Nennspannungen bis 30 kV in:

a) Wandler für **Meßzwecke** und
b) Wandler für **Schutzzwecke**.

Bei Spannungen über 30 kV werden wegen des hohen Isolationsaufwandes **Mehrkernwandler** gebaut, das heißt, ein Stromwandler erhält bei einer Primärwicklung mehrere Sekundärwicklungen, die jeweils auf verschiedene Eisenkerne gewickelt sind (Bild 4/13). Die Ausführungsrichtlinien sowie die Wandlerbezeichnung für die entsprechenden Anwendungsfälle sind in DIN VDE 0414 festgelegt.

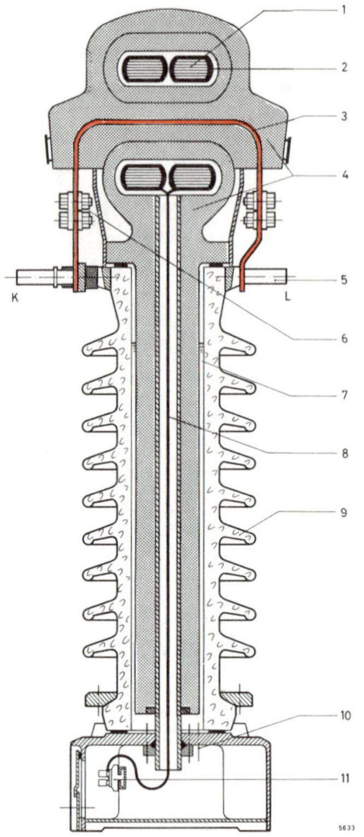

Bild 4/13 Freiluftstromwandler Reihe 10, Schnittbild (AEG)

1 Kern für Meß-, Schutz- oder Verrechnungszwecke
2 Sekundärwicklung
3 Primärwicklung
4 Gießharzisolation
5 Primäranschlußbolzen
6 Primäre Umschaltung
7 Füllmasse
8 Ableitung der Sekundärwicklung
9 Porzellanisolator
10 Ablaßschraube
11 Sekundärklemmen

4.2.3.5.2 Kennbuchstaben

Stromwandler für Meßzwecke erhalten den Kennbuchstaben M
(engl. measurement = Messung).
Stromwandler für Schutzzwecke erhalten den Kennbuchstaben P
(engl. protection = Schutz).

4.2.3.5.3 Nennüberstromfaktor

Zum Kennbuchstaben ist zusätzlich der Nennüberstromfaktor p angegeben, der vorzugsweise die Werte 5, 10, 15, 20, 30 haben soll.

Beispiel: M5 oder **M 10**

Der Nennüberstromfaktor gibt an, bei welchem Vielfachen des Primärnennstromes I_N bei Belastung des Wandlers mit seiner Nennleistung der Gesamtfehler bei Stromwandlern für Meßzwecke mindestens – 15 % beträgt (damit bei größeren Primärströmen die sekundärseitig angeschlossenen Instrumente nicht zerstört werden), für Schutzzwecke – 10 % oder – 5 % noch nicht überschritten hat (damit Meßrelais richtig auslösen können).

Beispiel:

M 5 würde also bedeuten, daß es sich um einen Wandler für Meßzwecke handelt, der bei fünffachem Primärnennstrom und sekundärer Nennlast einem Übersetzungsfehler von mindestens – 15 % aufweisen muß. Konstruktiv wird dies erreicht, indem ein Eisenkern gewählt wird, der relativ früh in die Sättigung geht (Bild 4/14 Kennlinie a).

Da bei Wandlern für Schutzzwecke die maximalen Fehler von – 10 % oder – 5 % auftreten können, muß zusätzlich zum Kennbuchstaben und zum Nennüberstromfaktor noch der entsprechende maximale Fehler angegeben werden. Die Fehlerbenennung erscheint vor dem Kennbuchstaben.

Beispiel:

5 P 10

- 10 — **Nennüberstromfaktor** (hier = 10)
- P — **Schutzwandler**
- 5 — **Maximalfehler** (hier = – 5 %)

Es handelt sich also um einen Schutzwandler, der bei zehnfachem Primärnennstrom einen maximalen Übersetzungsfehler von – 5 % aufweisen darf. Dies wird erreicht durch die Wahl eines Eisenkerns, der sehr spät gesättigt wird (Bild 4/14 Kennlinie b).

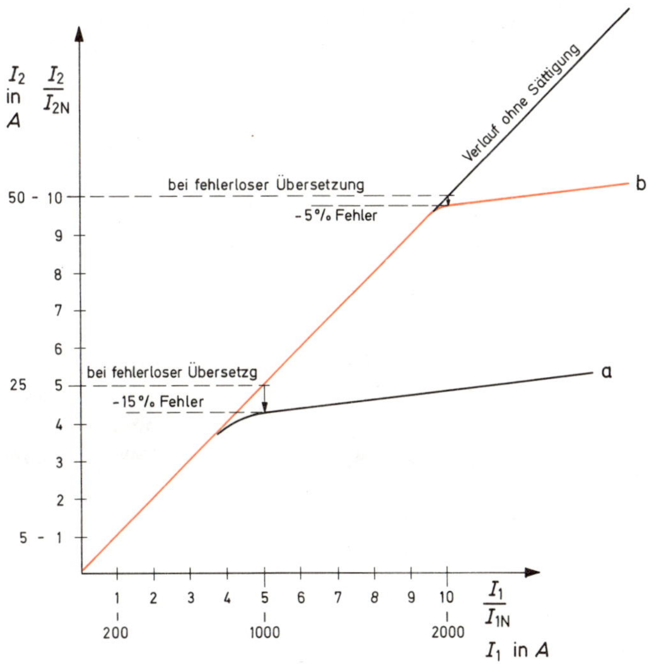

Bild 4/14
Magnetisierungskennlinien von Kernmaterial
Zur Verwendung
a) für Meßkerne M 5
b) für Schutzkerne 5 P 10

Die Parameterbezeichnung I_2/I_{2N} kann gewählt werden, da I_2 proportional der Flußdichte B ist. Als Beispiel wurde ein Wandler 200/5 A gewählt

4.2.3.5.4 Anwendung

Für den Praktiker ist es wichtig zu wissen, daß Meßinstrumente nicht an Schutzwandler oder -Kerne angeschlossen werden sollen, da sie bei primärseitigem Kurzschluß durch Überstrom zerstört werden können. Schutzrelais dürfen wiederum nicht an Wandler für Meßzwecke angeschlossen werden, da der sekundäre Wandlerstrom die erforderliche Höhe des Auslösestromes nicht oder nicht mit ausreichender Sicherheit erreicht.

4.2.3.6 Klassengenauigkeit

Einteilung gemäß DIN VDE 0414: Klasse 0,1, 0,2, 0,5, 1, 3, 5. Die Werte verstehen sich wie beim Spannungswandler als **prozentuale Fehler**, bezogen auf den Primärnennstrom. Stromwandler müssen auch bei einem Primärstrom von 1,2 I_N die Klassengenauigkeit einhalten und sind dauernd mit 1,2 I_N belastbar, ohne die zulässigen Erwärmungsgrenzen zu überschreiten.

4.2.3.7 Primär- und Sekundärnennströme

Stromwandler sind auf der Primärseite mit abgestuften primären Nennströmen zwischen 1 A und 4000 A, bei Hochstromwandlern sogar bis 10000 A zu erhalten.

Auf der Sekundärseite wird überwiegend mit einem sekundären Nennstrom von 1 A gearbeitet, jedoch sind auch alle Stromwandler mit einem sekundären Nennstrom von 5 A erhältlich.

4.2.3.8 Auswahl unter dem Gesichtspunkt der Belastung

Der Stromwandler ist nicht beliebig belastbar. Der gesamte sekundäre Lastwiderstand darf einen bestimmten vorgegebenen Wert nicht überschreiten, da der Klassenfehler sonst überschritten wird. Da alle Verbraucher in Reihe geschaltet und sehr niederohmig sind, stellt oft die Zuleitung zu den Meßeinrichtungen selbst den größten Verbraucher dar. Der große Anteil der **Meßleitungen** bei der Ermittlung der Wandlerleistung soll an einem Beispiel verdeutlicht werden. Wie beim Spannungswandler wird für die Ermittlung der Gesamtleistung der Phasenwinkel nicht berücksichtigt.

Beispiel:

In einer Meßwarte sollen Stromwerte von einer 100 m entfernten Niederspannungsschaltanlage verarbeitet und angezeigt werden. Über ein 1,5-mm²-Cu-Kabel sollen als Belastung
1 Strommesser mit 1 VA Eigenverbrauch im Strompfad,
1 Leistungsmesser mit 1 VA Eigenverbrauch im Strompfad und
1 Leistungsfaktormesser mit 1,5 VA Eigenverbrauch gespeist werden. Wie groß muß die Wandlerleistung werden, wenn der sekundäre Wandlernennstrom 5 A beträgt?

Gegeben:

$$l = 100\,\text{m};\ A = 1{,}5\,\text{mm}^2;\ \varkappa = 56\,\frac{\text{m}}{\Omega \cdot \text{mm}^2};$$

$$S_{St} = 1\,\text{VA};\ S_L = 1\,\text{VA};\ S_{Lf} = 1{,}5\,\text{VA}$$

Gesucht: $S_{ges.}$

Lösung: $S_{\text{ges.}} = S_{\text{Ltg.}} + S_{\text{St}} + S_{\text{L}} + S_{\text{Lf}}$

Mit $S_{\text{Ltg.}} = I^2 \cdot Z$, wobei $Z \approx R$, ergibt sich

$$S_{\text{Ltg.}} = I^2 \cdot \frac{2 \cdot l}{\varkappa \cdot A} = \frac{(5\,\text{A})^2 \cdot 2 \cdot 100\,\text{m}}{56\,\frac{\text{m}}{\Omega \cdot \text{mm}^2} \cdot 1{,}5\,\text{mm}^2} = 60\,\text{VA}$$

$$S_{\text{ges.}} = 60\,\text{VA} + 1\,\text{VA} + 1\,\text{VA} + 1{,}5\,\text{VA} = \underline{63{,}5\,\text{VA}}$$

$S_{\text{ges.}}$ = Gesamtleistung
$S_{\text{Ltg.}}$ = Gesamtleistung der Leitung
S_{St} = Scheinleistung des Strommessers
S_{L} = Scheinleistung des Leistungsmessers
S_{Lf} = Scheinleistung des Leistungsfaktormessers

Ein Niederspannungsstromwandler dieser Leistung ist z. B. für Klasse 1 schwer zu beschaffen und relativ teuer. Es müßte der Leitungsquerschnitt auf $6\,\text{mm}^2$ angehoben werden, um einen 25-VA-Wandler wählen zu können.

Es bietet sich noch eine Alternative an:

Wird ein Stromwandler mit einem sekundären Nennstrom von 1 A verwendet, ergeben sich bei gleichem Rechengang für die Leitungsverluste wegen des quadratisch in die Rechnung eingehenden Stromes nur $^1/_{25}$ der Leistung $\approx 2{,}4$ VA. Bei gleichen Verbrauchern würde jetzt als Leistung 5,9 VA ermittelt werden. Als nächste genormte Größe stehen 7,5 VA zur Verfügung.

4.2.3.9 Leistungsschild (Bild 4/15)

a) 5 kA therm ist der **primäre Grenzstrom**, den der Wandler 1 s aushalten muß, ohne daß er zu **heiß** wird.

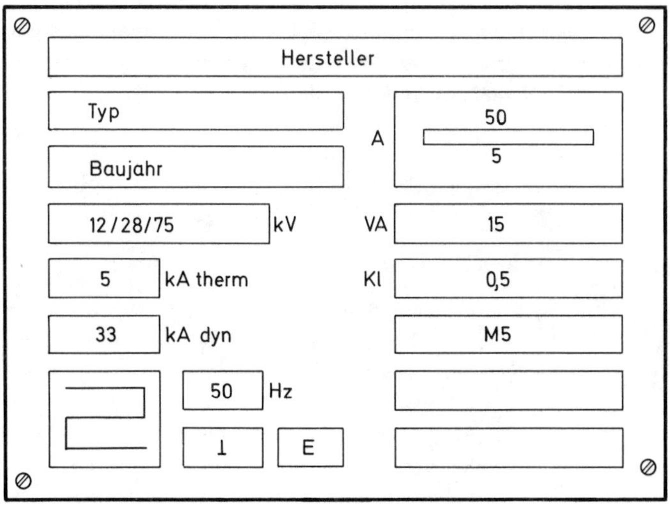

Bild 4/15
Leistungsschild eines Stromwandlers

b) 33 kA dyn ist der primäre Grenzstrom, den der Wandler während der **ersten Stromamplitude** aushalten muß, ohne durch **magnetische Kräfte** zerstört zu werden.
c) Das **Stromübersetzungsverhältnis** beträgt hier 50/5 A.
d) Die **Klassenangabe** versteht sich als prozentualer Fehler, bezogen auf den Nennstrom. In normaler Ausführung liegt der Fehler der Stromwandler bis 1,2 I_N innerhalb der Klassengenauigkeit.
e) **M 5** bedeutet, daß es sich hier um einen Wandler für Meßzwecke handelt, der bei 5 × I_N einen Gesamtfehler von mindestens – 15 % hat.

Zur weiteren Deutung von Werten und Zeichen siehe Abschnitt 4.1.3.7.

Bild 4/16
Summenstromwandler

4.2.4 Summenstromwandler

Sollen Ströme mehrerer Einspeisungen oder mehrerer Abzweige über Wandler mit verschiedenen Übersetzungsverhältnissen in Form einer **Summenmessung** erfaßt werden, kann diese Summierung mittels Summenstromwandler erfolgen. Er hat zwei oder **mehrere** voneinander unabhängige **Primärwicklungen**, die für 5 A ausgelegt sind, und eine Sekundärwicklung für ebenfalls 5 A (Bild 4/16). Die Windungszahlen der Primärwicklungen verhalten sich wie die Nennübersetzungen der angeschlossenen Hauptwandler, d. h., die Nennübersetzungen der Hauptwandler sind bei der Bestellung des Summenstromwandlers anzugeben.

4.2.4.1 Anwendungshinweise

a) Die Primärwicklungen des Summenstromwandlers werden an die Sekundärseite der Hauptwandler in den Netzeinspeisungen angeschlossen. An die Sekundärwicklung des Summenstromwandlers werden die Meßinstrumente angeschlossen (Bild 4/17).
b) **Die Skalen bzw. Anzeigen der Summenmeßgeräte sind entsprechend der Summe der Primärnennströme auszuführen**. Der Meßbereich jedes Gerätes ist unabhängig von den Primärnennströmen 0 bis 5 A.

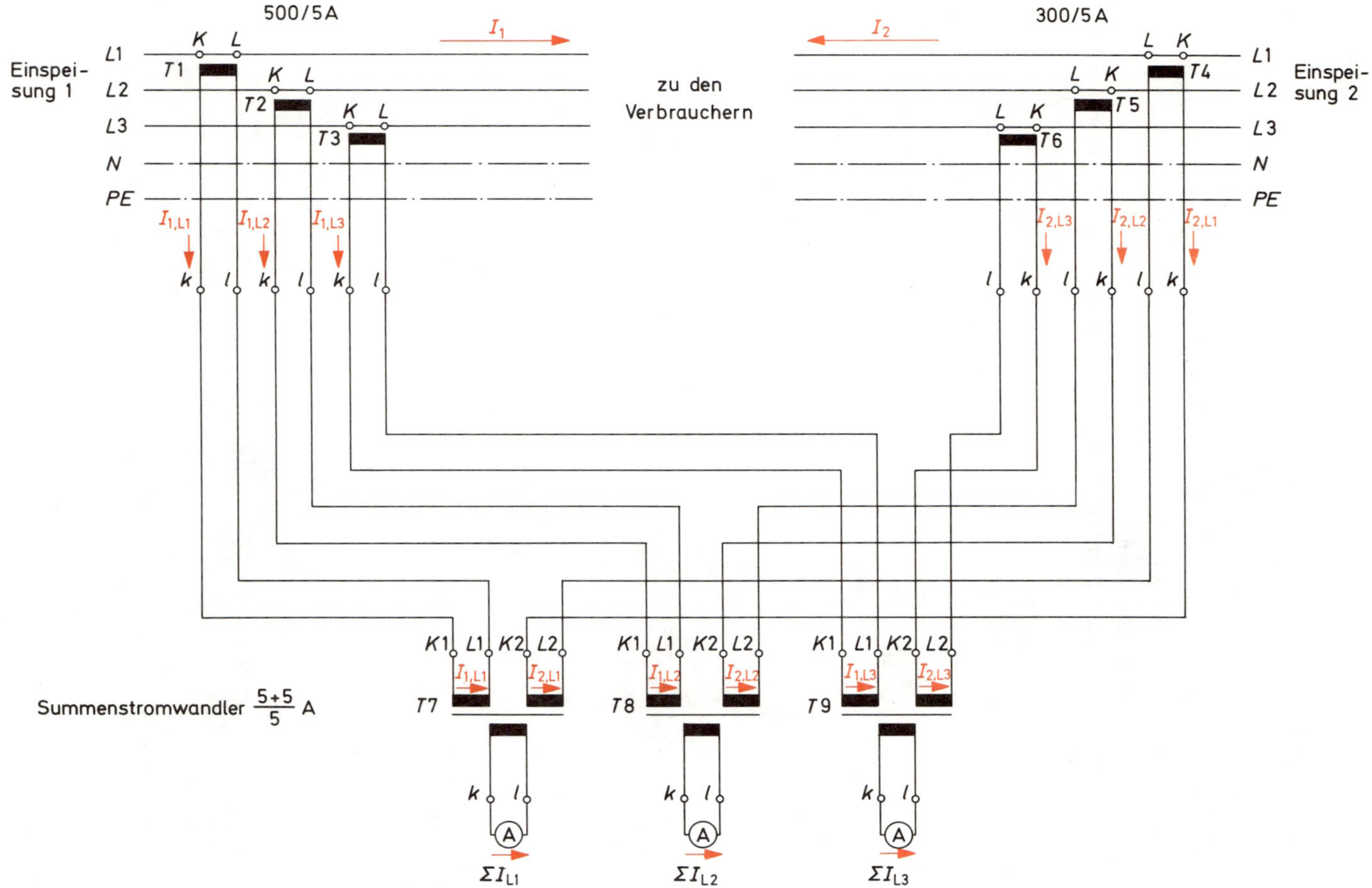

Bild 4/17 Schaltbild einer Summenmessung

Beispiel:

Eine Einspeisung ist mit Stromwandlern 500/5 A, die zweite mit 300/5 A ausgerüstet. Die Skalen der anzuschließenden Instrumente sind für 800 A zu bestellen, da die Summe der Ströme 500 A + 300 A = 800 A ergibt.

c) Eine richtige Addition erfolgt nur, wenn **Ströme gleicher Richtung** und **gleicher Phase** summiert werden. Im Drehstromnetz sind also drei Summenstromwandler notwendig.

d) Bleiben eventuell Primärwicklungen ungenutzt, dürfen diese nicht kurzgeschlossen werden, da sonst eine falsche Übersetzung erfolgt.

5 Schreibende Meßgeräte

Wie die Anzeige, so kann auch die Registrierung von Meßwerten analog in Form von Kurven oder digital in Form von Ziffern erfolgen. Analog aufzeichnende Meßgeräte, **Kurvenschreiber** genannt, sind einfacher aufgebaut als die digital aufzeichnenden **Meßwertdrucker**. Es ist keine Einrichtung zur Umwandlung der analog anfallenden Meßwerte erforderlich.

Beim Kurvenschreiber kann die Meßgröße entweder von einem Meßwerk erfaßt werden (Meßwerkschreiber) oder von einem motorisch verstellbaren Potentiometer in einer selbstabgleichenden Meßschaltung (Potentiometerschreiber). Die Registrierung erfolgt in beiden Fällen auf einem mit konstanter Geschwindigkeit unter dem Schreibstift vorbeigeführten Papierband.

5.1 Linienschreiber

Beim Linienschreiber steht die auf der Zeigerspitze des Meßwerkes angeordnete Schreibfeder im ständigen Kontakt mit dem Papier (Bild 5/1a).

Um ein gradliniges Koordinatennetz auf dem Registrierpapier zu erhalten, ist entweder eine besondere **Zeigergeradführung** erforderlich (Bild 5/1b) oder ein **Hakenzeiger**, der von der Rückseite um das Papier herumgreift (Bild 5/1c).

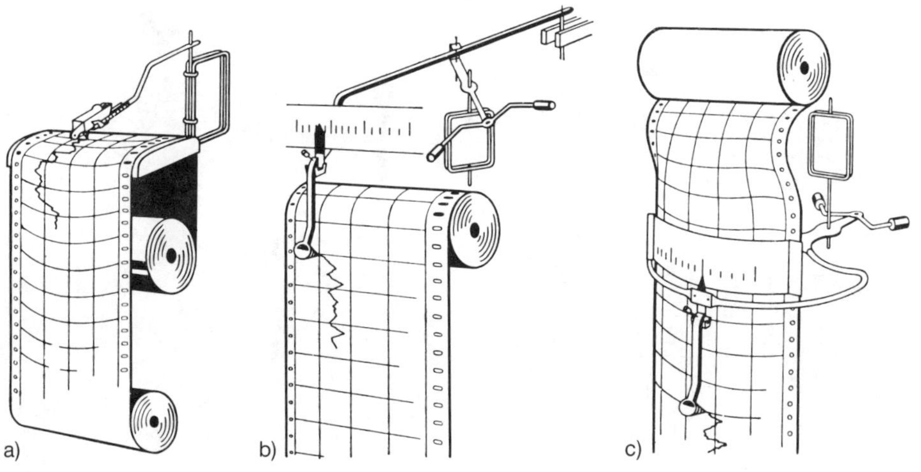

Bild 5/1 Schreibverfahren bei Linienschreibern
a) gebogene Koordinaten bei einfachem Zeiger
b) gerade Koordinaten durch Zeigergeradeführung
c) gerade Koordinaten durch gebogene Schreibfläche beim Hakenzeiger

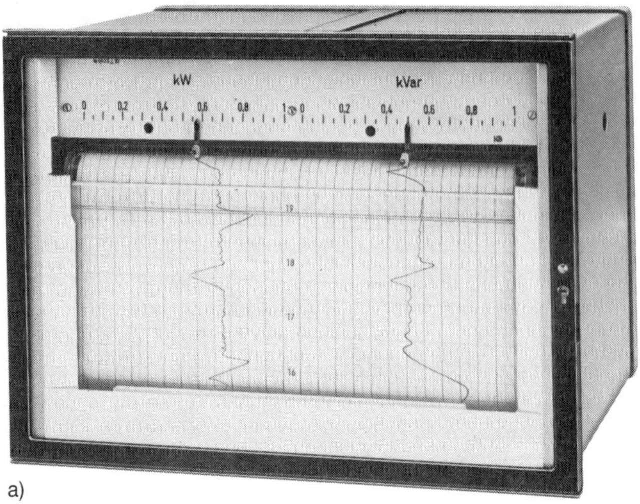

a)

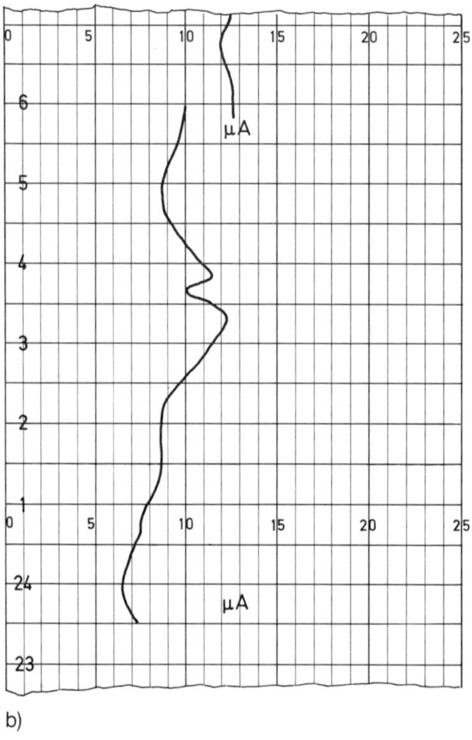

b)

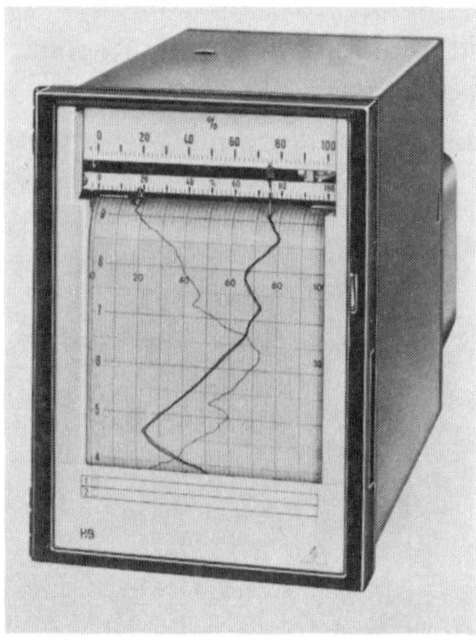

c)

Bild 5/2
Mehrfachlinienschreiber
a) mit nebeneinanderliegenden Spuren
b) Teil eines Diagramms
c) mit übereinanderliegenden Spuren

Bei modernen Linienschreibern erfolgt der Antrieb über einen Motor, der über eine Kompensationsschaltung (Abschnitt 5.5.1) angesteuert wird.

Der **Linienschreiber** wird zur Aufzeichnung elektrischer Größen wie Strom I, Spannung U, Leistung P und Leistungsfaktor $\cos \varphi$ verwendet. Sollen sich schnell ändernde Vorgänge, wie z. B. Ein- und Ausschaltströme, aufgezeichnet werden, wird der Linienschreiber als **Lichtschreiber** verwendet. Hierbei lenkt ein empfindliches Meßwerk einen Lichtstrahl mittels Spiegelplättchen auf lichtempfindliches **Spezialpapier** (siehe auch Abschnitt 7.1).

Beim **Mehrfachlinienschreiber** zeichnen mehrere Meßwerke auf nebeneinanderliegenden Spuren (Bild 5/2a). Im **Zweifachschreiber** von Bild 5/2b nutzen dagegen beide Meßwerke die volle Schreibbreite aus. Die verschiedenfarbigen Spuren können sich kreuzen. Sie arbeiten jedoch zeitverschoben, d. h., gleichzeitige Änderungen erscheinen auf dem Papier um einige Millimeter versetzt.

5.2 Punktschreiber

Punktschreiber werden mit empfindlicheren Meßwerken ausgerüstet als Linienschreiber, da wesentlich geringere Drehmomente erforderlich sind. Der Zeiger spielt sich frei, d. h. ohne Berührung mit dem Registrierpapier, auf den Meßwert ein. In **gleichen Zeitabständen** (etwa 1 bis 60 Sekunden) wird der Zeiger von einem **Fallbügel** auf das über dem Registrierpapier liegende **Farbband** gedrückt. Aufgrund der entsprechend gewählten Geschwindigkeit des Papiervorschubs reihen sich die Punkte zu einer fast lückenlosen Kurve aneinander (Bild 5/3 und 5/4).

Mehrfachpunktschreiber besitzen eine **Umschaltvorrichtung**, die das Meßwerk nacheinander auf verschiedene Meßgrößen schalten, die in eine **einheitliche elektrische Größe** umgewandelt werden.

Beim **6-Farben-Punktschreiber** bedeutet dieses jedoch, daß nur jeder sechste Punkt für die gleiche Meßstelle gesetzt wird und die Zeit zwischen den Messungen durchaus wenige Minuten betragen kann. Hierdurch ist der Punktschreiber in seiner Anwendungsmöglichkeit eingeschränkt. Er kann nur für Messungen eingesetzt werden, bei denen sich die Meßgröße nur langsam ändert, wie z. B. Temperaturen, Luftfeuchtigkeit, Druck von Flüssigkeiten oder Gasen. Zur Messung elektrischer Netzgrößen eignet er sich wegen der relativ schnellen Änderungen im allgemeinen nicht.

Bild 5/3
Schreibvorrichtung eines Mehrfach-Punktschreibers (H & B)

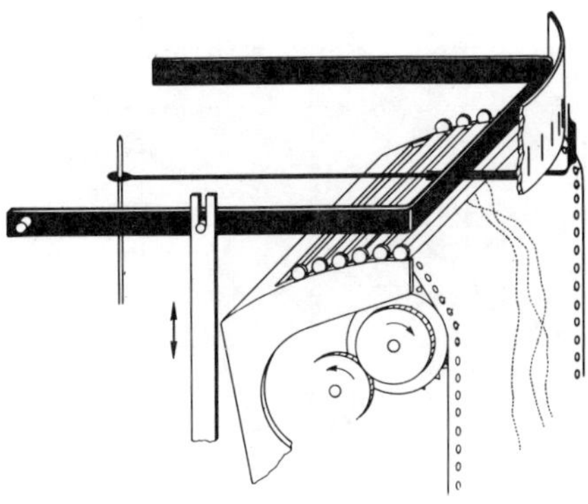

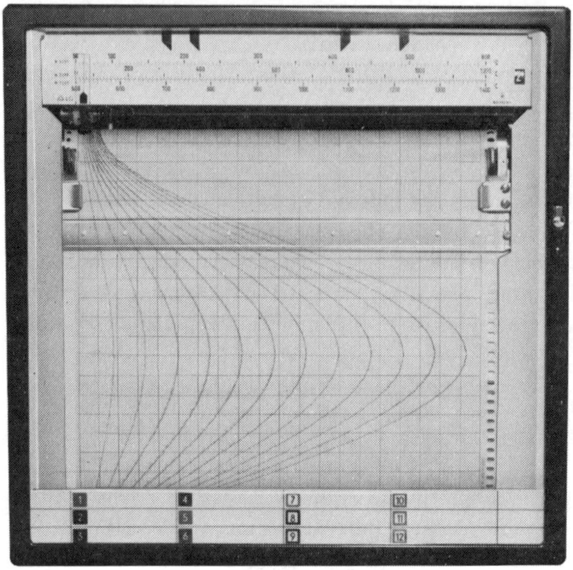

Bild 5/4
12-Farben-Punkt-
schreiber (Siemens)

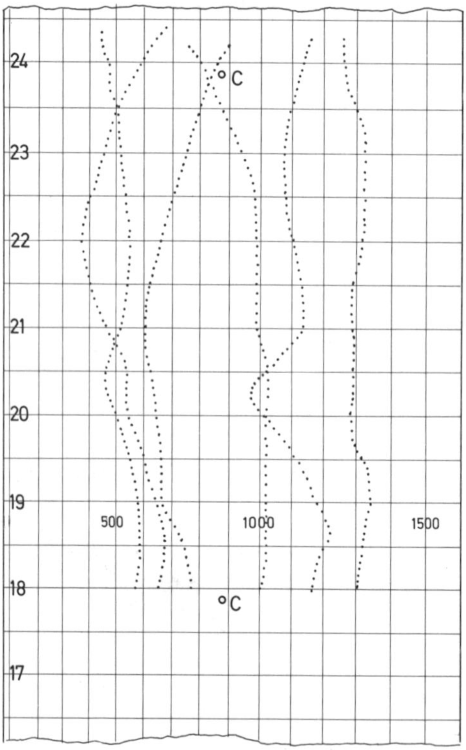

Zu Bild 5.4

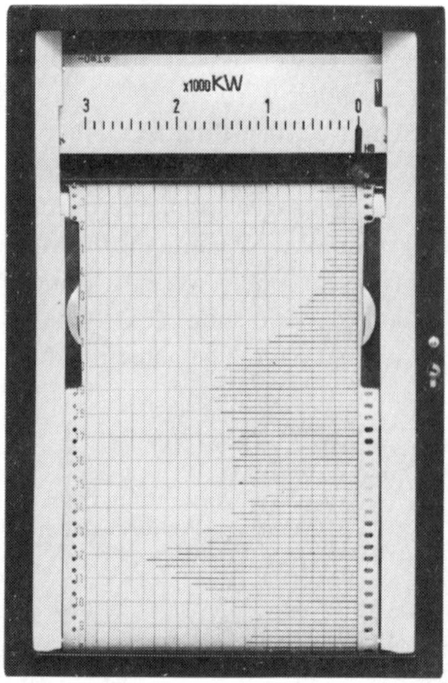

Bild 5/6
Mittelwertschreiber mit
Schleppzeiger (H & B)

5.3 Mittelwertschreiber

Bei der Verrechnung nach dem Leistungspreistarif wird die mittlere Leistung oft von einem Maximumzähler ermittelt und angezeigt (Abschnitt 3.7.2). Der Maximumzähler zeigt jedoch nur das höchste aufgetretene Maximum an, nicht den Zeitpunkt und die Häufigkeit der Maxima. Um diese Daten zu erhalten, muß der Mittelwert je Meßperiode registriert werden. Eine einfache Einrichtung für diesen Zweck ist der Mittelwertschreiber, ein **spezieller Linienschreiber** mit Tinten- oder Metallpapieraufzeichnung. Signale eines Impulsgebers (Abschnitt 3.7.4.1) werden verstärkt und auf einen **Schrittmotor** gegeben, der einen Zeiger mit jedem Impuls ein Stück weitertreibt. Bei entsprechender Impulsfolge und konstantem Papiervortrieb ergibt sich eine schräge Linie, die in ihrer Länge von der Frequenz der Impulse und von der Zeit abhängt (Bild 5/6).

Bei sinnvoller Anwendung arbeitet der Mittelwertschreiber **synchron** mit dem Maximumzähler. Je Meßperiode wird eine Linie aufgezeichnet. Am Ende der Meßperiode wird der Zeiger entkuppelt und rückt somit wieder auf Nullstellung. Während der Entkupplungszeit wird beim Metallpapierschreiber die Schreibspannung abgeschaltet (Abschnitt 5.6.3) und beim Tintenschreiber die Feder angehoben, damit keine verwirrenden Schreiblinien entstehen.

5.4 Störwertregistrierung

Man unterscheidet zwischen **Störungsschreiber**, **Zeitschreiber** und **Zeit-Störungsschreiber**.

5.4.1 Störungsschreiber

Sie dienen zur Aufzeichnung elektrischer und zeitlicher Zusammenhänge betrieblicher Störungen, wie z. B. **Außenleiterschluß**, **Erdschluß** oder **Spannungseinbruch**. Sie sind mit empfindlichen Drehspulmeßwerken mit sehr kurzer Beruhigungszeit ausgerüstet, wodurch die Steilheit der Änderungen zwar verschliffen, der Störungsverlauf jedoch erkennbar

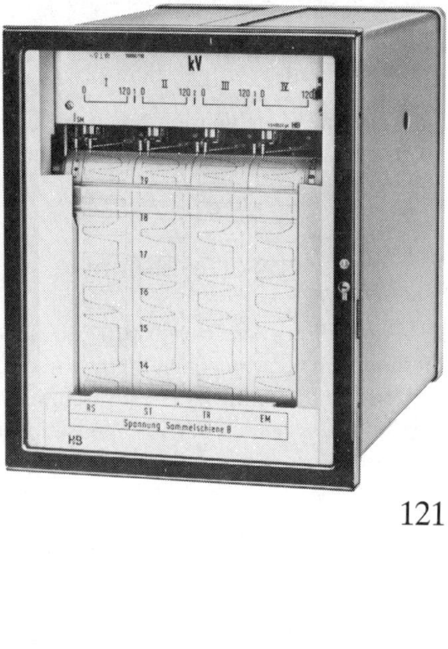

Bild 5/7 Störungsschreiber (H & B)

bleibt. Das Diagramm soll die wesentlichen Änderungen von Meßgrößen im Verlauf einer Störung wiedergeben. Es gibt Hinweise auf Entstehung einer Störung und erbringt somit auch Erkenntnisse, die für Maßnahmen zur Vermeidung häufiger Störungen von Bedeutung sind. Um eine bessere Auflösung des Störsignals zu haben, erfolgt meist im Störungsfall automatisch ein **Schnellablauf** des Papiers. Bis zu zehn verschiedene Meßstellen können gleichzeitig überprüft werden (Bild 5/7).

5.4.2 Zeitschreiber

Sie dienen zur zeitlichen Überwachung verschiedener Vorgänge, z. B. der Maschinenausnutzung. Eine Schreibelektrode mit kurzer Ansprechzeit (ca. 1 ms) zeichnet bei eingeschalteter Schreibspannung eine gerade Linie. Kurzzeitige Vorgänge können durch einen Schnellablauf gedehnt werden. Eine Ausrüstung mit bis zu 100 Elektroden ist möglich (Bild 5/8).

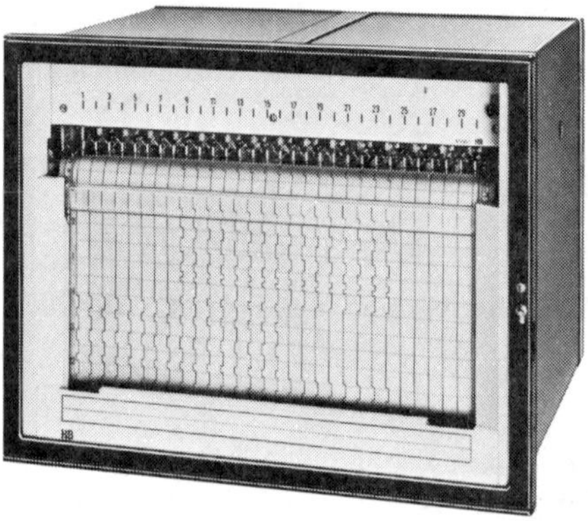

Bild 5/8 Zeitschreiber (H & B)

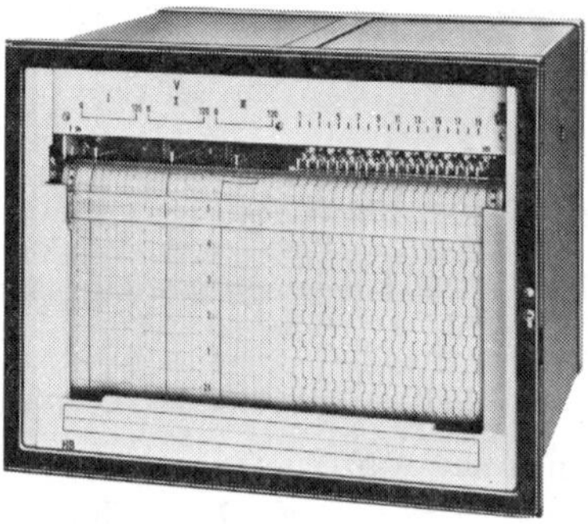

Bild 5/9 Zeit-Störungs-Schreiber (H & B)

5.4.3 Zeit-Störungs-Schreiber

Sie sind eine Kombination aus dem Störungsschreiber und dem Zeitschreiber. Wichtige Störungen werden in Wert und Zeit aufgezeichnet, bei anderen wird nur die Dauer festgehalten (Bild 5/9).

5.5 Meßwerterfassung

Die Auslenkung des Schreibstiftes erfolgt bei einigen Schreibern noch nach herkömmlicher Methode mit verschiedenen Meßwerken. Dabei sind das Drehspulmeßwerk (Abschnitt 2.2) und das Dreheisenmeßwerk (Abschnitt 2.1) vorherrschend. Die Mehrzahl der Schreiber arbeitet heute jedoch mit Kompensationsmeßsystemen.

Diese Systeme arbeiten mit Verstärkern, so daß auch kleine Spannungen (ab 1 V) und Ströme (ab 1 μA) erfaßt werden können, die z. B. von Meßumformern geliefert werden.

Als Nachteil kann die erforderliche Hilfsenergie für den Verstärker und den Antriebsmotor empfunden werden, die aber oft von dem sowieso vorhandenen Anschluß für den Papiervortrieb abgegriffen wird.

Im folgenden sollen 2 Kompensationssysteme im Prinzip dargestellt werden.

5.5.1 Poggendorf-Kompensationssystem

Eine **Konstantspannungsquelle** speist eine **Brückenschaltung**, die zur einen Hälfte aus Festwiderständen und zur anderen Hälfte aus dem **Meßpotentiometer** besteht. Die zu ermittelnde Spannung U_X wird mit der **Brückendiagonalspannung** U_d verglichen. Die **Spannungsdifferenz** ΔU wird verstärkt und treibt dann den **Stellmotor**. Vom Stellmotor wird der Mittelabgriff des Abgleichpotentiometers so lange verstellt, bis die Spannungsdifferenz

Bild 5/5a Kompensationsschaltung im Prinzip nach Poggendorf
1 Verstärker, 2 Stellmotor, 3 Untersetzungsgetriebe,
4 Abgleichpotentiometer, 5 Konstantspannungsquelle,
R 1 bis R 4 Festwiderstände der Brücke, R_v Vorwiderstand

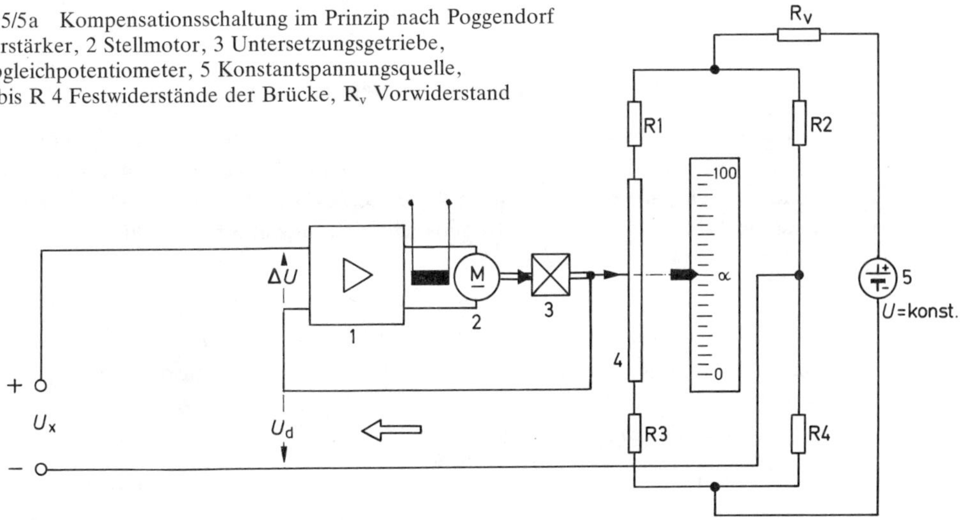

Bild 5/5b

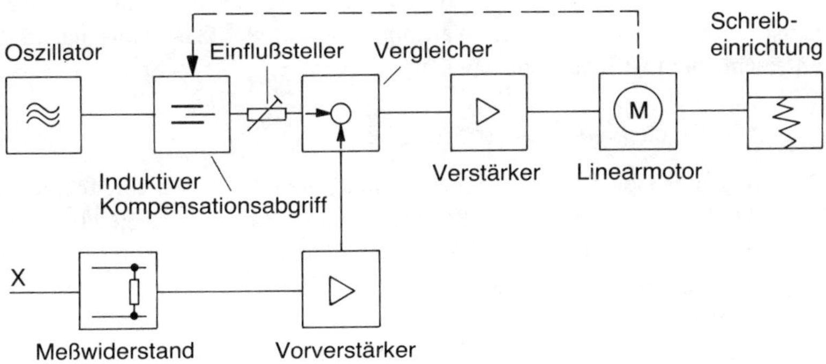

praktisch zu Null geworden ist. Da Zeiger und Schreibstift mechanisch mit dem Potentiometerabgriff verbunden sind, ergibt sich ein der Meßgröße proportionaler Ausschlag (Prinzipbild 5/5a). Mit diesem Verfahren wird hohe Genauigkeit bei minimaler Belastung des Meßobjektes bzw. des Meßwertgebers erreicht.

5.5.2 Kompensationssystem mit Linearmotor

Der Meßwert *X* gelangt über den Meßwiderstand **1** (Bild 5/5b) und den Vorverstärker **2** zum Vergleicher **6** und beeinflußt über den Verstärker **7** den Linearmotor **8**, der mechanisch mit der Schreibeinrichtung **9** verbunden ist. Die Linearmotorstellung wird über die berührungslose, induktive Abtasteinrichtung **4** in ein proportionales Spannungssignal umgeformt und über den Einflußeinsteller **5** auf den Vergleicher **6** geschaltet. Je nach Polarität und Betrag des Vergleichsergebnisses wird der Linearmotor so lange bewegt, bis Meßwert und Linearmotorstellung einander entsprechen.

5.6 Aufzeichnungsarten

5.6.1 Registrierung mit Faserschreibeinheiten

Faserschreibeinheiten verdrängen wegen der einfachen Handhabung die Tintenregistrierung. Die Schreibspitze und der Vorratstank für die Tinte sind zu einem Bauteil zusammengefaßt und werden nach dem Verbrauch in der Regel komplett ausgewechselt. Mit einer Einheit ist ein Linienweg bis zu 1600 m möglich. Verschiedene Farben sind wählbar.

5.6.2 Kugelschreiberregistrierung

Die Aufzeichnung erfolgt mit speziellen Kugelschreibern. Der erforderliche Auflagedruck begrenzt die Anwendung jedoch auf Kompensationsschreiber mit ausreichender Stellkraft.

5.6.3 Metallpapierregistrierung

Die Schreibfeder ist als **Schreibelektrode** ausgebildet und liegt auf einem **Papier mit metallisierter Oberfläche** (Metallpapier). Wird eine **Gleichspannung** (meist 24 V) zwischen Papier und Elektrode gelegt, entsteht bei der Zeigerbewegung ein kleiner **Lichtbogen**, der in der Metallschicht eine **Brennspur** verursacht. Diese Aufzeichnungsart ist teurer als die Tintenregistrierung, jedoch entfallen Wartungsarbeiten, wie z. B. Tinte nachfüllen. Eine Farbunterscheidung ist hier nicht möglich.

5.6.4 Wachspapierregistrierung

Das Registrierpapier ist mit einer empfindlichen Wachsschicht überzogen, die von der Schreibfeder geritzt oder gedrückt wird, so daß das darunterliegende andersfarbige Papier sichtbar wird. Anwendung wegen der entfallenden Wartungsprobleme z. B. bei Fahrtenschreibern. Sonst wird sie wegen des teureren Papiers und wegen der schwierigen Archivierung kaum angewendet.

5.6.5 Fotopapierregistrierung

Bei Lichtpunktlinienschreibern wird ein gebündelter Lichtstrahl auf einen Spiegel gelenkt, der vom Meßwerk verdreht wird und damit den Lichtstrahl in verschiedenen Winkels reflektiert. Der reflektierte Lichtstrahl trifft auf lichtempfindliches Papier und hinterläßt dort den Aufzeichnungsweg. Diese Aufzeichnungsart ist für sehr schnelle Vorgänge geeignet.

5.6.6 Farbpunktdrucken

Es wird zwischen zwei Verfahren unterschieden:

a) Ein **Fallbügel** schlägt nach entsprechender Ansteuerung den Meßwerkszeiger auf ein **Farbband**. Auf dem unter dem Farbband herlaufenden Registrierpapier entsteht ein Punkt, dessen Farbe der jeweiligen Farbe des Farbbandes entspricht. Bei mehreren Meßstellen wird jeder Meßstelle ein Farbband zugeordnet. Aneinander gereihte Punkte einer Farbe ergeben den zeitlichen Verlauf der Meßgröße als mehr oder weniger unterbrochene Linie wieder.
b) Ein **Druckkopf** ist mit **Farbwalze**, **Drucksymbolen** und Einstellmechanik ausgerüstet. Beim Drucken wird eine der Meßstelle zugeordnete Drucktype durch einen mechanischen Impuls auf das Registrierpapier abgesenkt. Die vorher mit Druckfarbe benetzte Drucktype hinterläßt auf dem Papier eine Marke. Gleiche Marken aneinander gereiht ergeben den Kurvenverlauf.

5.7 Papiervortriebsarten

Für die Fortbewegung mit konstanter Geschwindigkeit des Schreibpapiers ist ein Antrieb erforderlich. Man unterscheidet zwischen:

a) **Papiervortrieb über Federwerk mit Handaufzug**. Hier wird manuell ein Federwerk aufgezogen, das die Papierabrollvorrichtung antreibt. Er findet Anwendung für bewegliche **Service-Schreiber**, da man bei dieser Antriebsart **netzunabhängig** ist.
b) **Papiervortrieb mit Synchronmotor**. Ein Synchronmotor treibt über ein Getriebe das Papier und sorgt für Zeitsynchronlauf. Es ist meist ein 220-V-Netzanschluß erforderlich.
c) **Papiervortrieb mit Motor- und Federwerk**. Diese Lösung stellt eine Kombination aus den vorgenannten Systemen dar. Der Motor hält das Federwerk aufgezogen. Der Vorteil liegt darin, daß auch bei Netzausfall für mehrere Stunden oder Tage der Weiterlauf des Papiers gewährleistet ist. Diese Einrichtung wird als **Gangreserve** bezeichnet.

6 Elektrische Messung nichtelektrischer Größen

6.1 Einleitung

Elektrisches Messen nichtelektrischer Größen heißt:
Umwandlung einer nichtelektrischen physikalischen Größe in ein elektrisches Signal, das angezeigt oder weiterverarbeitet werden soll. Diese Technik erleichtert oder ermöglicht erst eine zentrale Datenerfassung, die z. B. zur Steigerung der Wirtschaftlichkeit von Produktionsanlagen, der Überwachung von Maschinenanlagen, Apparaten, Fahrzeugen und Materialien in stark beanspruchten Konstruktionen unerläßlich ist.

Häufig zu messende nichtelektrische oder mechanische Größen sind z. B. Temperatur, Dehnung, Drehmoment, Drehzahl, Kraft, Druck (von Gasen, Dämpfen und Flüssigkeiten), Durchflußmengen, Füllstand, Schwingungen, Weg, Drehwinkel und Beschleunigung.

Die zur elektrischen Messung einer elektrischen Größe erforderliche sogenannte **Meßkette** besteht grundsätzlich aus folgenden Bestandteilen (Bild 6/1), die in Blockdiagrammen nach DIN 40719 dargestellt werden:

Der **Meßwertaufnehmer oder Geber** wandelt die nichtelektrische in eine elektrische Größe um. Es wird zwischen passiven und aktiven Aufnehmern unterschieden:

Beim passiven Meßwertaufnehmer wird meist ein von der Meßgröße abhängiger Widerstand mittels eines Spannungsteilers oder einer Brückenschaltung in eine abhängige Spannung umgeformt.

Der aktive Aufnehmer ist ein Energiewandler, der eine nichtelektrische physikalische Größe in eine elektrische Spannung oder einen Strom umformt.

Der **Meßverstärker oder Meßwertumformer** dient der Anpassung und der Signalaufbereitung. Er verstärkt das vom Meßwertaufnehmer gelieferte Eingangssignal auf einen Wert, der für eine Übertragung über größere Entfernung und zur Anzeige, Registrierung sowie anderer Wertverarbeitung notwendig ist (Abschnitt 6.6).

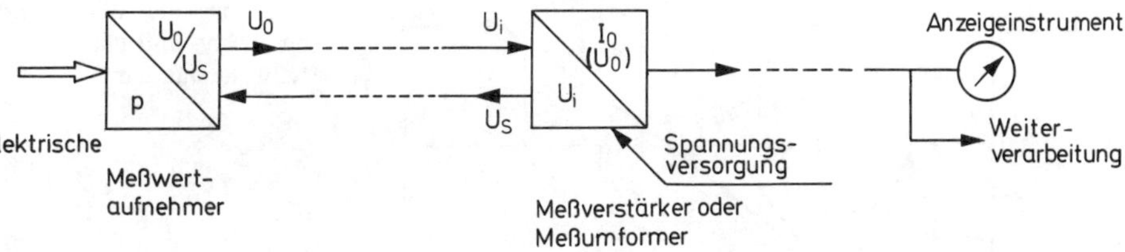

Bild 6/1 Blockdiagramm einer Meßkette: p Formelzeichen der nichtelektrischen Meßgröße, z. B. Druck p, U_s Speisespannung für den Meßwertaufnehmer, U_o/U_s vom Meßwertaufnehmer geliefertes, von der Meßgröße abhängiges Spannungsverhältnis, U_i Eingangsspannung für den Meßverstärker, $I_o(U_o)$ vom Meßverstärker gelieferter eingeprägter Strom oder Spannung für die Anzeige oder Weiterverarbeitung

Sind mehrere Meßstellen vorhanden, die ihre Signale an ein zentrales Meßdaten-Erfassungssystem liefern, so sind meist **Meßstellumschalter** notwendig. Neben dem eigentlichen Messen oder Anzeigen der Größen erfolgt unter Umständen noch eine Überwachung durch Grenzwertmelder (Abschnitt 2.10) und Registrierung mittels Punkt- oder Linienschreibern (Abschnitt 5) bzw. Druckern.

Da die elektrische Meßtechnik nichtelektrischer Größen ein sehr umfangreiches Gebiet ist, kann hier nur ein Überblick geboten werden.

6.2 Temperaturmessung

Von den verschiedenen Möglichkeiten, Temperaturen in eine elektrisch meßbare Größe umzuformen, sind die Meßverfahren mit Thermoelementen und temperaturabhängigen Widerständen aus Metall oder Halbleitermaterialien von Bedeutung. Für kleine, punktförmige Meßstellen werden Thermoelemente bevorzugt. Widerstandsthermometer ermöglichen dagegen Fernmessungen über größere Entfernungen ohne zusätzliche Verstärker.

6.2.1 Widerstandsthermometer

6.2.1.1 Metallische Temperaturfühler

Beim Widerstandsthermometer mit metallischem Temperaturfühler wird die Temperaturabhängigkeit des elektrischen Widerstandes eines Metalles zur Umwandlung in eine elektrische Größe ausgenutzt. Bei reinen Metallen nimmt der elektrische Widerstand bekanntlich über einen größeren Temperaturbereich nahezu linear mit der Temperatur zu (Bild 6/2). Die Widerstandsänderung ΔR kann über den Temperaturbeiwert des Metalles berechnet werden

$$\Delta R = R_0 \cdot \alpha \cdot \Delta\vartheta$$

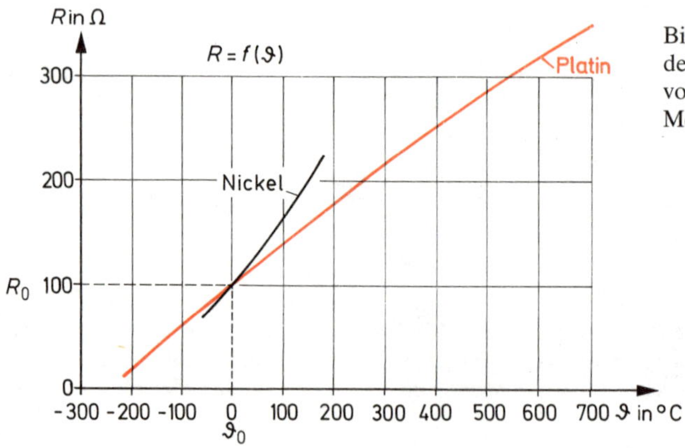

Bild 6/2 Temperaturabhängigkeit des elektrischen Widerstandes von Nickel- und Platin-Meßwiderständen

Der Widerstand nach der Temperaturänderung ist:

$$R_\vartheta = R_0 + \Delta R$$

$$R_\vartheta = R_0\,(1 + \alpha \cdot \Delta\vartheta)$$

mit R_0 der Nennwiderstand bei 20 °C
$\Delta\vartheta$ die Temperaturänderung bezogen auf 20 °C
R_ϑ Widerstand bei der Temperatur ϑ
α Temperaturbeiwert in 1/K

Die gebräuchlichsten verwendeten Metalle sind Platin (Pt) und Nickel (Ni). Platin wird wegen seiner hohen elektrischen Konstanz und der großen Beständigkeit gegen äußere Einflüsse (Korrosionsbeständigkeit, hohe Schmelztemperatur) am häufigsten verwendet. Nickel weist dagegen einen höheren Temperaturbeiwert auf und ermöglicht daher empfindlichere Messungen mit kleinen Bereichen (Bild 6/2). Meßwiderstände aus Nickel werden für Temperaturen bis ca. 150 °C und solche aus Platin bis maximal 750 °C eingesetzt.

Die Abhängigkeit des Widerstandes von der Temperatur für Nickel- und Platin-Meßwiderstände ist in Grundwertreihen nach DIN 43760 genau festgelegt. Der sogenannte Nennwiderstand beträgt im allgemeinen $R_0 = 100\,\Omega \pm 0{,}1\,\Omega$ bei der Temperatur $\vartheta_0 = 0$ °C. Man weicht hier von der sonst üblichen Bezugstemperatur von 20 °C (bzw. bei Halbleitern 25 °C) ab, weil die Temperatur 0 °C mittels der Eis-Wasser-Flasche sehr genau realisiert werden kann.

Die Meßwiderstände sind aus dünnerem Draht auf Widerstandskörper aus Glas, Keramik oder Glimmer gewickelt. Platinwiderstände für hohe Temperaturen und aggressive Medien werden in Glas oder Keramik eingeschmolzen. Zum Schutz gegen Korrosion, mechanische Beschädigung und zur mechanischen Fixierung sind die Meßwiderstände meist in einen Meßeinsatz zum Einführen in ein Schutzrohr eingebaut (Bild 6/3). Der Meßeinsatz kann ohne Betriebsunterbrechung zur Erneuerung aus dem Schutzrohr herausgenommen werden. Das mit dem Anschlußkopf versehene Schutzrohr ist mit dem Behälter verschraubt oder verschweißt.

6.2.1.2 Schaltungsarten von Metall-Widerstandsthermometern

Bei der Anzeige von einem in °C geeichtem *Kreuzspulinstrument* (Abschnitt 2.4) vergleicht das Meßwerk den Strom durch den als Meßfühler dienenden temperaturabhängigen Widerstand mit dem Strom durch einen konstanten Vergleichswiderstand R_N (Bild 6/4). Für die Messung wird daher eine Gleichspannungsquelle (meist 6 V) benötigt. Die Spannung braucht jedoch wegen der Verhältnismessung nicht stabilisiert zu sein. Die Leitungen zwischen Meßwiderstand und Instrument gehen mit ihrem Widerstand in die Messung ein und müssen daher beim Abgleich des Meßgerätes mit berücksichtigt werden. Durch *Abgleichwiderstände* (R_j), die in Reihe mit den Zuleitungen liegen, werden diese auf den genormten Wert von 10 Ω abgeglichen.

Der **Abgleich** erfolgt mit einem besonderen Ersatzwiderstand. Sein Widerstandswert entspricht genau dem des Meßwiderstandes bei der angegebenen Temperatur. Der Ersatzwiderstand wird entweder im Anschlußkopf anstelle des Meßwiderstandes eingesetzt oder

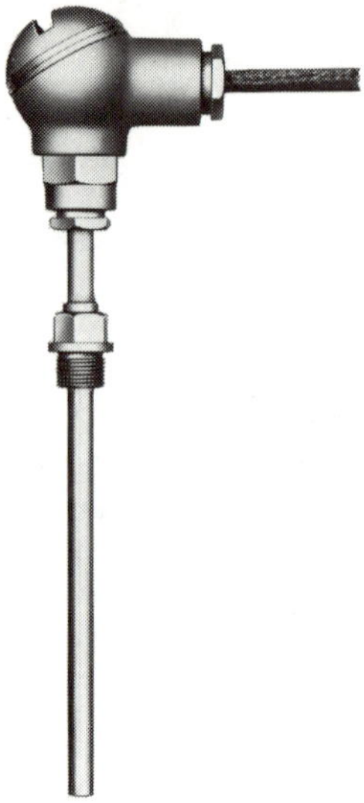

Bild 6/3
Schutzrohr mit Anschlußkopf (Werkbild Hartmann & Braun AG)

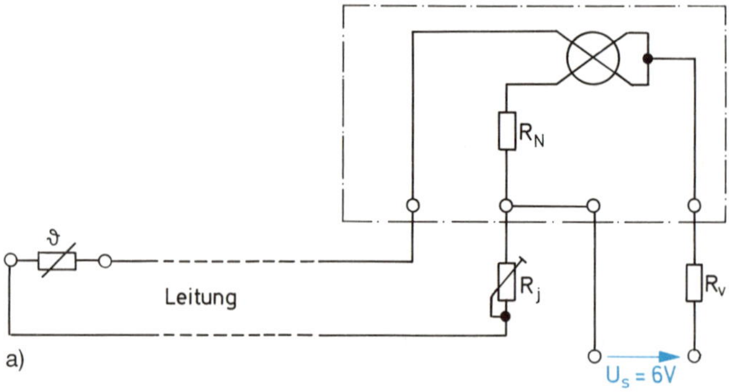

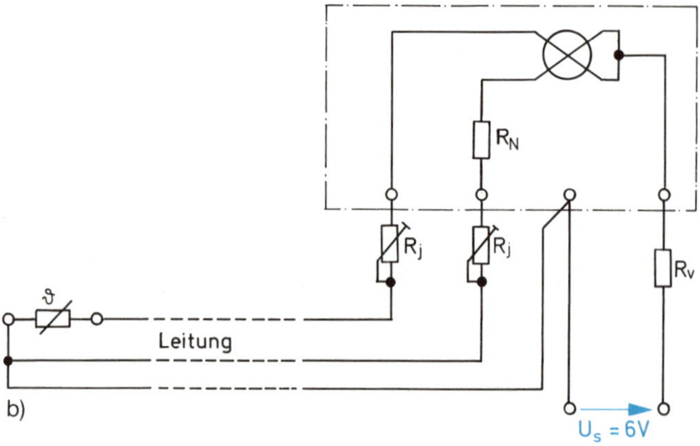

Bild 6/4
Widerstandsthermometer mit Kreuzspulinstrument
a) Zweileiterschaltung
b) Dreileiterschaltung

am Instrument in die Leitung geschaltet und dabei der Meßwiderstand am Anschlußkopf kurzgeschlossen. Mit dem Abgleichwiderstand wird dann die Anzeige auf die Temperatur einjustiert, die auf dem Ersatzwiderstand angegeben ist.

Bei der **Zweileiterschaltung** (Bild 6/4a) für Fernmessungen bis zu einigen hundert Metern ist nur ein Abgleichwiderstand für beide Leitungen (Schleifenwiderstand) vorhanden.

Der Einfluß der Umgebungstemperatur auf den Leitungswiderstand wird bei der **Dreileiterschaltung** (Bild 6/4b) für Entfernungen bis ca. 10 km, kompensiert. In jedem Spulenzweig liegen eine Leitung und ein Abgleichwiderstand (R_j).

In neueren Anlagen erfolgt die Anzeige meist von einem in °C geeichtem Drehspulinstrument (Abschnitt 2.2.1). Der Meßwiderstand befindet sich in einer Widerstands- oder Wheatstone-Brückenschaltung (Abschnitt 2.2.8). Das Drehspulinstrument liegt in der Brückendiagonalen (Bild 6/5). Bei der dem Meßbereichsanfang entsprechenden Temperatur

Bild 6/5
Widerstandsthermometer mit Brückenschaltung
a) Dreileiterschaltung
b) Zweileiterschaltung

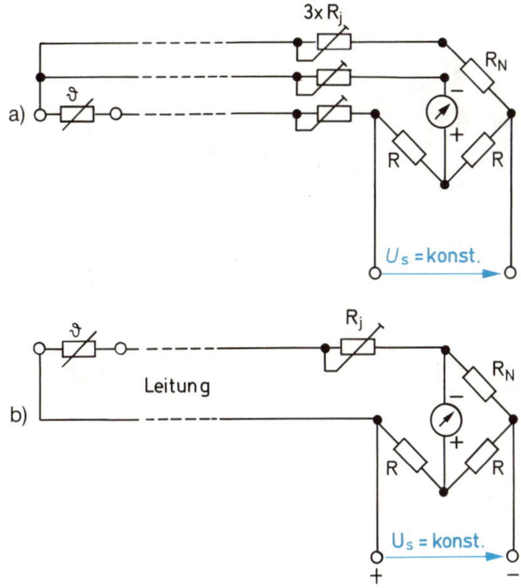

ist die Brücke abgeglichen, das Instrument ist stromlos. Bei Temperaturerhöhung wird die Brücke infolge der Widerstandszunahme des Temperaturfühlers verstimmt. Der Strom im Instrument und der Ausschlag steigen proportional mit der Temperaturänderung. Da die Brückenspeisespannung U_S in den Meßwert mit eingeht, muß diese stabilisiert sein.

Der Abgleich der Leitungswiderstände zwischem dem Meßumformer und der Brückenschaltung erfolgt wie bei der Schaltung mit Kreuzspulinstrument. Bei kürzeren Entfernungen wird die Zweileiterschaltung (Bild 6/4a) und bei größeren Entfernungen oder Präzisionsmessungen die Dreileiterschaltung (Bild 6/4b) eingesetzt. Bei der Dreileiterschaltung ist ein dritter Abgleichwiderstand im Diagonalzweig erforderlich.

6.2.1.3 Temperaturmessung mit Halbleiterfühlern

In steigendem Maße werden heute Halbleiterfühler als Meßwiderstände eingesetzt. Wegen der wesentlich größeren Temperaturabhängigkeit des Widerstandes können auch kleinere Temperaturdifferenzen ohne größeren Schaltungsaufwand gemessen werden. Die Temperaturabhängigkeit des Zuleitungswiderstandes braucht nicht kompensiert werden.

Halbleiter-Meßfühler unterliegen größeren Fertigungstoleranzen als z. B. der PT 100. Sie können daher oft nicht ohne neuen Abgleich ausgetauscht werden. Durch künstliche Alterungsprozesse und andere technologische Verbesserungen wird heute auch bei Halbleiterfühlern eine gute Konstanz der elektrischen Werte erreicht. Mit kleinsten perlenförmigen Bauformen können wegen der geringen Wärmeträgheit auch punktförmige Messungen mit kürzesten Ansprechzeiten (in der Größenordnung der Beruhigungszeit des Anzeigeinstrumentes) durchgeführt werden.

Der durch den Meßfühler fließende Strom darf nur wenige Milliampere betragen, damit keine verfälschende Eigenerwärmung auftritt.

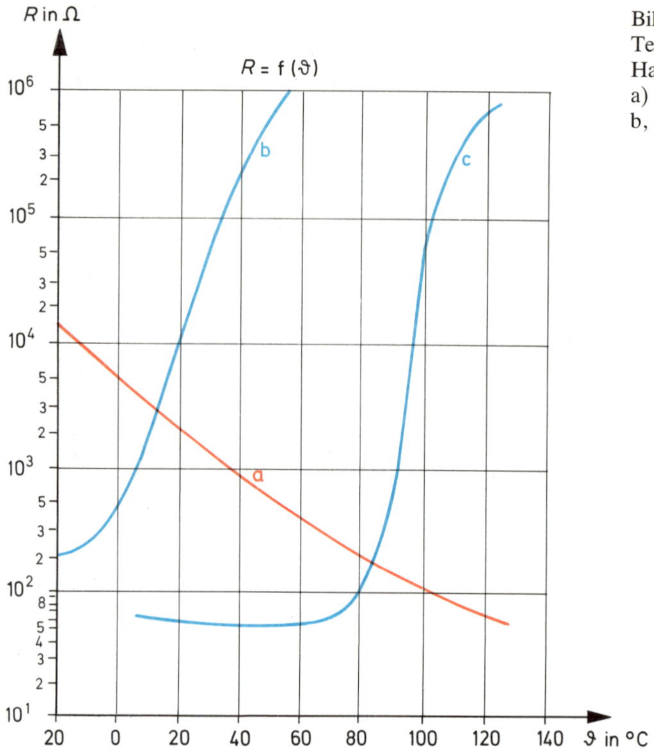

Bild 6/6
Temperaturabhängigkeit von Halbleiterwiderständen
a) NTC-Widerstände
b, c) PTC-Widerstände

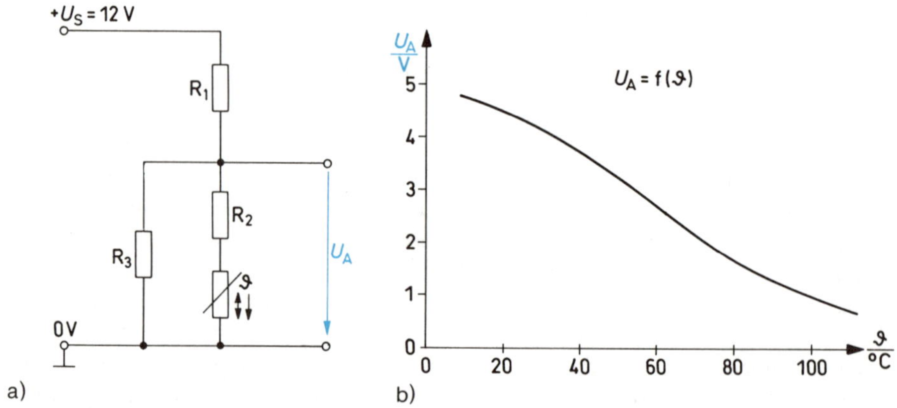

Bild 6/7 Linearisierung eines Spannungsteilers mit NTC-Widerstand
a) Schaltung b) Spannungs-Temperatur-Kurve $U_A = f(\vartheta)$

Halbleiter-Temperaturfühler, auch Thermistoren (**therm**al sensitiv res**istor**) genannt, werden nach ihrer Charakteristik in zwei Arten unterschieden:

NTC-Widerstände, auch NTC-Thermistoren oder Heißleiter, haben einen negativen Temperaturbeiwert. Sie nutzen die mit steigender Temperatur zunehmende Eigenleitfähigkeit von Halbleitern aus. Der Widerstand ändert sich in einem größeren Temperaturbereich über mehrere Dekaden (Bild 6/6, Kurve a) mit einem Temperaturbeiwert zwischen $-0{,}03$ bis $-0{,}06\ \frac{1}{K}$. Die Temperaturabhängigkeit ist damit rund 10mal höher als bei metallischen Meßwiderständen. Der gesinterte Widerstandskörper besteht aus verschiedenen Schwermetalloxiden.

PTC-Widerstände, auch PTC-Thermistoren oder Kaltleiter genannt, haben in einem relativ schmalen Temperaturbereich einen hohen positiven Temperaturbeiwert von bis zu $0{,}6\ \frac{1}{K}$ (Bild 6/6, Kurven b, c).

Der Beginn des steilen Widerstandsanstiegs kann je nach Materialzusammensetzung zwischen ca. -30 °C und $+200$ °C gelegt werden. Der steile Widerstandsanstieg beruht auf dem Zusammenwirken von Halbleitung und Ferroelektrizität der Titankeramik.

Für Temperaturmessung über größere Temperaturbereiche bis ca. 250 °C wird der NTC-Widerstand eingesetzt. Die Nichtlinearität der Abhängigkeit des NTC-Widerstands von der Temperatur $R = f(\vartheta)$, führt in einem einfachen Spannungsteiler mit einem NTC- und Vorwiderstand zu einer nichtlinearen Abhängigkeit des Ausgangssignals von der Temperatur $U_A = f(\vartheta)$. Durch die Beschaltung eines NTC-Widerstands mit je einem Serien- und einem Parallelwiderstand (Bild 6/7a) kann die Abhängigkeit $U_A = f(\vartheta)$ über einen größeren Temperaturbereich linearisiert werden (Bild 6/7b).

Meist bildet der Spannungsteiler mit dem NTC-Widerstand den einen Zweig einer Brükkenschaltung, deren Ausgangssignal über einen Differenzverstärker (Operationsverstärker) verstärkt wird.

PTC-Widerstände eignen sich in Temperaturmeßgeräten nur begrenzt als Temperaturfühler (steiler Widerstandsanstieg in relativ kleinem Temperaturbereich). Sie werden öfter als Temperatur-Grenzwertgeber für fest eingestellte Temperaturwerte eingesetzt.

6.2.2 Temperaturfühler-IC

Temperaturfühler-ICs sind moderne Temperatursensoren in Form von integrierten elektronischen Schaltungen, die auf ein definiertes Temperaturverhalten abgeglichen sind. Der Sensor ist ein Zweipol mit einem Konstantstromverhalten (eingeprägter Strom). Liegt dieser Sensor an einer äußeren Spannung, hält er den Strom auf einem konstanten Wert, der in einem Temperaturbereich von -50 °C bis $+150$ °C in einem linearen Zusammenhang zur absoluten Temperatur steht. Die Spannung U_A, die an einem in Reihe liegenden linearen Widerstand abfällt (Bild 6/8a), ist somit der Temperatur proportional.

Der Sensorstrom beträgt bei 0 °C 273,2 µA und ändert sich um 1 µA/K. Er ist also, ausgehend vom absoluten Nullpunkt der Temperatur von $-273{,}2$ °C = 0 K (Kelvin), der Temperatur proportional (Bild 6/8b). Mit Hilfe von Operationsverstärkern kann die Ausgangsspannung für jeden gewünschten Temperaturbereich zwischen -50 °C bis 150 °C auf einem beliebigen Bereich umgesetzt werden, z. B. auf 0 V bis 10 V im Bereich 0 °C bis 100 °C.

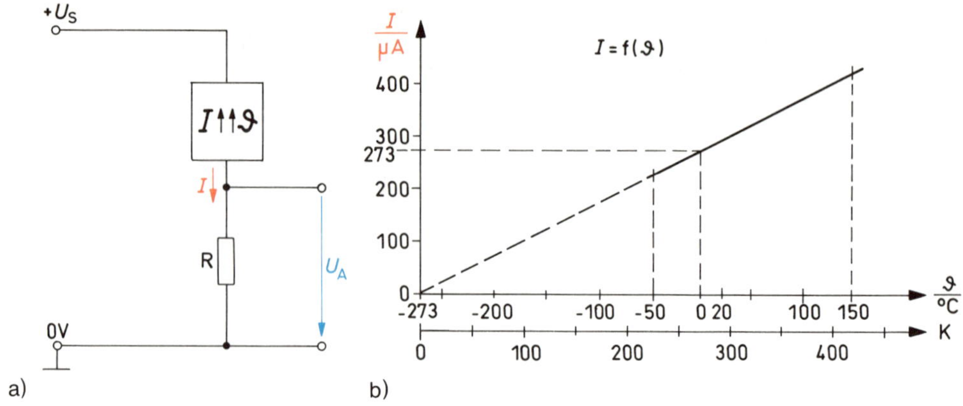

Bild 6/8 Temperaturfühler-IC
a) Prinzipschaltung mit dem IC, b) Kennlinie $I = f(\vartheta)$

6.2.3 Thermoelektrische Thermometer

Das thermoelektrische Thermometer nutzt die von der Temperatur abhängige Spannung eines Thermoelementes zur Temperaturmessung.

Das *Thermoelement* ist die leitende Verbindungsstelle zwei verschiedener Metalle. Aufgrund der unterschiedlichen Dichte der ständig schwingenden freien Elektronen kommt es zwischen den Metallen zu einer Verschiebung der elektrischen Ladungen. Die dadurch entstehende *Thermospannung* ist der Temperatur der Verbindungsstelle in einem großen Temperaturbereich nahezu proportional. Sie hängt außerdem nur von der Art der beiden Metalle ab. **Die beiden Materialien, aus denen die zum Thermoelement verschweißten Drähte bestehen, werden Thermopaar genannt.**

Soll die Thermospannung, des mit *Meßstelle* bezeichneten Elementes, in einem Stromkreis zur Messung einen Strom hervorrufen, so entsteht zwangsläufig eine zweite Verbindungsstelle, die **Vergleichsstelle oder Kaltlötstelle** (Bild 6/9). die Thermospannung der Vergleichsstelle wirkt derjenigen der Meßstelle entgegen. Der von der verbleibenden Spannungsdifferenz verursachte Thermostrom ist damit von dem Temperaturunterschied zwischen Meß- und Vergleichsstelle abhängig. Die Thermospannung wird direkt von einem in °C der Meßstellentemperatur geeichten Drehspulinstrument gemessen.

Das Thermoelement an der Meßstelle ist (wie die Meßwiderstände) in ein Schutzrohr eingesetzt (Bild 6/3) und endet an den Klemmen des Anschlußkopfes. Da der Anschlußkopf

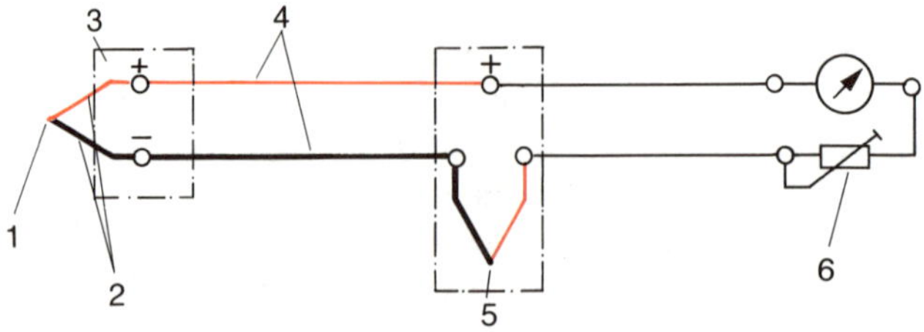

Bild 6/9
Thermoelektrische Thermometer
1 Meßstelle
2 Thermopaar
3 Anschlußkopf
4 Ausgleichsleitung
5 Vergleichsstelle
6 Abgleichwiderstand

vom Meßobjekt meist noch stark erwärmt wird, muß die Vergleichsstelle in einiger Entfernung montiert sein. Die Verbindung der Meßstelle mit der Vergleichsstelle wird von der *Ausgleichsleitung* hergestellt. Diese ist aus den gleichen oder entsprechend genormten Materialien wie das Thermopaar hergestellt. Die Ausgleichsleitung stellt also eine Verlängerung des Thermoelementes dar.

Sofern die Anzeige bzw. Auswertung nicht am Ort der Vergleichsstelle erfolgt, wird zwischen Vergleichsstelle und Anzeigegerät eine normale Zuleitung gelegt. Bei Messung über große Entfernung und beim Anschluß mehrerer Auswertgeräte ist ein Verstärker erforderlich. Der Widerstand der Ausgleichsleitung und Zuleitung zum anzeigenden Drehspulmeßgerät muß durch Abgleichwiderstände auf 10 Ω bzw. 20 Ω (bei größeren Leitungslängen) abgeglichen werden.

Durch den Einsatz von neueren Temperaturanzeigern mit einebautem Meßverstärker mit hochohmigem Eingang werden Leitungen und Thermoelement praktisch nicht mehr belastet. Ein Abgleich der Leitungswiderstände ist daher auch bei größeren Leitungslängen nicht erforderlich.

Da die Temperaturmessung mit Thermoelementen stets eine Differenzmessung ist, muß die Temperatur der Vergleichsstelle berücksichtigt oder konstant gehalten werden.

Folgende Verfahren zur Kompensation der Vergleichstemperatur sind gebräuchlich:

a) Bei der Messung hoher Temperaturen (z. B. im Ofen) wird die Vergleichsstelle auf *Raumtemperatur* in ausreichender Entfernung von der Meßstelle bewahrt. Die Eichung erfolgt meist bei der Bezugstemperatur der Vergleichsstelle von 20 °C. Abweichungen von wenigen Graden sind oft unbedeutend.

b) Bei genauen Messungen und bei kleinen Temperaturen wird die Meßstelle in einem kleinen *Thermostaten* auf konstanter Temperatur von meist 50 °C gehalten. Da diese Temperatur stets höher als die Umgebungstemperatur sein dürfte, kommt man mit einem Heizwiderstand zur Temperaturregelung aus und braucht nicht zu kühlen.

c) Bei Verwendung einer *Korrektionsdose* oder eines Spannungsausgleichers erfolgt die Kompensation der Thermospannung mit einer Brückenschaltung, die einen temperaturabhängigen Widerstand enthält (Bild 6/10). Die Korrektionsdose benötigt jedoch eine Hilfsspannung.

Bild 6/10
Thermoelektrisches Thermometer mit Korrektionsdose

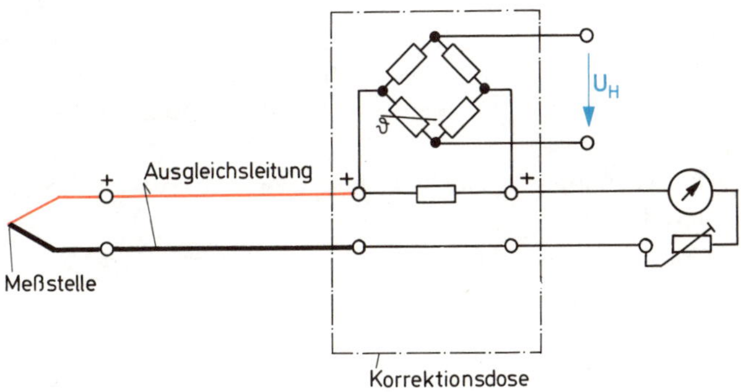

Als Thermopaare werden heute nur noch wenige Werkstoffe eingesetzt, da nur diese den Anforderungen nach Einhaltung der elektrischen Werte über längere Zeit genügen. Die Thermoelemente sind nach DIN 43710 genormt und können daher ohne erneuten Abgleich des Gerätes ausgetauscht werden.

Man unterscheidet Thermoelemente nach zwei Gruppen von Werkstoffen:

1. Edelmetall und Edelmetall-Legierung
2. Unedelmetall und Unedelmetall-Legierung

Zu 1:

Die gebräuchlichsten Werkstoffe sind Platinrhodium (+) — Platin (—) (PtRh-Pt) für hohe Temperaturen bis 1800 °C kurzfristig und 1500 °C dauernd. Die Thermospannungen sind jedoch mit ca. 0,07 mV je 10 K Temperaturdifferenz zwischen Meß- und Vergleichsstelle gering (Bild 6/11).

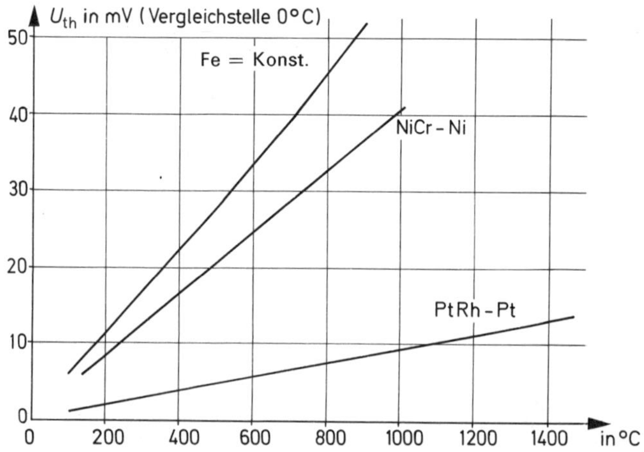

Bild 6/11
Thermospannungen verschiedener Thermopaare in Abhängigkeit von der Temperatur (Temperatur der Vergleichsstelle 0 °C)

Zu 2:

Gebräuchliche Thermopaare aus Unedelmetallen sind Eisen (+) — Konstantan (—) (Fe-Konst) mit ca. 0,54 mV je 10 K, einsetzbar bis 900 °C kurzfristig und bis 700 °C dauernd, oder Nickelchrom (+) — Nickel (—) (NiCr-Ni) mit ca. 0,41 mV je 10 K, einsetzbar bis 1200 °C kurzfristig und 1000 °C dauernd. Kupfer-Konstantan-Thermopaare werden nur noch selten eingesetzt.

Die Thermopaare und die entsprechenden Ausgleichsleitungen sind mit genormten Kennfarben versehen:

Fe-Konst	blau
NiCr-Ni	grün
PtRh-Pt	weiß

Bei allen Ausgleichsleitungen ist der + Pol rot gekennzeichnet.

6.3 Messung mechanischer Größen

6.3.1 Allgemeines über Meßwertaufnehmer

Bei der Messung einer mechanischen Größe wird in den meisten Fällen über die definierte Verformung eines Körpers (z. B. Membran, Meßbalg, Rohrfeder, Drehstab, Feder) eine der Meßgröße proportionale Auslenkung erzeugt.

Mit dem Meßaufnehmer wird die elektrische Größe entweder direkt über die Verformung (z. B. mit Dehnungsmeßstreifen) oder über die Auslenkung mittels eines Wegaufnehmers gewonnen. In jedem Falle muß der Meßwertaufnehmer eine der mechanischen Meßgröße möglichst proportionale elektrische Größe abgeben.

Bei den passiven Meßwertaufnehmern, die selbst keine elektrische Spannung abgeben, werden Systeme unterschieden, durch die das elektrische Signal gewonnen wird:

1. Ohmsche Aufnehmer
   Die mechanische Größe erzeugt eine Widerstandsänderung mittels Potentiometer, Widerstandsferngeber oder Dehnungsmeßstreifen.
2. Induktive Aufnehmer
   Durch mechanische Verschiebung eines Eisenkernes werden Induktivitäten oder induktive Kopplungen von Spulen verändert.
3. Kapazitive Aufnehmer
   Durch mechanische Verschiebung einer Kondensatorplatte wird die Kapazität eines Kondensators bzw. das Kapazitätsverhältnis zweier Kondensatoren mit einer beweglichen Platte (Differentialkondensator) verändert.

Aktive Meßwertaufnehmer, die eine der Meßgröße proportionale Spannung erzeugen, sind z. B. Quarzkristallaufnehmer, die den piezoelektrischen Effekt ausnutzen. Sie erfordern jedoch besondere Ladungsverstärker. Auch Tachogeneratoren und induktive Impulsgebermeßköpfe als Drehzahlaufnehmer erzeugen eine Spannung.

Es gibt noch eine große Anzahl weiterer spezieller Aufnehmersysteme. Sie nutzen die verschiedensten physikalischen Effekte aus, die sich in elektrische Größen bzw. deren Änderungen umformen lassen. Erwähnt seien nur die vielen Möglichkeiten, die sich in elektronischen Schaltungen z. B. mit den foto- oder magnetoelektronischen Bauelementen ergeben.

Welches Aufnehmersystem für eine bestimmte Meßwertumwandlung die günstigsten Voraussetzungen bietet, ist von vielen Kriterien abhängig, wie z. B. der Höhe der Kräfte, Drücke oder Auslenkungen, den Fremdeinflüssen durch Temperatur, Korrosion, Erschütterungen sowie der Größe der Meßbereiche, ob nur statistische oder auch dynamische Messungen mit schnellen Änderungen erfaßt werden sollen und welche Genauigkeiten gefordert werden.

Die gebräuchlichsten Meßwertaufnehmersysteme sollen im folgenden beschrieben werden.

6.3.2 Widerstandsferngeber und Potentiometer-Wegaufnehmer

Viele mechanische Größen lassen sich in Drehwinkel umformen oder treten direkt als solche in Erscheinung. Sind die zur Verfügung stehenden Stellkräfte nicht zu klein, kann ein Potentiometer mit der Meßwelle, deren Drehwinkel erfaßt werden soll, gekuppelt werden.

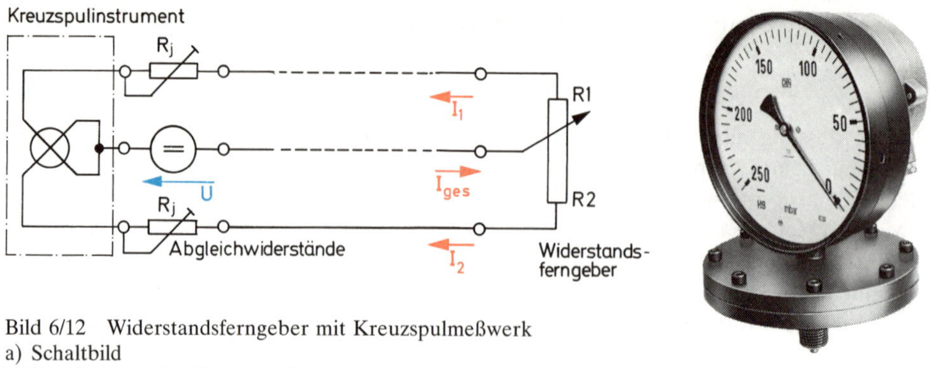

Bild 6/12 Widerstandsferngeber mit Kreuzspulmeßwerk
a) Schaltbild
b) Druckmesser für Unterdruck mit angebautem Widerstandsferngeber (Werkbild Hartmann & Braun AG)

Beim **Widerstandsferngeber mit Quotientenmeßwerk** wird die Winkelstellung der Meßwelle vom Schleifer des Potentiometers in ein Widerstandsverhältnis umgewandelt. Die an den Schleifer gelegte Hilfsspannung (meist 6 V) erzeugt zwei Ströme I_1 und I_2, deren Verhältnis allein vom Drehwinkel abhängt (Bild 6/12). Ein Kreuzspulmeßwerk kann das Stromverhältnis wieder in einen Drehwinkel umsetzen.

Die zu den Enden des Widerstandsferngebers führenden Adern der Übertragungsleitung enthalten Abgleichwiderstände, mit denen sich die Aderwiderstände auf 10 Ω (bzw. bei größerer Entfernung auch 20 Ω) abgleichen lassen (siehe auch Widerstandsfernthermometer, Abschnitt 6.2.1). Der Einfluß der Meßleitung ist dadurch, auch bei der Übertragung über große Entfernungen, praktisch ausgeschaltet.

Beim **Potentiometer-Wegaufnehmer** wird das Potentiometer an eine konstante, stabilisierte Spannung gelegt. Der Schleifer greift eine dem Drehwinkel oder Weg proportionale Spannung ab (Bild 6/13). Diese kann von einem normalen Drehspulmeßinstrument angezeigt oder für Steuer- oder Regelaufgaben weiterverarbeitet werden.

Bei speziellen Potentiometer-Wegaufnehmern für gradlinige Bewegung wird der Schleifer über eine Schubstange verschoben. Sie sind auch für kurze Wege (ca. 10 mm) und mit großer Genauigkeit (Linearität) im Einsatz.

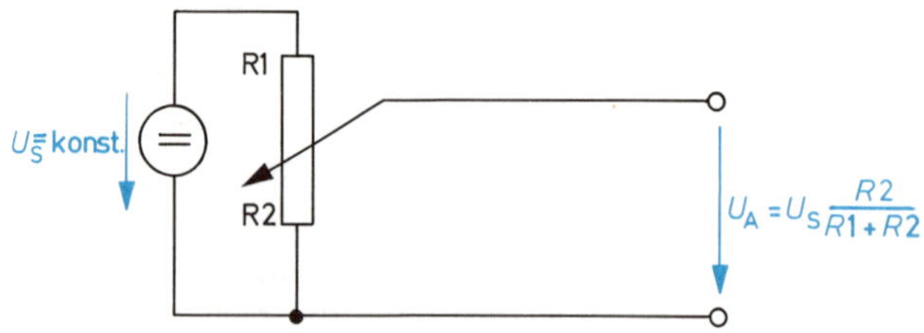

Bild 6/13 Potentiometer-Wegaufnehmer

6.3.3 Kraft-, Druck- und Drehmomentaufnehmer mit Dehnungsmeßstreifen

6.3.3.1 Prinzip und Aufbau

Dehnungsmeßstreifen (DMS) bilden die Grundlage einer großen Zahl von Aufnehmern für Kräfte, Drücke und mechanischer Momente. Sie wandeln die mechanische Größe über die Verformung des Werkstoffes in eine elektrische Widerstandsänderung um.

Die gebräuchlichste Art besteht aus einem mäanderförmigen Gitter, das aus dünnen Metallfolien geätzt wird. Durch dünne Kunststoffschichten auf beiden Seiten ist das Meßgitter mechanisch geschützt.

Dehnungsmeßstreifen werden mit Spezialklebern direkt auf das Meßobjekt oder in besonderen Aufnehmern auf einen von der Meßgröße beanspruchten Körper geklebt. **Die auf das Meßgitter übertragenen Oberflächendehnungen ergeben eine Längenänderung und damit eine proportionale Widerstandsänderung**. Dehnungsmeßstreifen reagieren auf Dehnung wie auf Stauchung in der Richtung des Meßgitters. Die Beanspruchung des Meßkörpers bzw. die wirkenden Kräfte können über das Elastizitätsmodul des Werkstoffes und die durch den k-Faktor angegebene Empfindlichkeit des Dehnungsmeßstreifens berechnet werden.

Der k-Faktor des DMS gibt an, um wievielmal größer die relative Widerstandsänderung gegenüber der Dehnung bzw. Stauchung ist. Bei Folien- und Draht-Dehnungsmeßstreifen beträgt der k-Faktor ca. 2. Die Nennwiderstände betragen 120, 300 (350) oder 600 Ω mit Toleranzen von weniger als ±0,5 %.

Folien-Dehnungsmeßstreifen werden für verschiedene Aufgaben in speziellen Formen und mit mehreren Meßgittern für verschiedene Richtungen (Koordinaten) in einem Streifen hergestellt (Bild 6/14b und c). Zum Beispiel werden für die Messungen der Verdrehung (Torsion) einer Meßwelle zur Drehmomentmessung zwei um 45° zur Achse geneigte Meßgitter benötigt (Bild 6/14d). Besondere Folien-Rosetten (Bild 6/14e) wandeln in Druckaufnehmern die Durchwölbung einer Membran in eine proportionale Widerstandsänderung um.

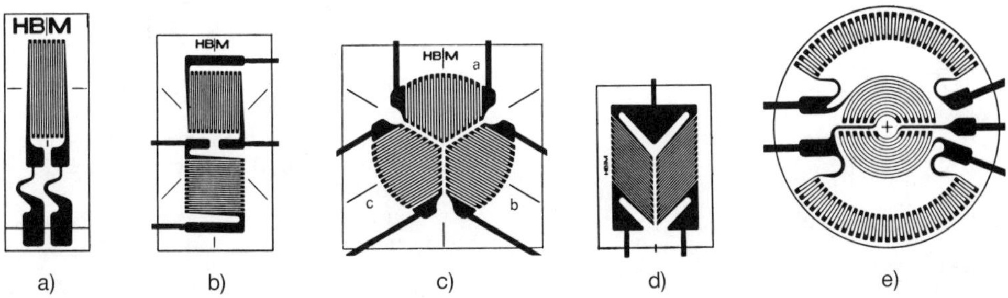

Bild 6/14 Verschiedene Formen von Folien-Dehnungsmeßstreifen (Werkbild Hottinger u. Baldwin Meßtechnik)
a) einfache Form
b) } für verschiedene Koordinaten
c)
d) für Drehmomentaufnehmer
e) Rosette für Membran-Druckaufnehmer

Andere Arten von Dehnungsmeßstreifen sind:

Draht-Dehnungsmeßstreifen für Messungen mit höchster Genauigkeit. Das Meßgitter besteht aus einem flach gewickelten, eingebetteten, dünnen (ca. 0,02 mm ∅) Dehndraht.

Piezoresistive oder *Halbleiter-Dehnungsmeßstreifen* sind hochempfindliche Dehnungsmeßstreifen, die überwiegend in Drucksensoren eingesetzt werden (Abschnitt 6.3.6.4).

6.3.3.2 Anwendung von Dehnungsmeßstreifen

Dehnungsmeßstreifen können zur Messung von Materialbeanspruchungen oder Kräften direkt am Meßobjekt aufgeklebt werden. Sie dienen jedoch auch zur Herstellung einer großen Zahl von geeichten Meßwertaufnehmern:

a) **Zug- und Druckaufnehmer** zum Zwischensetzen (Bild 6/15) und **Druckmeßdosen** als Unterlegscheiben z. B. für Wägungen und Füllstandsmessungen.
b) **Drehmomentaufnehmer** erfassen die Verdrehung einer Meßwelle, die zwischen Antriebsmaschine und angetriebene Maschine geflanscht wird. Die Abnahme des Meßwertes erfolgt über Schleifkontakte oder induktive Kopplung mit einer von der Meßgröße abhängigen Trägerfrequenz.
c) **Druckaufnehmer** für Flüssigkeiten, Gase oder Dämpfe, in denen die Verformung einer Membran erfaßt wird.

Bild 6/15
Zug- und Druckaufnehmer mit Dehnungsmeßstreifen (Werkbild Hartmann & Braun AG)

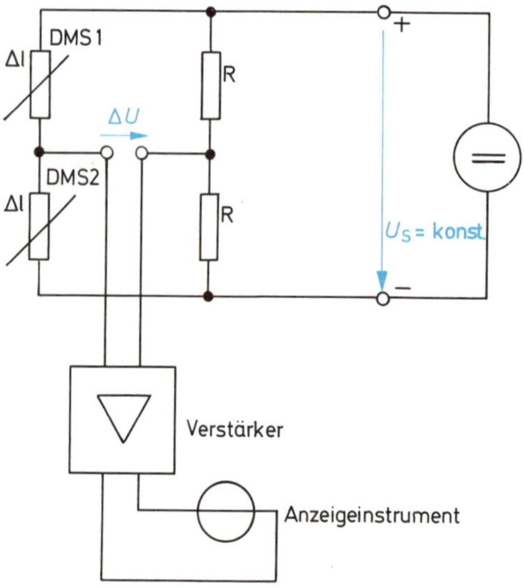

a)

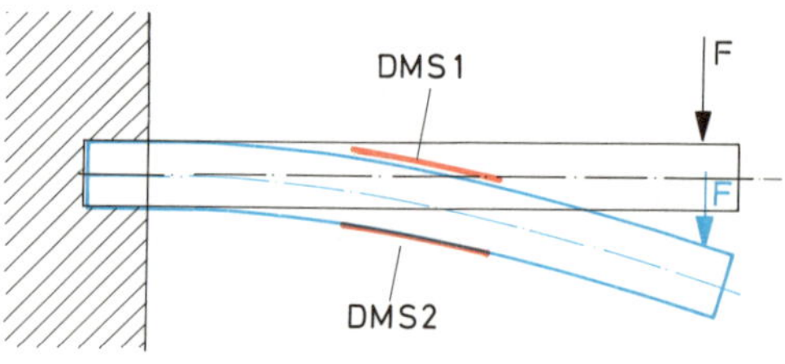

b)

Bild 6/16
Prinzip der Messung mit Dehnungsmeßstreifen
a) Prinzipschaltung einer DMS-Halbbrückenschaltung
b) Anordnung der Dehnungsmeßstreifen an einem Biegestab

6.3.3.3 *Meßschaltungen für Dehnungsmeßstreifen*

Dehnungsmeßstreifen werden wegen der relativ geringen Widerstandsänderungen grundsätzlich in Brückenschaltungen eingesetzt. Man unterscheidet zwischen Halbbrücken- und Vollbrückenschaltung.

In der *Halbbrückenschaltung* wird der eine Spannungsteiler der Brücke durch die Dehnungsmeßstreifen gebildet, die sich beide am Meßobjekt befinden (Bild 6/16a). Temperatureinflüsse auf den Widerstand der Meßgitter werden dadurch ausgeschaltet. Eine Verstimmung der Brücke wird nur über die Widerstandsänderung eines Dehnungsmeßstreifens (wenn der zweite passiv bleibt) oder über gegensinnige Änderung beider Meßwiderstände hervorgerufen. Im Beispiel (Bild 6/16b) wird nur bei Biegung des Stabes ein Meßwiderstand (DMS 1) gedehnt und der andere (DMS 2) gestaucht. Im Diagonalzweig entsteht eine Spannung ΔU, die sich verstärken und anzeigen bzw. weiterverarbeiten läßt.

Bei den meisten DMS-Aufnehmern handelt es sich um *Vollbrückenschaltungen*, in denen alle vier Widerstände der Wheatstone-Brücke durch Meßgitter gebildet werden. Die Empfindlichkeit wird durch entsprechende Anordnung vergrößert, und Verformungsarten, die nicht erfaßt werden sollen, lassen sich kompensieren.

Die Brückenspeisespannung ist bei normalen Anforderungen Gleichspannung. Bei höheren Anforderungen an die Empfindlichkeit und bei störenden Fremdeinflüssen (z. B. magnetische Streufelder) wird mit Trägerfrequenzbrücken gearbeitet, deren Versorgungsspannung eine Wechselspannung (z. B. $f = 5\,\text{kHz}$) ist. Störspannungen lassen sich leichter ausfiltern.

6.3.4 Kraftmessung mit Quarzkristallmeßwertaufnehmern

Im Quarzkristallmeßwertaufnehmer ist das Meßelement eine Quarzplatte, die von der mechanischen Meßgröße verformt wird. Durch den Piezoeffekt bewirkt die Verformung im Inneren eine Verschiebung der elektrischen Ladungen.

Zwischen den an bestimmten Kristallflächen angebrachten Metallbelägen entsteht durch die Influenzwirkung ein Ladungsunterschied.

Der über eine relativ kurze, abgeschirmte Leitung angeschlossene Ladungsverstärker mit sehr hochohmigem Eingangswiderstand liefert eine Ausgangsspannung oder einen eingeprägten Gleichstrom für die weitere Verarbeitung des Meßwertes.

Mit Quarz-Meßunterlegscheiben (Bild 6/17) als Kraftmeßaufnehmer können Zug- und Druckkräfte von wenigen mN bis 10 MN gemessen werden. Selbst bei hoher Vorbelastung können kleinste Laständerungen erfaßt werden.

Bild 6/17
Quarz-Meßunterlegscheiben
(Werkbild Hartmann & Braun AG)

Quarz-Kristallmeßwertaufnehmer werden auch als Beschleunigungsaufnehmer zur Schwingungsmessung und Überwachung eingesetzt.

Für rein statische Messungen sind piezoelektrische Aufnehmer nicht geeignet, da sich nach einer einmaligen Verformung die Ladungen allmählich ausgleichen und das Signal verschwindet.

6.3.5 Induktive Wegaufnehmer

Induktive Wegaufnehmer werden für verschiedene Meßbereiche zwischen ± 1 mm bis ca. ± 200 mm hergestellt. Man unterscheidet zwei Arten.

Beim **Wegaufnehmer mit Differentialdrossel** (Bild 6/18a) besitzt ein Spulenkörper zwei nebeneinanderliegende gleiche Wicklungen. Ein ferromagnetischer Kern ist mit der nach außen geführten Schubstange verbunden (Bild 6/18c). Stehen die Schubstange und damit der Ferritkern in Mittelstellung, sind die Induktivitäten beider Spulen gleich groß. Eine Verlagerung vergrößert die Induktivität der einen und verkleinert die der anderen Wicklung.

Die äußere Schaltung ergänzt die beiden Wicklungshälften durch zwei Widerstände zu einer Brückenschaltung, die mit einer Wechelspannung (Trägerfrequenz) gespeist wird. Die Diagonalspannung ΔU ist dem Weg der Schubstange proportional. Durch eine eingebaute Feder kann der Taststift am Ende der Schubstange gegen das Meßobjekt gedrückt werden, um der Auslenkung zu folgen.

Beim **Wegaufnehmer mit Differentialtransformator** befinden sich drei Spulen auf dem Spulenkörper. Die mittlere ist als Primärwicklung an eine Trägerfrequenzspannungsquelle angeschlossen. Der mit dem Taststift gekoppelte Ferritkern beeinflußt durch seine Lage die induktive Kopplung der Sekundärspulen mit der Primärspule (Bild 6/18b). Durch Gegeneinanderschalten der Sekundärspulen ist die Ausgangsspannung in der Mittelstellung Null und verhält sich proportional zum Weg des Taststiftes.

Induktive Wegaufnehmer werden heute in vielen Meßwertaufnehmern für Drücke von Flüssigkeiten und Gasen sowie bei der Durchflußmessung nach dem Wirkdruckverfahren (Abschnitt 6.3.7) eingesetzt.

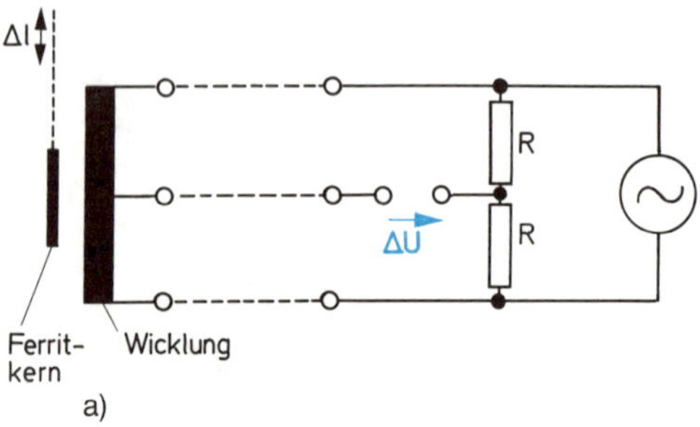

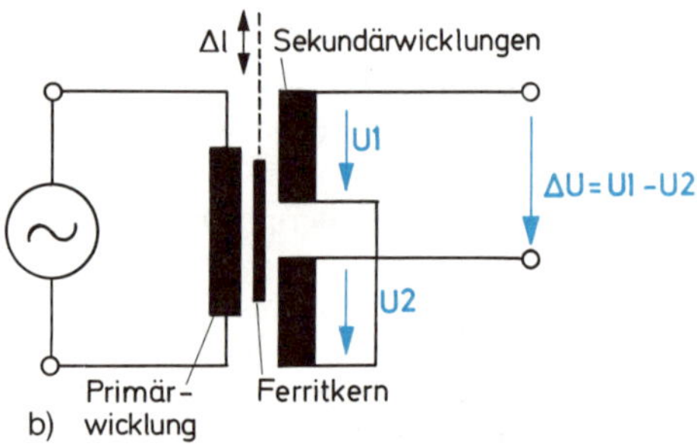

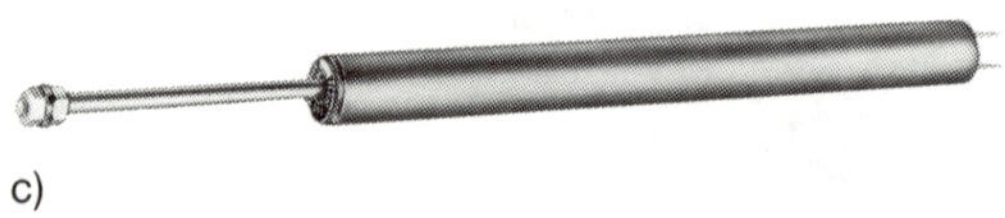

Bild 6/18
Prinzip des induktiven Wegaufnehmers
a) mit Differentialdrossel
b) mit Differentialtransformator
c) Aufbau (Werkbild Hartmann & Braun AG)

6.3.6 Druck- und Differenzdruck-Meßwertaufnehmer

Druck ist eine Größe, die in vielen technischen Prozessen gemessen, geregelt oder überwacht werden muß. Die Differenzdruckmessung wird außerdem für die indirekte Messung anderer Größen, z. B. der Durchflußmessung nach dem Wirkdruckverfahren (Abschnitt 6.3.7.1), verwendet.

Druck ist der Quotient aus Kraft durch Fläche. Die gesetzliche Einheit des Drucks ist das Bar (bar), und die SI-Einheit lautet Pascal (Pa):

$$1\ \text{bar} = 10^5\ \text{Pa} \qquad 1\ \text{Pa} = 1\ \text{N/m}^2$$

Es gibt eine Reihe verschiedener Meßwerksarten, in denen der Druck einer Flüssigkeit oder eines Gases in eine proportionale Auslenkung umgeformt wird.

6.3.6.1 Druckmeßaufnehmer mit Rohrfedermeßwerk

Der Druckmeßumformer mit Rohrfedermeßwerk besteht aus einer aus besonders behandeltem Profilmaterial gebogenen Rohrfeder. Das frei bewegliche Ende ist verschlossen, während dem eingespannten offenen Ende der Meßdruck zugeführt wird. Unter Druck ist die Rohrfeder bestrebt, sich zu strecken. Das freie Ende erfährt eine druckproportionale Auslenkung, die auf die Schubstange eines induktiven Wegaufnehmers übertragen wird (Bild 6/19).

Bild 6/19
Prinzip des Rohrfedermeßwertes mit induktivem Wegaufnehmer

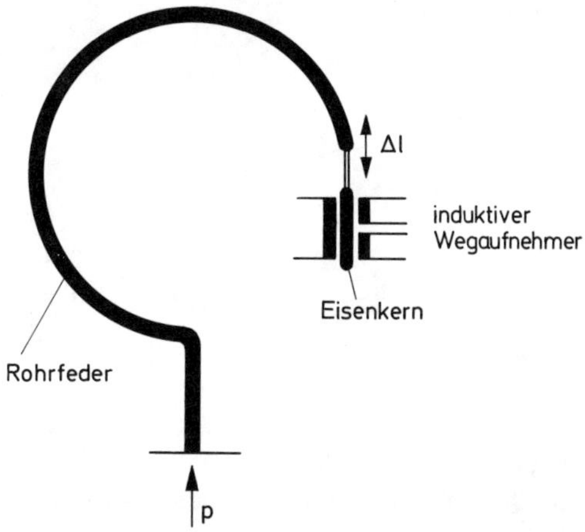

6.3.6.2 Druckmeßaufnehmer mit Membrankörpermeßwerk

Die für den induktiven Wegaufnehmer erforderliche Auslenkung kann bei kleineren Drücken über einen Membrankörper oder Meßbalg erzielt werden (Bild 6/20).

Der Meßdruck wird dem Inneren des Membrankörpers zugeführt. Bei genauen Messungen von absoluten Drücken wird die dem Membrankörper umgebende Kammer evakuiert. Eine Feder liefert den konstanten Gegendruck. Der Ferritkern des induktiven Wegaufnehmers wird von der Membran in dem auf die Kammer gesetzten Rohr über eine Schubstange

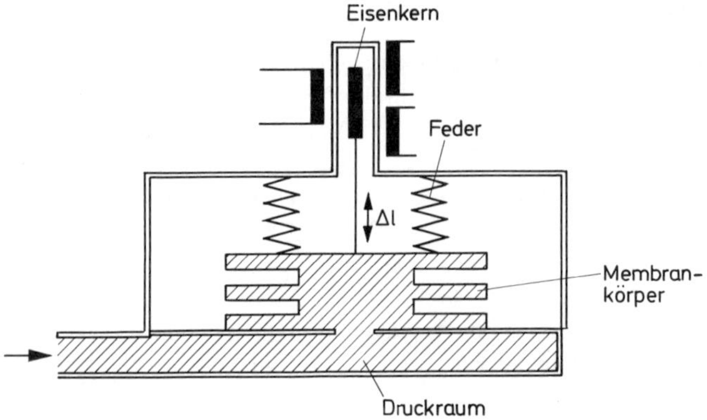

◄ Bild 6/20
Prinzip des Membrankörpermeßwerkes mit induktivem Wegaufnehmer

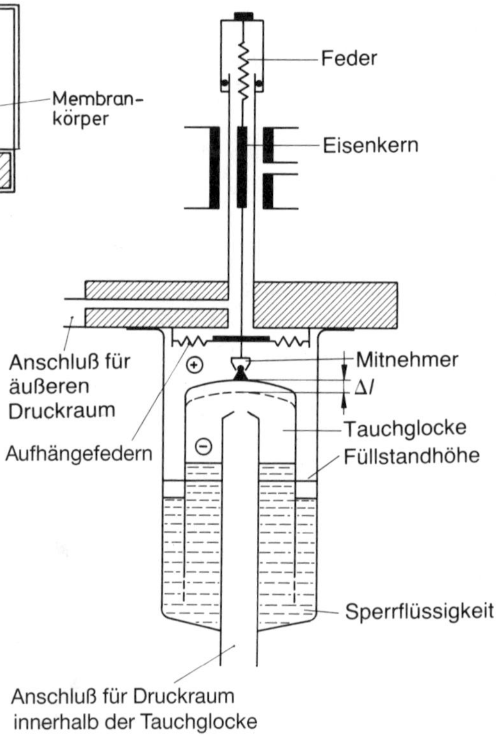

Bild 6/21
Wirkbild des Tauchglockenmeßwerkes mit induktivem Abgriff

verschoben. Die Spulen umschließen das Rohr und erfassen die Auslenkung durch die Wandung.

Das Membrankörpermeßwerk dient auch zur Aufnahme von Druckdifferenzen. Die äußere Kammer ist dann ebenfalls mit einem Rohranschluß versehen. Die Auslenkung ist nun der Druckdifferenz zwischen der inneren und der äußeren Kammer proportional.

6.3.6.3 Druckaufnehmer mit Tauchglockenmeßwerk

Das Tauchglockenmeßwerk dient zur Messung kleiner und kleinster Drücke bzw. Druckdifferenzen (bis unter 1 mbar) von Gasen. Die Trennung zwischen den Druckräumen bewirkt statt einer Membran eine Flüssigkeit. In diese Sperrflüssigkeit taucht die Glocke ein, die mit der Schubstange des induktiven Wegaufnehmers gekoppelt ist (Bild 6/21). Herrscht im Druckraum außerhalb der Tauchglocke ein Überdruck gegenüber dem inneren Druckraum, so wird die Glocke abgesenkt. Die Auslenkung der Glocke und damit auch die des Ferritkernes im induktiven Wegaufnehmer, ist der Druckdifferenz proportional.

6.3.6.4 *Silizium-Drucksensoren*

Die moderne Halbleitertechnik liefert heute integrierte Drucksensoren für Gase und Flüssigkeiten in einem weiten Druckbereich:

Niederdruckbereich	20 mbar	bis	100 mbar	(2 kPa	bis 10 kPa)
Mitteldruckbereich	200 mbar	bis	10 bar	(20 kPa	bis 1 MPa)
Hochdruckbereich	60 bar	bis	400 bar	(1 MPa	bis 40 MPa)

Die Umsetzung der mechanischen Größe Druck in ein elektrisches Signal erfolgt in Silizium-Drucksensoren nach dem Prinzip der Dehnungsmeßstreifen (Abschnitt 6.3.3): Umwandlung der Verformung eines elektrischen Leiters in eine Widerstandsänderung.

Beim Silizium-Drucksensor sind die Widerstände in der Membran aus einer dünnen Siliziumschicht integriert. Die Dicke der im Dünnätzverfahren hergestellten Membran beträgt, je nach Druckbereich, wenige hundertstel Millimeter. Die Abmessungen der Membran liegen bei wenigen Millimeter Durchmesser bzw. Kantenlänge. Die Membran ist durch eine besondere Technik in ein Gehäuse eingespannt. Bei Aufnehmern für absoluten Druck ist nur die Kammer auf der einen Seite der Membran mit einem Rohrstutzen versehen. Die andere Kammer ist evakuiert. Differenzdruckaufnehmer haben auf beiden Seiten der Membran Druckanschlüsse.

Die hohe Empfindlichkeit der Silizium-Drucksensoren ist der extrem geringen Dicke der Widerstandsschichten aus Silizium zu verdanken, da die Widerstandsänderungen nur in der Grenzschicht an der Oberfläche auftreten. Diese sogenannten **piezoresistiven Sensoren** sind um mehrere Zehnerpotenzen empfindlicher als die metallischen Dehnungsmeßstreifen.

Vier auf der Membran integrierte Widerstände bilden eine Brückenschaltung. Die Meßbereichs-Ausgangsspannung der Brücke liegt bei einer Speisespannung von 5 V im Bereich mehrere 10 Millivolt. Der Zusammenhang zwischen Druck und Ausgangsspannung ist sehr linear.

6.3.7 Durchflußmessung und Strömungswächter

Die Messung der Durchflußmenge von strömenden flüssigen, pulverförmigen oder gasförmigen Medien erfolgt meist über die Strömungsgeschwindigkeit. Aus dem Querschnitt der Durchflußöffnung (der Nennweite des Rohres) und der Strömungsgeschwindigkeit ergibt sich die Durchflußmenge in Litern pro Stunde (l/h), Kilogramm pro Stunde (kg/h) oder Meter hoch drei pro Stunde (m^3/h).

In vielen Fällen, z. B. in Kühlkreisläufen, ist eine Messung der Durchflußmenge nicht erforderlich, sondern nur die Überwachung einer Mindestdurchflußmenge. Diese *Strömungswächter* sind daher auf eine bestimmte Durchflußgeschwindigkeit eingestellt, bei deren Unterschreitung ein binäres Signal abgegeben wird.

Für die Messung oder Überwachung der Strömungsgeschwindigkeit werden verschiedene Verfahren angewendet, deren Einsatz z. B. von der Art des Mediums, der Viskosität (Zähflüssigkeit), der Temperatur oder der chemischen Agressivität abhängt.

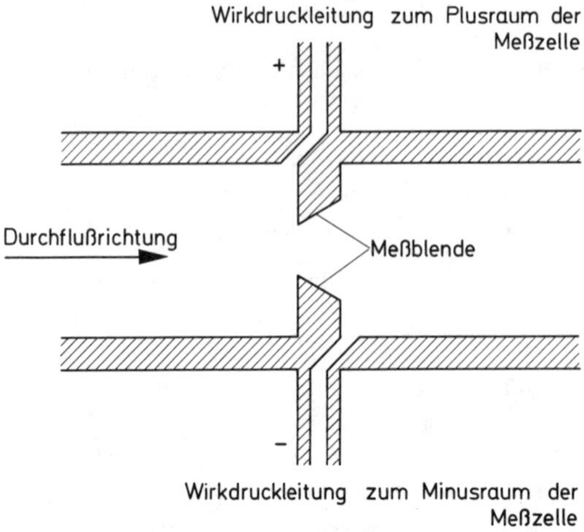

Bild 6/22
Prinzip der Durchflußmessung nach dem Wirkdruckverfahren

6.3.7.1 Durchflußmessung nach dem Wirkdruckverfahren

Die Durchflußmessung nach dem Wirkdruckverfahren erfordert ein Drosselgerät und einen Differenzdruckaufnehmer. Das Drosselgerät wird in die Leitung eingesetzt, in der die je Zeiteinheit hindurchfließende Flüssigkeitsmenge (Durchflußmenge) gemessen werden soll. Die im Drosselgerät eingesetzte Meßblende (Bild 6/22) schnürt die Strömung ein. Die Strömungsgeschwindigkeit erhöht sich in der Einschnürstelle. Dadurch kommt es vor der Meßblende zu einer Druckerhöhung und dahinter zu einer Druckminderung. Durch die auf beiden Seiten der Meßblende angeordneten Kanäle wird die Druckdifferenz, auch Wirkdruck genannt, aus dem Drosselgerät über Rohrleitungen herausgeführt. Der Wirkdruck stellt ein Maß für die Durchflußmenge dar. Die Durchflußmenge ist der Wurzel aus der Druckdifferenz proportional: $Q \sim \sqrt{\Delta p}$.

Der Differenzdruck wird z. B. von einem Silizium-Drucksensor in ein elektrisches Signal umgewandelt. Der nachgeschaltete Meßwertumformer enthält einen Verstärker mit einer radizierenden Kennline, der das Sensorsignal in eine elektrische Ausgangsgröße umwandelt, die der Durchflußmenge proportional ist.

6.3.7.2 Kalorimetrische Strömungsmessung und Überwachung

Strömungsmesser bzw. Wächter nach dem kalorimetrischen Prinzip können in gasförmigen, flüssigen und zum Teil in zähflüssigen und pulverförmigen Medien eingesetzt werden. Der elektronisch arbeitende Meßkopf, der ohne bewegte Teile arbeitet, wird von dem Medium umströmt. Der Einsatz ist daher auch in chemisch aggressiven Medien möglich.

Im Meßkopf befinden sich zwei Temperaturfühler, von denen einer zur Temperaturkompensation dient und die Temperatur des Mediums erfaßt. Der andere Fühler wird elektrisch beheizt. Je höher die Strömungsgeschwindigkeit, um so mehr Wärme wird ihm von den vorbeiströmenden Teilchen entzogen. Die Temperaturdifferenz, die dadurch zwischen den Sensoren entsteht, ist somit von der Strömungsgeschwindigkeit des Mediums abhängig.

Eine Brückenschaltung, in der beide Fühler den einen Zweig bilden, setzt die Temperaturdifferenz in ein elektrisches Spannungssignal um, das dem Meßverstärker zugeführt wird.

Bei Strömungswächtern überwacht ein Schwellwertschalter (Schmitt-Trigger) die Unterschreitung des eingestellten Schwellwerts.

6.3.7.3 Strömungsmessung mit Schwebekörper

Dieses Verfahren nutzt die Bewegungsenergie des strömenden Mediums, indem es auf einen Schwebekörper, der der Strömung einen Widerstand entgegensetzt, eine Kraft ausübt (Bild 6/23). Der Schwebekörper wird in dem Meßrohr geführt und so weit in Strömungsrichtung verschoben, bis ein Gleichgewichtszustand mit der Gegenkraft hergestellt ist. Die Gegenkraft erzeugt das Eigengewicht oder, bei federbelasteten Schwebekörpern, eine Sprialfeder.

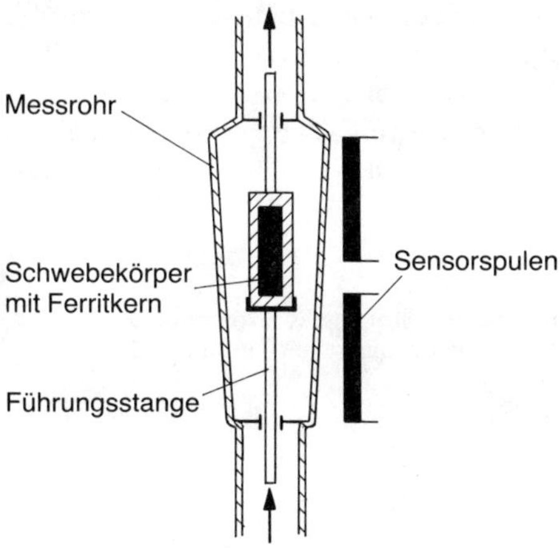

Bild 6/23 Prinzip eines Durchfluß-Meßwertaufnehmers mit Schwebekörper

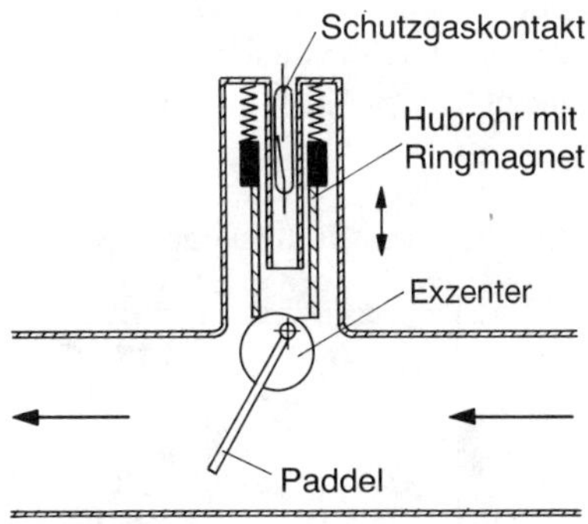

Bild 6/24 Prinzip eines Strömungswächters mit Paddelschalter

Meßrohr und Schwebekörper sind so geformt, daß die Auslenkung der Durchflußmenge proportional ist. Die Auslenkung des Schwebekörpers wird z. B. mit einem induktiven Weggeber berührungslos erfaßt, indem dieser einen Ferritkern zwischen Sensorspulen bewegt.

Bei Grenzwertgebern befindet sich außen am Meßrohr ein magnetisch betätigter Kontakt (Reedkontakt), der bei entsprechender Lage des Schwebekörpers, der einen Dauermagneten enthält, betätigt wird.

6.3.7.4 Strömungsmessung mit Paddel oder Windfahne

Der Paddel-Strömungsmesser oder -Wächter nutzt ebenfalls die Kraftwirkung des strömenden Mediums auf einen Körper aus, der einen Strömungswiderstand bildet.

Ein in das strömende Medium senkrecht zur Strömung angeordneter Paddel wird an seinem Gelenk so weit abgewinkelt (Bild 6.3/24), bis ein Gleichgewichtszustand mit der Gegenkraft einer Feder entsteht. Die Auslenkung wird meist induktiv erfaßt.

Bei Paddel-Grenzwertschaltern wird durch einen Exzenter, der vom Paddel verdreht wird, ein Dauermagnet verschoben. In einer bestimmten Position wird vom Magenten ein magnetisch betätigter Schalter betätigt. Der Schalter ist außerhalb der Flüssigkeit angebracht (Bild 6/24).

Nach dem gleichen Prinzip arbeiten sogenannte **Windfahnenschalter**, die zur Überwachung von Luftströmen eingesetzt werden, mit denen fremdbelüftete Maschinen oder elektronische Baugruppen gekühlt werden.

6.3.7.5 Strömungsmessung mit Turbinenrad

In Strömungsmessern nach dem Turbinenradprinzip gibt das strömende Medium Bewegungsenergie an ein Flügelrad oder einen Propeller ab. Die Umdrehungsfrequenz (Drehzahl) ist ein Maß für die Strömungsgeschwindigkeit und damit auch für die Durchflußmenge. In elektronischen Systemen wird die Drehzahl meist über einen induktiven Impulsgeber in ein frequenzproportionales Rechtecksignal umgesetzt. Bei dem in Bild 6/25 dargestellten Durchflußaufnehmer sind die Flügel des Turbinenrades mit Ferritperlen bestückt, die sich an einer außerhalb der Meßkammer montierten Sensorspule vorbeibewegen. Die von einem Wechselstrom durchflossene Spule erfaßt die einzelnen Ferritperlen über die Induktivitätsänderungen.

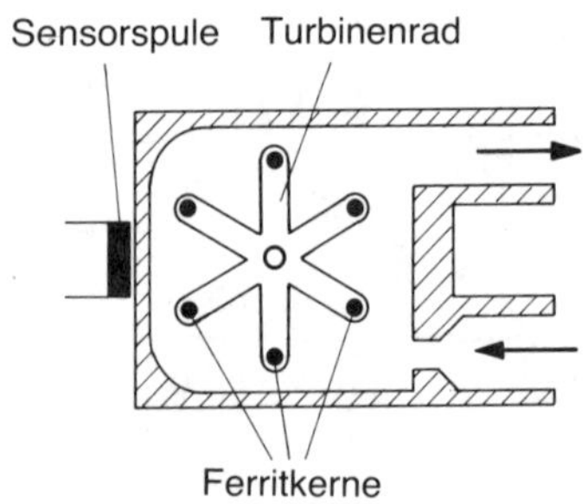

Bild 6/25 Prinzip eines Strömungs-Meßwertaufnehmers mit Turbinenrad

Zur Ermittlung der Durchflußmenge z. B. in l/h wird die Impulsfrequenz mittels Zähler digital angezeigt oder über einen Frequenz-/Spannungswandler in ein analoges Signal umgewandelt (siehe Drehzahlmeßumformer Abschnitt 6.3.8.3). Soll dagegen die Durchflußmenge über die Zeit integriert werden, d. h. der Verbrauch ermittelt werden, müssen die Impulse in einem Zähler laufend aufsummiert werden.

Anemometer[2] sind Geräte für die Messung von Windgeschwindigkeiten. Sie bestehen aus einem kleinen Propeller (Axialturbine), der in ein kurzes Rohr montiert ist. Die Drehzahl des in den Luftstrom gehaltenen Propellers wird ebenfalls über einen Impulsgeber erfaßt.

[2] Anemo (griech.) = Wind

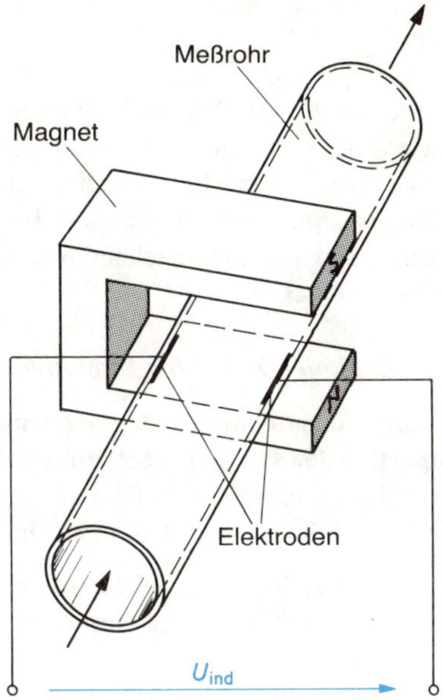

Bild 6/26 Prinzip eines Strömungs-Meßwertaufnehmers nach dem Induktionsprinzip

6.3.7.6 Durchflußmessung nach dem Induktionsprinzip

Die Durchflußmessung nach dem Induktionsprinzip nutzt die in einem Leiter induzierte Spannung aus, die bei Bewegung durch ein Magnetfeld entsteht. Den Leiter bildet das Medium, das daher eine Flüssigkeit mit einer minimalen elektrischen Leitfähigkeit sein muß.

Die Flüssigkeit strömt durch ein elektrisch nichtleitendes Rohr, das sich zwischen den Polschuhen eines starken Dauermagneten oder eines Elektromagneten befindet (Bild 6/26). An den Innenseiten des Rohres sind Elektroden angebracht, an denen die durch die Bewegung in der Flüssigkeit induzierte elektrische Spannung abgegriffen wird. Die induzierte Spannung ist der Strömungsgeschwindigkeit proportional. Sie wird in einem Meßwertumformer mit hohem Eingangswiderstand verstärkt.

Der Vorteil dieses Verfahrens liegt bei bestimmten Anwendungen darin, daß der Strömung kein Widerstand entgegengesetzt wird. Außerdem ist der Meßwert unabhängig von Viskosität und Temperatur. Die Flüssigkeiten können aggressiv sein oder sogar Schwebekörper mitführen.

6.3.8 Drehzahlmeßaufnehmer und Meßumformer

Drehzahlaufnehmer können in analoge und in digitale oder Impuls-Meßwertaufnehmer unterteilt werden.

6.3.8.1 Analoge Drehzahlaufnehmer

Analoge Drehzahlaufnehmer sind Tachogeneratoren, die eine der Drehzahl proportionale Spannung abgeben. Der meist verwendete, einfachere *Wechselspannungs-Tachogenerator* besitzt keine empfindlichen Schleifkontakte. Die Spannung wird in einer feststehenden Wicklung induziert, in der sich ein Dauermagnetrotor mit mehreren Polen befindet. Die abgegebene sinusförmige Wechselspannung hat eine drehzahlproportionale Frequenz. Wird zur Anzeige oder weiteren Verarbeitung (z. B. Regelung) eine Gleichspannung benötigt, so muß ein Gleichrichter nachgeschaltet werden.

Der *Gleichspannungs-Tachogenerator* besitzt dagegen einen Kollektor und Kohlebürsten. Die Erregung bewirkt ein feststehender Dauermagnet. Die abgegebene Gleichspannung hat eine geringe Welligkeit.

6.3.8.2 Digitale Drehzahlaufnehmer

Digitale Drehzahlaufnehmer liefern ein impulsförmiges Ausgangssignal mit einer der Drehzahl proportionalen Frequenz. Sie ermöglichen ein berührungsloses Abtasten an praktisch jeder beliebigen Stelle einer Welle ohne großen Raumbedarf. Digitale- oder Impuls-Drehzahlaufnehmer können vor allem dann sinnvoll eingesetzt werden, wenn

- die zu messende Welle praktisch nicht belastet werden darf,
- digitale Meßwertübermittlung, Anzeige oder Weiterverarbeitung gefordert wird,
- sehr kleine bis sehr hohe Drehzahlen gemessen werden sollen,
- kein Tachogenerator angeflanscht werden kann.

Den für die Impulsaufnahme erforderlichen Tastköpfen liegen verschiedene Prinzipien zugrunde.

Der **induktive Tastkopf** nutzt die nach dem Induktionsgesetz durch eine Magnetfeldänderung in einer Spule induzierte Spannung. Die Spule befindet sich in einem magnetischen Kreis, der von einem Dauermagneten erregt wird (Bild 6/27 a und d). Das magnetische Kraft-

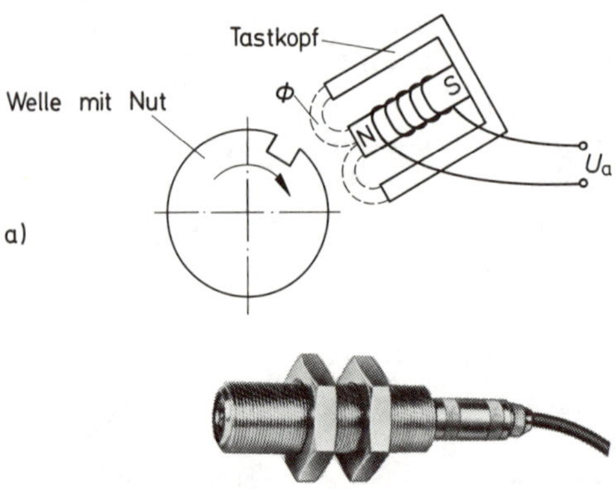

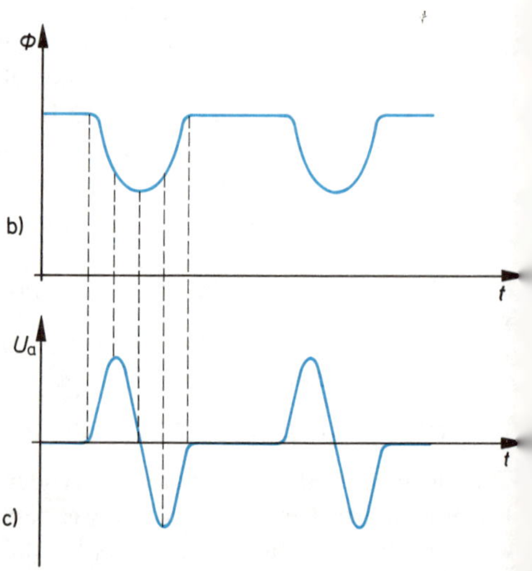

Bild 6/27
Induktiver Tastkopf als Drehzahlaufnehmer
a) Prinzipieller Aufbau
b) zeitlicher Verlauf des magnetischen Flusses
c) zeitlicher Verlauf der induzierten Spannung
d) Ansicht (Werkbild Hartmann & Braun AG)

feld tritt nur an der Stirnseite mit dem Luftspalt nach außen. Bewegt sich in geringem Abstand eine ferromagnetische Welle mit einer oder mehreren Nuten oder Erhebungen, so ändert sich aufgrund der Schwankung des magnetischen Leitwertes der Fluß (Bild 6/27b). In der Spule werden positive und negative Spannungsimpulse erzeugt (Bild 6/27c).

Induktive Näherungsinitiatoren geben bei Annäherung von Metallen ein binäres Signal ab (Abschnitt 6.5), dessen Amplitude von der Geschwindigkeit des Metallteils unabhängig ist. Die können daher auch als Impulsgeber bei sehr langsamen Drehbewegungen eingesetzt werden. Die Bauformen entsprechen denen der induktiven Tastköpfe (Bild 6/27d).

Beim **optoelektronischen Drehzahlaufnehmer** besteht das Abtastelement z. B. aus einer Infrarot-Leuchtdiode (IRED) und einem in geringem Abstand angeordneten Fototransistor. Der Lichtstrahl wird von einer mit der Welle gekuppelten oder auf ihr angebrachten Schlitzscheibe unterbrochen.

Andere optoelektronische Abtastköpfe arbeiten nach dem Reflexionssystem. Der Fototransistor nimmt das von der Leuchtdiode oder Lampe ausgesandte und von der rotierenden Welle oder Scheibe reflektierte Licht auf. Durch das auf den Rotationskörper geklebte Schwarzweißmuster ergeben sich eindeutige Impulse.

6.3.8.3 Drehzahlmeßumformer

Soll das vom Impuls-Drehzahlaufnehmer abgegebene elektrische Signal in eine drehzahlproportionale Gleichspannung umgeformt werden, so ist ein Drehzahlmeßumformer, ein Frequenz-Spannungsumwandler, erforderlich. Die digitale, in der Impulsfrequenz, d. h. Impulszahl pro Zeiteinheit, enthaltene Information, muß in ein analoges Signal, d. h. proportionale Spannung oder Strom umgewandelt werden.

Die vom Drehzahlaufnehmer kommenden Impulse (Bild 6/28) (u_1) werden zunächst von einem Schwellwertschalter (Schmitt-Trigger) in eindeutige Rechteckimpulse mit steilen Impulsflanken aufbereitet (u_2). Die Kurvenform des Impulsgebersignales ist dadurch unbedeutend, die Impulsamplitude muß nur den eingestellten Schwellwert erreichen.

Die nachgeschaltete Impulsformerstufe (monostabile Kippstufe) liefert auf jeden Eingangsimpuls (positive oder negative Flanke) einen Rechteckimpuls konstanter Länge (u_3). Ein Integrierglied oder Integrator bildet von dem Ausgangssignal eine Gleichspannung mit dem arithmetischen Mittelwert der Rechteckspannung (u_4), der damit proportional der Impulsfrequenz ist. Bei niedriger Drehzahl und entsprechender Impulsfrequenz ist der Impulsabstand (Impulspause) lang und damit der Mittelwert klein (Bild 6/24b, links). Bei hoher Drehzahl sind die Impulspausen kurz und damit der Mittelwert hoch, d. h. nur wenig kleiner als die Impulsamplitude (Bild 6/24b, rechts).

Soll die Drehzahl nur angezeigt werden, so übernimmt die Mittelwertbildung (Integration) auch das anzeigende Drehspulmeßwerk aufgrund seiner mechanischen Trägheit selbst.

6.3.8.4 Drehzahlwächter

Drehzahlwächter sind Grenzwertgeber, die die Unterschreitung einer vorgegebenen Mindestdrehzahl signalisieren. Manche Bauformen erfassen außerdem die Drehrichtung über getrennte Grenzwertkontakte.

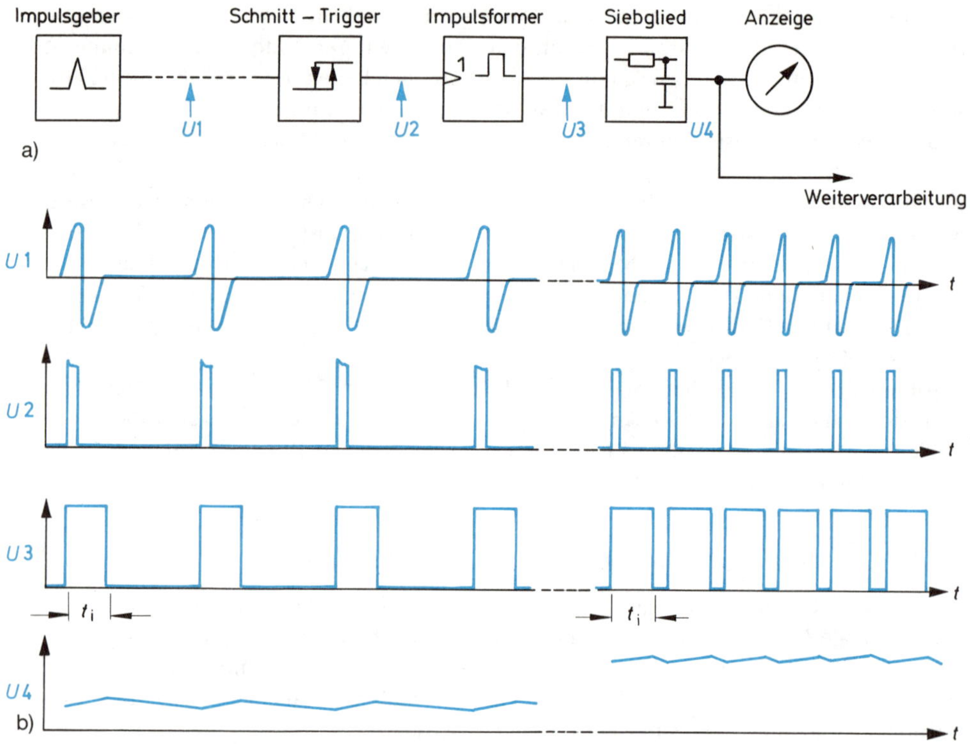

Bild 6/28 Umwandlung des Impulssignales in eine frequenzproportionale Gleichspannung
a) Blockdiagramm
b) Spannungsverläufe bei steigender Drehzahl

Mechanische Drehzahlwächter arbeiten meist nach dem Wirbelstromverfahren (Tachometerprinzip): Die zu überwachende Welle ist mit einer Aluminiumscheibe gekoppelt, die sich im Luftspaltfeld eines Dauermagneten bewegt. Die in der Scheibe induzierten Wirbelströme erzeugen ein Bremsmoment, welches eine Kraft auf die Dauermagneten ausübt und ihn gegen die Kraft einer Feder auslenkt. Die Bewegung des Dauermagneten ist der Drehzahl der Scheibe proportional und dient der Betätigung des verstellbaren Grenzwertkontaktes.

6.4 Füllstandsmessung

6.4.1 Allgemeines

Die Messung, Überwachung und Regelung von Füllständen in Behältern ist ein häufig anzutreffendes Problem. Der Meßwert «Füllstand» soll meistens an einem vom Meßort weiter entfernten Ort angezeigt oder weiterverarbeitet werden. Es ist daher ein Niveau-Meßwertgeber erforderlich, der eine dem Niveau proportionale elektrische Größe liefert.

Es gibt viele Methoden der Füllstandsmessung, von denen jede für bestimmte Anforderungen Vorteile bietet. Es können z. B. Flüssigkeiten oder pulverförmige sowie fein- oder grobkörnige Schüttgüter vorliegen. Unter Umständen müssen die Messungen in chemisch aggressiven Medien sowie unter extremen Druck- oder Temperaturbedingungen, vielleicht sogar im Rührwerk durchgeführt werden. In vielen Fällen genügt die Erfassung von Grenzwerten. Hierfür stehen besondere Grenzwertmelder und Grenzwertgeber zur Verfügung.

6.4.2 Niveaumeßwertaufnehmer über Kraft, Druck oder Druckdifferenz

An frei aufgestellten Behältern für Flüssigkeiten oder Schüttgüter beliebiger Art läßt sich der Füllstand über das Gewicht bestimmen. In oder unter die tragenden Stützelemente werden **Kraftaufnehmer**, **Druckmeßdosen** oder Scheiben mit Dehnungsmeßstreifen montiert (Abschnitt 6.3.3).

Der Füllstand eines Flüssigkeitsbehälters kann von einem unten im Behälter montierten **Druckaufnehmer** in eine elektrische Größe umgewandelt werden. Der auf die Membran oder den Membrankörper ausgeübte Druck bewirkt eine dem Füllstand proportionale Auslenkung.

Steht der Kessel unter Überdruck, so muß eine Druckdifferenzmessung zwischen oben und unten z. B. mittels Silizium-Drucksensor (Abschnitt 6.3.6.4) erfolgen.

6.4.3 Niveaumeßwertaufnehmer mit Verdrängungskörper

In die Flüssigkeit des Meßbehälters taucht ein stabförmiger Verdrängungskörper senkrecht ein. Die von ihm verdrängte Flüssigkeitsmenge ist der Eintauchtiefe proportional. Mit steigender Verdrängungsmenge nimmt die auf die Aufhängung ausgeübte Zugkraft ab. Über eine Feder wird diese Kraftänderung in eine proportionale Auslenkung umgewandelt, die z. B. ein induktiver Wegaufnehmer in ein elektrisches Signal umformt (Bild 6/29).

6.4.4 Niveaumeßwertaufnehmer mit Tauchrohr

In die Flüssigkeit des Meßbehälters taucht senkrecht ein sogenanntes Gleit- oder Tauchrohr, das oben am Abschlußkopf befestigt ist. Der das Tauchrohr umschließende, verschiebbare Schwimmkörper paßt sich stets dem Flüssigkeitsspiegel an (Bild 6/30). Ein ringförmiger Permanentmagnet am Schwimmkörper stellt einen zweiten, im Tauchrohr verschiebbaren Magneten auf das Niveau ein.

Der im Tauchrohr angeordnete Magnet verstellt z. B. über ein Seil im Anschlußkopf ein als Geber dienendes Potentiometer. Die auf dem Potentiometer abgegriffene Spannung ist dem Füllstand proportional.

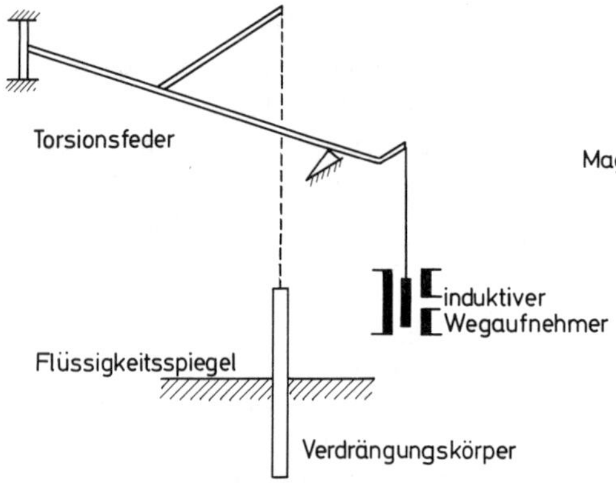

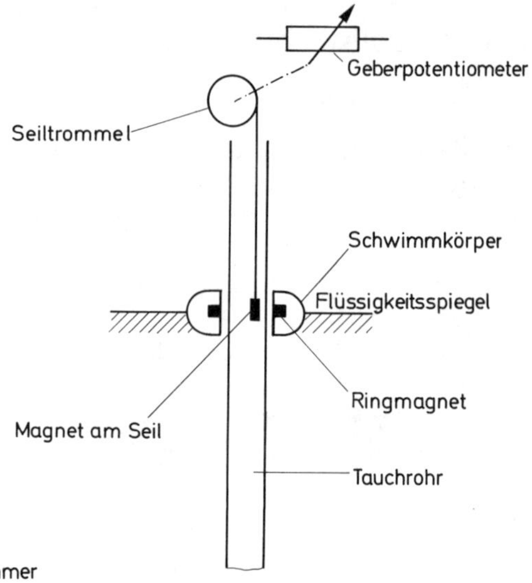

Bild 6/30
Prinzip des Tauchrohr-Niveau-Meßwertaufnehmers

Bild 6/29
Prinzip des Verdrängungskörper-Niveau-Meßwertaufnehmers

Bei einer anderen Bauform dieses Prinzips befinden sich im Tauchrohr in einer Reihe eine große Zahl von Widerständen mit gleichen Ohmwerten. An jedem Widerstand ist in gleicher Höhe ein kleiner Schutzgaskontakt geschaltet. Der im Schwimmkörper befindliche Magnet schließt jeweils ein oder zwei der mit den Widerständen auf gleichem Niveau liegenden Kontakte. Dadurch wird eine dem Füllstand proportionale Spannung von der Widerstandskette abgegriffen.

Die Tauchrohre werden für Längen von ca. 0,5 m bis zu 6,5 m ausgeführt. Wegen des hermetisch abgeschlossenen Aufnehmersystems können auch Füllstände von aggressiven Medien erfaßt werden.

Das Schwimmkörperprinzip, jedoch ohne Gleitrohr, wird bei der Messung von Wasserständen mit großen Meßbereichen (z. B. in Brunnen) angewandt. Das Seil, an dem ein Schwimmkörper hängt, ist über eine Seiltrommel geführt und am anderen Ende mit einem Gegengewicht versehen. Die Drehung der Seiltrommel wird untersetzt und auf einen Potentiometer-Drehwinkelgeber gegeben.

6.4.5 Nachlauf-Niveaumeßwertgeber

Zur Messung des Füllstandes von Schüttgütern beliebiger Zusammensetzung und Körnung lassen sich Nachlauf-Niveaumeßwertgeber einsetzen. Der Füllstand wird von oben mechanisch ausgelotet. Das Lot oder der Fühler hängt an einem Meßseil, das sich auf einen Meßbefehl von einer motorgetriebenen Seiltrommel abwickelt. In bestimmten Abständen werden während des Abwickelns Impulse auf einen Zähler zur digitalen Anzeige abgegeben. Stößt der Fühler auf das Schüttgut, so beendet das ruckartige Schlaffwerden des Meßseiles die Impulsgabe, und der Motor wickelt das Seil wieder auf.

Es können sehr große Meßbereiche (bis 50 m) genau erfaßt werden. Der Füllstand wird jedoch nicht kontinuierlich angezeigt, sondern erst am Ende jedes Meßvorganges neu korrigiert. Wird ein analoger Meßwert (proportionale Spannung oder Strom) gefordert, muß die digitale in eine analoge Größe umgewandelt werden.

6.4.6 Kapazitive Niveaumeßwertgeber

Das kapazitive Prinzip zur kontinuierlichen Meßwerterfassung setzt Flüssigkeiten oder Schüttgüter mit gleichbleibenden physikalischen Eigenschaften (z. B. Dichte, Körnung, Feuchtigkeitsgehalt, Dielektrizitätszahl) voraus.

Die in das Füllgut eintauchende kapazitive Sonde stellt einen langgestreckten Kondensator mit außenliegenden Platten dar. Bei leerem Behälter bildet Luft das Dielektrikum mit der Dielektrizitätszahl 1. Die Sonde besitzt eine bestimmte Anfangskapazität. Wird die Sonde vom Füllgut umgeben, so erhöht sich die Kapazität infolge seiner höheren Dielektrizitätszahl. Die Kapazitätszunahme (ΔC) ist der Füllstandshöhe direkt proportional. Die Kapazitätsänderung wird meist in einer mit Wechselspannung (U_S) gespeisten Brückenschaltung (Bild 6/31) in eine verhältnisgleiche elektrische Spannung (ΔU) umgewandelt und dann zur Anzeige verstärkt und gleichgerichtet.

Bei kapazitiven Grenzwertgebern wird über den Kapazitätssprung nur festgestellt, ob die in bestimmter Höhe montierte kurze Sonde vom Füllgut oder von Luft umgeben ist.

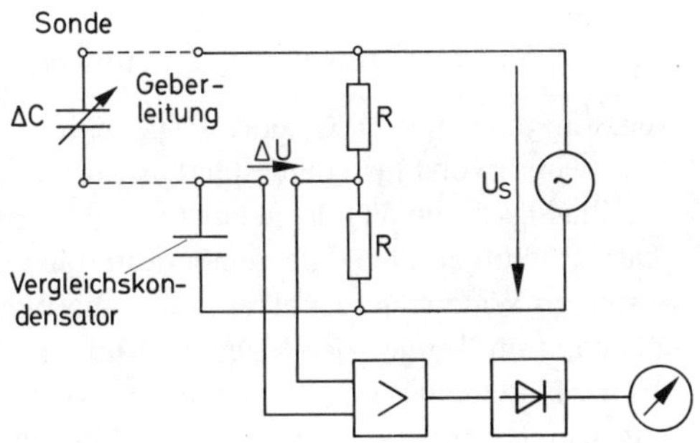

Bild 6/31
Prinzip der kapazitiven Niveaumessung

6.4.7 Vibrations-Niveaugrenzwertgeber

Vibrations-Niveaugrenzwertgeber dienen der Überwachung von z. B. Minimal- und Maximal-Füllständen bei pulverförmigen oder feinkörnigen Schüttgütern. Der Geber besteht aus einer Schwinggabel (Stimmgabelprinzip), die ständig von einem Erregersystem (elektromagnetisch oder piezoelektrisch) in Schwingung versetzt wird. Durch Eintauchen in das Füllgut wird die Schwingung der in Resonanzen liegenden Schwinggabel so stark bedämpft, daß die Schwingung abreißt. Im Erregersystem wird hieraus ein elektrisches Signal gewonnen.

6.4.8 Leitfähigkeits-Grenzwertgeber

Leitfähigkeits-Grenzwertgeber dienen der Überwachung von Füllständen in Behältern mit elektrisch leitenden Flüssigkeiten. Die Sonde besitzt eine bzw. zwei isoliert montierte, elektrisch leitende Elektroden. Beim Eintauchen in die Flüssigkeit fließt ein kleiner Wechselstrom von der Elektrode zur Behälterwand bzw. zwischen den Elektroden. Der an einem eingebauten Widerstand auftretende Spannungsabfall stellt das elektrische Signal dar.

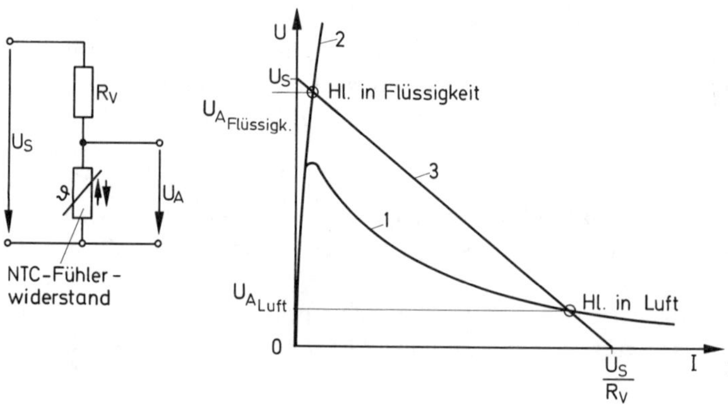

Bild 6/32
Prinzip des Flüssigkeitstandanzeigers mit NTC-Fühlerwiderstand

1 *U*-*I*-Kennlinie des Heißleiters in Luft im Bereich der Eigenerwärmung
2 *U*-*I*-Kennlinie des Heißleiters in Flüssigkeit (praktisch keine Eigenerwärmung)
3 Widerstandsgerade des Vorwiderstandes R_V

6.4.9 Niveau-Grenzwertgeber mit NTC- oder PTC-Widerständen

Grenzwertgeber mit NTC- oder PTC-Widerständen (siehe Abschnitt 6.2.1.3) dienen der Überwachung von Flüssigkeitsständen. Sie nutzen die wesentlich höhere Wärmeleitfähigkeit einer Flüssigkeit im Vergleich zur Luft.

Der als Fühler dienende temperaturabhängige Widerstand liegt in Reihe mit einem konstanten Widerstand an einer Spannungsquelle. Der Strom ist so groß, daß der Fühlerwiderstand im Bereich der Eigenerwärmung arbeitet, sofern er von Luft umgeben wird.

Ist der Fühler ein NTC-Widerstand (Bild 6/32), so hat er aufgrund der starken Eigenerwärmung in umgebender Luft einen niederohmigen Zustand angenommen. An ihm fällt nur eine geringe Spannung ab. Taucht der NTC-Fühler in Flüssigkeit ein, so entzieht ihm diese soviel Wärme, daß er aufgrund der Abkühlung einen hochohmigen Zustand annimmt. Am Fühlerwiderstand liegt nun eine höhere Spannung, die als Signal für den Flüssigkeitsstand dient.

Ist der Fühler ein PTC-Widerstand, so hat er aufgrund der Eigenerwärmung in umgebender Luft einen hochohmigen Zustand angenommen. Der größte Teil der Speisespannung fällt am Fühlerwiderstand ab. In Flüssigkeit getaucht nimmt der PTC-Fühler aufgrund des Wärmeentzuges einen niederohmigen Zustand ein. Der größte Teil der Speisespannung liegt nun am Vorwiderstand.

Der PTC-Fühler bietet bei der Überwachung von Maximumständen den Vorteil der größeren Eigensicherheit. Bei einem Kurzschluß in der Leitung zum Fühler oder im Fühler würde der niederohmige Zustand und damit die Erreichung des Maximumzustandes vorgetäuscht. Die den Behälter speisende Pumpe würde abgeschaltet. PTC-Fühler finden aus diesem Grund bei der Überwachung von Abfüllanlagen für Benzin und Öl Verwendung.

6.4.10 Berührungslose Niveaumeßwert- und Grenzwertgeber

Der Einbau von Gebern, die in das Füllgut eintauchen, ist unter bestimmten Voraussetzungen nicht möglich, wenn z. B. Rührwerke oder sehr aggressive Füllgüter vorliegen.

Bei der Niveaumessung nach dem Echolotprinzip sendet der Geber eine Schallwelle auf die Oberfläche des Füllgutes, die von dieser reflektiert wird. Die Schallwelle wird von der gleichen Membran wieder empfangen. Die Laufzeit zwischen Aussendung und Empfang der reflektierten Welle ist ein Maß für den Abstand und damit die Füllhöhe. Der maximale Abstand zwischen Geber und Füllgutoberfläche darf ca. 25 m betragen.

Bei der Niveaumessung oder Grenzwertkontrolle mit radioaktiven Isotopen wird der Bunker oder Behälter durchstrahlt. Geber und Empfänger sind an den gegenüberliegenden Außenwandungen montiert (Bild 6/33a). Im Geber befindet sich eine radioaktive Strahlungsquelle (Kobalt-60- oder Cäsium-137-Isotop) in einem Strahlenschutzbehälter. Liegt zwischen der Strahlungsquelle und dem Empfänger oder Detektor das Füllgut, so wird die Strahlung von diesem absorbiert. Das als Strahlungsdetektor dienende Geiger-Müller-Zählrohr gibt kein ausreichendes Signal ab.

Zur praktisch kontinuierlichen Füllstandsmessung besteht der Empfänger aus vielen übereinander angeordneten Zählrohren, die mehr oder weniger vom Füllgut abgedeckt werden (Bild 6/33b).

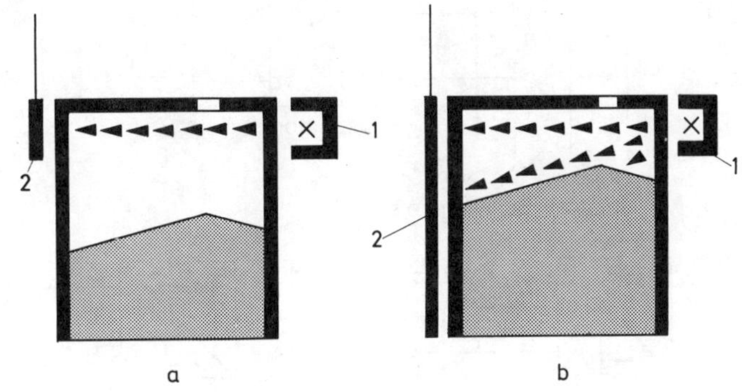

Bild 6/33
Prinzip des Niveau-Meßwertgebers mit radioaktiven Isotopen

a) Grenzwertgeber
b) kontinuierlicher Niveau-Meßwertgeber
1 Strahler
2 Strahlendedektor

6.5 Berührungslose Näherungsinitiatoren

Anstelle der mechanischen Endtaster werden heute in der Steuerungstechnik häufig berührungslose Näherungsinitiatoren angewendet. Der Vorteil der Elektronik gegenüber den mechanischen Kontakten besteht in der geringen Störanfälligkeit. Diese Sensoren sind hermetisch vergossen und dadurch weitgehend unempfindlich gegen Verschmutzung, Feuchtigkeit und aggressive Medien. Außerdem ist die Anzahl der Schaltzyklen nahezu unbegrenzt, da keine bewegten Teile vorhanden sind.

Näherungsinitiatoren nutzen die Änderung der magnetischen oder der dielektrischen Eigenschaften, die bei Annäherung eines Objekts vor dem Sensorkopf auftreten. Es muß zwischen induktiven und kapazitiven Näherungsinitiatoren unterschieden werden. Der Einsatz hängt von dem Material ab, aus dem das zu identifizierende Objekt besteht.

1. Bei dem in Maschinensteuerungen meist verwendeten **induktiven Näherungsinitiator** besteht der Sensorkopf aus einer Spule, die in einen offenen Ferrit-Schalenkern gebettet ist (Bild 6/34a). Das magnetische Streufeld durchdringt den Raum vor dem Sensorkopf. Die Induktivität bildet mit einem Kondensator einen Schwingkreis, der das frequenzbestimmende Glied eines Oszillators bildet. Die Resonanzfrequenz liegt meist in der Größenordnung einhundert Kiloherz.

Bild 6/34 Näherungsinitiatoren
a) Blockschaltbild des induktiven Initiators
b) Blockschaltbild des kapazitiven Initiators
c) Prinzipschaltung für Dreileiteranschluß
d) Prinzipschaltung für Zweileiteranschluß

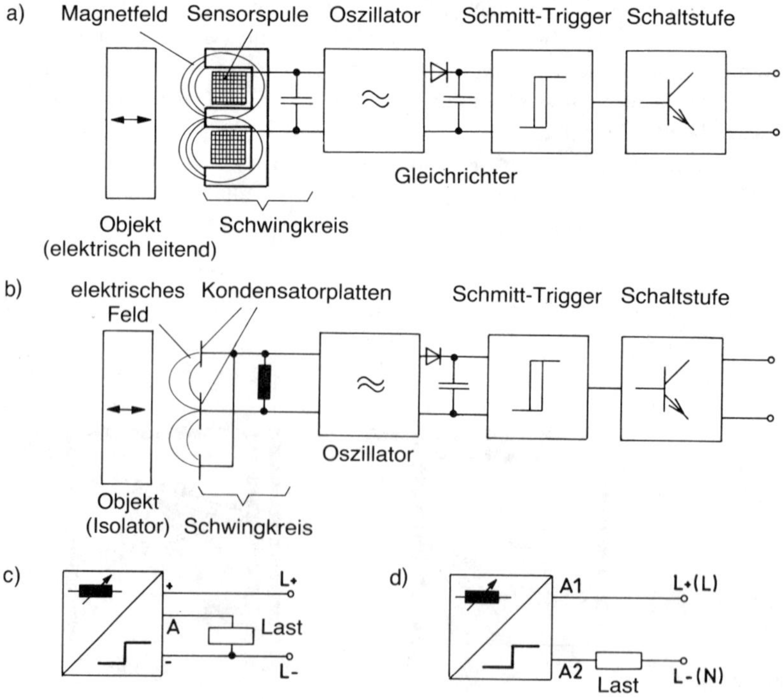

Nähert sich dem Sensorkopf ein elektrisch leitendes Objekt, verursacht das magnetische Wechselfeld in diesem Wirbelströme. Dem Schwingkreis des Oszillators wird dadurch Energie entzogen, d. h., die Schwingung wird bedämpft. Die Ausgangsamplitude des Oszillatorsignals wird verringert oder setzt aus. Ein Schwellwertschalter steuert bei Unterschreitung eines bestimmten Werts die Ausgangs-Schaltstufe an. **Der induktive Sensor reagiert auf Objekte mit einer ausreichenden elektrischen Leitfähigkeit; der Werkstoff muß nicht ferromagnetisch sein.**

2. Beim **kapazitiven Näherungsinitiator** bildet der Kondensator den Sensorkopf. Die Beläge (Platten) bestehen aus einer äußeren Ringelektrode, die eine kreisförmige Elektrode umschließt (Bild 6/34b). Das elektrische Streufeld durchdringt den Raum vor dem Sensorkopf. Eine feste Induktivität bildet mit der Sensorkapazität den Schwingkreis eines Oszillators. Die Elektronik entspricht also der des oben beschriebenen induktiven Näherungsinitiators.
Nähert sich dem Sensorkopf ein Objekt aus elektrischem Isolierstoff, so verursacht das elektrische Wechselfeld in ihm dielektrische Verluste[1], die dem Oszillator wiederum Energie entziehen. Nach dem oben ausgeführten Prinzip wird bei sinkender Amplitude die Schaltstufe angesteuert. **Der kapazitive Näherungsinitiator reagiert auf elektrisch isolierende Objekte mit ausreichenden dielektrischen Verlusten.**

Induktive und kapazitive Näherungsinitiatoren werden in unterschiedlichen Ausführungen angeboten. Der Durchmesser der meist zylindrischen Gehäuse liegt bei induktiven Systemen zwischen unter 1 cm, für kurze Schaltabstände (bis wenige Millimeter) bis zu mehreren Zentimetern Durchmesser für entsprechend größere Schaltabstände. Bei einigen Typen ermöglicht ein Trimmpotentiometer, das hinter einer Staubkappe verborgen ist, die Justierung auf einen bestimmten Schaltabstand. Der Schaltabstand ist auch von den physikalischen Eigenschaften des Werkstoffs abhängig, aus denen das Objekt besteht.

Eine eingebaute Leuchtdiode (LED) erleichtert bei vielen Sensoren die Justierung vor Ort.

Näherungsinitiatoren werden für Gleich- und für Wechselspannungsanschluß hergestellt. Für Gleichspannungsanschluß (z. B. 6 V bis 30 V) werden meist drei Anschlüsse verwendet (Bild 6/34c). Die Versorgungsspannung wird über einen eigenen Leiter zugeführt. Bei Initiatoren für Wechselspannungsanschluß (bis 250 V) wird oft die Zweileiter-Ausführung verwendet (Bild 6/34d). Die Spannungsversorgung der Elektronik erfolgt mit der Schaltspannung. Dafür fließt jedoch auch im ausgeschalteten Zustand ein Reststrom von wenigen Milliampere. Die Last muß eine Mindestleistung aufweisen und darf auf diesen Ruhestrom nicht ansprechen. Im eingeschalteten Zustand tritt über diesen Initiatoren ein höherer Spannungsfall (einige Volt) auf, der wiederum der Spannungsversorgung dient.

[1] Siehe im Band «Mathematische und elektrotechnische Grundlagen»

6.6 Meßwertübertragung

In der industriellen Prozeßtechnik müssen die von den Sensoren bzw. Meßwertumformern gelieferten Signale oft zu einer weiter entfernten zentralen Meßwerterfassungs- und Steuerstelle übertragen werden.
An eine Meßwertübertragung werden verschiedene Anforderungen gestellt:

1. Die Übertragungsstrecke muß möglichst unempfindlich gegenüber Störungen durch induktive und kapazitive Beeinflussung z. B. durch Nachbarleitungen sein. Es muß daher ein ausreichender Störabstand vorhanden sein, d. h., das übertragene Signal muß über ausreichende Leistung verfügen, und die Übertragungsstrecke soll niederohmig sein.
2. Spannungsfälle an den Widerständen der Leitungen und Kontaktstellen sowie Thermospannungen sollen keine störende Meßwertverfälschung bewirken.
3. Eine weitere Forderung an die Meßwertübertragung besteht meist in einem normierten Signal, d. h., der Wertebereich des Signals soll für jede Art von Meßgröße (Temperatur, Druck, Füllstand usw.) gleich sein. Es können so standardisierte Empfangsgeräte, wie z. B. Anzeigeinstrumente, Schreiber, Analog/Digital-Umsetzer, für alle Größen eingesetzt werden.

Grundsätzlich muß, bezüglich der Art des übertragenen Signals, zwischen analoger und digitaler Meßwertübertragung unterschieden werden:

1. Bei der **digitalen Meßwertübertragung** werden von analogen Sensoren gelieferte Signale vor Ort, d. h. im Meßwertumformer, digitalisiert. Die Übertragung von binären oder digitalen Signalen ist erheblich unempfindlicher gegenüber Störungen, die bei der Übertragung auftreten können. Übertragungsfehler können gegebenenfalls sogar erkannt und durch Wiederholung eliminiert werden. Die digitale Meßwertübertragung wird hauptsächlich dann angewendet, wenn die gesamte Meßwertverarbeitung digitalisiert ist.
   Bei digitaler Meßwertübertragung muß noch zwischen serieller und paralleler Übertragung unterschieden werden. Bei serieller Übertragung muß der digitalisierte, aus mehreren Bit bestehende Wert von einem Serien-Parallel-Wandler (Schieberegister) in eine zeitliche Folge von Impulsen umgesetzt werden. Für die Übertragung sind dann nur wenige Leiter erforderlich. Bei paralleler Übertragung muß dagegen für jedes Bit, das zu einem Wort gehört, ein eigener Leiter vorhanden sein.
   In größeren, modernen Prozeßsteuerungen werden heute oft alle Meßwertumformer auf eine gemeinsame Ringleitung geschaltet, die als **Bus** bezeichnet wird. Dieser Bus kann Daten, Steuersignale und Adressen in beiden Richtungen (bidirektional) übertragen. Dadurch können von einem Zentralprozessor die einzelnen Sender (Meßwertumformer) selektiert und z. B. zur Datenübertragung aufgefordert oder sogar kalibriert werden.
2. Bei der **analogen Meßwertübertragung** werden die Anforderungen an die Störsicherheit durch Übertragung mit **eingeprägtem Strom** am besten erfüllt.

Bei der **Meßwertübertragung mit eingeprägtem Strom** ist die Meßgröße in der Höhe des übertragenen Gleichstroms enthalten. Ein Spannungs-/Stromwandler wandelt das vom Sensor gelieferte Signal in einen proportionalen Strom um (Bild 6/35). Spannungsfälle auf den Leitungen und an Kontaktstellen sowie Thermospannungen und andere eingestreute Störspannungen haben praktisch keinen Einfluß auf den Meßwert.

Bild 6/35
Prinzipschaltung einer Meßwertübertragung mit eingeprägtem Strom

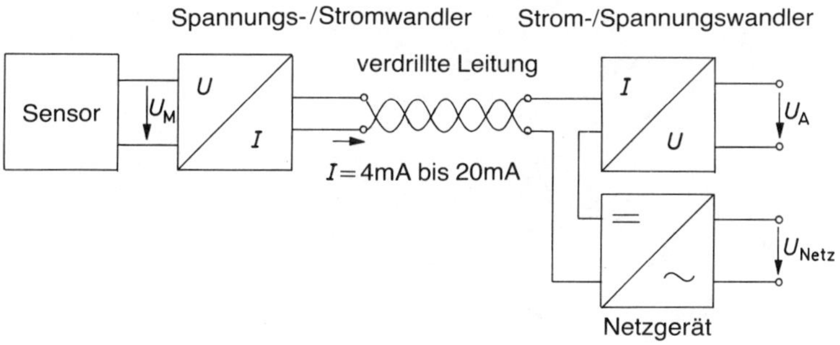

Der Leitungsempfänger ist ein Strom-/Spannungswandler, der den eingeprägten Strom in einem niederohmigen Widerstand in eine Spannung umwandelt, die dann verstärkt wird.

Der Meßbereich des zu übertragenen Meßwerts wird meist in einen Strombereich zwischen 4 mA bis 20 mA eingeprägt. Der Minimalwert von 4 mA (statt 0) hat folgende Vorteile:

1. Sofortige Erkennung von Fehlern in der Übertragung beim Auftreten des Werts 0 mA z. B. bei Leitungsbruch.
2. Der Sensor und der Meßwertumformer können über den Bereich bis 4 mA, der für die Meßwertübertragung nicht genutzt wird, mit ihrer Betriebsspannung versorgt werden. Zusätzliche Leitungen für die Spannungsversorgung der Meßwertumformer können dadurch eingespart werden.

Ein weiterer Vorteil der Meßwertübertragung mit eingeprägtem Strom besteht darin, daß mehrere Empfangsgeräte, wie z. B. Anzeigeinstrumente, Registriergeräte und Regelgeräte an beliebigen Stellen in die Leitung geschaltet werden können. Sie müssen selbstverständlich in Reihe geschaltet sein.

7 Oszilloskop

Das Oszilloskop[1] ist ein Meßgerät, das in erster Linie zur Darstellung der zeitlichen Verläufe von elektrischen Signalen verwendet wird, wenn anzeigende Meßgeräte den zeitlichen Änderungen nicht folgen können. Das normale Oszilloskop zeigt den Signalverlauf nur synchron, d. h. während der betrachtete Vorgang selbst abläuft. Um ein «stehendes», am Bildschirm auswertbares Bild zu erhalten, muß ein periodisches, d. h. mit ausreichender Frequenz (mindestens mit mehreren Hertz) und exakt gleichem Verlauf wiederkehrendes Signal vorhanden sein.

Zur Darstellung von Signalen, die sich nicht periodisch und/oder mit ausreichender Frequenz wiederholen, muß eine Speicherung oder Registrierung des Signals erfolgen. Dieses kann auf unterschiedliche Art erfolgen:

1. Mit einem normalen Oszilloskop durch fotografische Registrierung mit einer **vor den Bildschirm montierten Kamera**.
2. Mit einem **Oszilloskop mit Speicherbildröhre**, auf der ein einmalig geschriebener Kurvenzug für eine zur Auswertung ausreichende Zeit fixiert werden kann.
3. Mit einem **Speicheroszilloskop**, welches das Signal digitalisiert und in einem Speicher (RAM) ablegt. Das gespeicherte Signal kann danach periodisch abgerufen, wieder in ein Analogsignal zurückverwandelt und abgebildet werden. Derartige Speicheroszilloskope sind sehr aufwendige Geräte.
4. Mit einem **Oszillograf**[2] wird der Signalverlauf direkt auf Papier registriert. Oszillografen sind schnelle Linienschreiber (Abschnitt 5.1), die meist über mehrere Kanäle zur gleichzeitigen Darstellung mehrerer Signalverläufe dienen.
   a) Beim Lichtstrahloszillografen wird das vorher verstärkte Signal an eine sehr leichte Schwingspule gelegt, auf der ein kleiner Metallspiegel befestigt ist. Der Spiegel lenkt einen scharf gebündelten Lichtstrahl ab, der eine Linie auf dem vorbeigeführten Fotopapier belichtet. Durch die Verwendung von ultravioletter Strahlung (UV-Strahlung) kann spezielles Fotopapier eingesetzt werden, bei dem die Entwicklung ohne Entwicklerflüssigkeit bei Tageslicht erfolgt. Die Grenzfrequenz von Lichtstrahloszillografen liegt bei ca. 20 kHz. Bild 7/1 zeigt ein Gerät mit 36 Meßkanälen, deren Schriebe nebeneinander angeordnet werden.
   b) Im Flüssigkeitsstrahloszillograf wird von der Schwingspule eine feine Düse abgelenkt, durch die ein Tintenstrahl auf das vorbeibewegte Papier gepumpt wird (Bild 7/2). Mehrere Meßkanäle können die volle Schreibbreite ausnutzen, da die Linien durch unterschiedliche Tintenfarben auseinanderzuhalten sind.

---

[1] Oszillation (lat.) = Schwingung; skopein (griech.) sehen
[2] Graphein (griech.) = schreiben

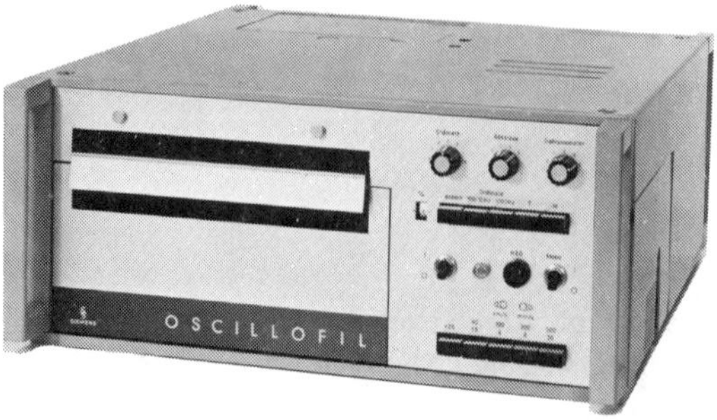

Bild 7/1 Lichtstrahloszillograph mit bis zu 36 Meßkanälen (Werkbild Siemens)

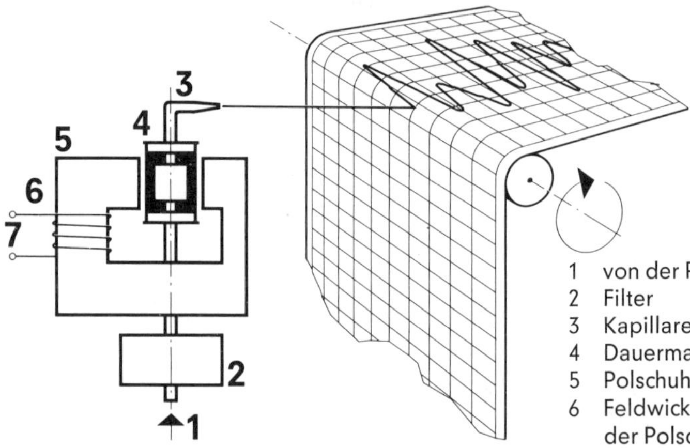

Bild 7/2 Prinzipdarstellung des Flüssigkeitsstrahloszillographen (Werkbild Siemens)

1 von der Pumpe
2 Filter
3 Kapillare
4 Dauermagnet
5 Polschuhe
6 Feldwicklung der Polschuhe
7 Meßanschluß

7.1 Elektronenstrahlröhre

Das Oszilloskop verwendet die Elektronenstrahlröhre zur praktisch trägheitslosen Darstellung elektrischer Signale. Die Röhre unterliegt einem gewissen Verschleiß und kann durch Fehlbedienung beschädigt werden (Einbrennen). Auf ihre Wirkungsweise soll daher etwas näher eingegangen werden.

Die Elektronenstrahlröhre nutzt die Lichterzeugung schneller Elektronen aus, die auf eine fluoreszierende Leuchtschicht treffen. Ein scharf gebündelter Elektronenstrahl, den eine **Elektronenkanone** in der Hochvakuumröhre erzeugt, wird von einem Ablenksystem so abgelenkt, daß auf dem Leuchtschirm der Kurvenzug des darzustellenden Signals entsteht.

Die geheizte Katode der Elektronenkanone sendet an ihrer Oberfläche Elektronen aus (thermische Emission), die dort eine Elektronenwolke bilden. Die Katode befindet sich im Wehneltzylinder, der in Schirmrichtung eine Öffnung besitzt, durch die die Elektronen durch ein elektrisches Feld abgesaugt werden können (Bild 7/3). Mit der negativen Spannung, die am Wehneltzylinder gegen Katode liegt, wird der Strahlstrom und damit die Leuchtintensität des Elektronenstrahls gesteuert. Die Elektronen werden durch die negative Spannung mehr oder weniger zur Katode zurückgedrückt.

Zur manuellen Einstellung der Leuchtintensität dient ein Potentiometer, dessen Knopf mit **INTENS.** bezeichnet ist (Bild 7/5).

Bei der Inbetriebnahme eines Oszilloskops ist darauf zu achten, daß der INTENS.-Steller nicht zu weit am Linksanschlag steht, da der Strahl dann unter Umständen nicht auffindbar ist. Meist ist eine Markierung am Einstellknopf für mittlere Helligkeit vorhanden. Im Betrieb sollte mit einer möglichst geringen Intensität gearbeitet werden, da dieses eine Schonung der Röhre bedeutet und außerdem eine scharfe Abbildung durch geringe Linienbreite erlaubt.

Um Einbrennen zu vermeiden, muß bei fehlender Ablenkung, wenn nur ein Punkt auf dem Schirm erscheint, die Intensität so weit zurückgenommen werden, daß kein leuchtender Hof um den Punkt herum entsteht. Bei der Inbetriebnahme sollte das Gerät daher immer in Grundstellung (Abschnitt 7.2.1), d. h. mit eingeschalteter Zeitablenkung, arbeiten.

Bei längeren Arbeitspausen sollte, wenn das Gerät nicht abgeschaltet wird, die Intensität stark reduziert werden.

Die Beschleunigung der aus dem Wehneltzylinder austretenden Elektronen erfolgt durch eine hohe positive elektrische Spannung (1 kV bis 2 kV), die an einem System ringförmiger Elektroden gegen Katode liegt. Auf dem Weg durch dieses Elektrodensystem erfolgt die Bündelung oder Fokussierung[3] des Elektronenstrahls. Durch geeignete elektrische Felder werden die Elektronen, die nicht genau durch das Zentrum des Systems fliegen, zur Mitte hin abgelenkt. Wegen dieser Ähnlichkeit zu den Lichtstrahlen in einem optischen Linsensystem spricht man von einer Elektronenoptik. Die für die Fokussierung maßgebliche elektrische Spannung wird mit dem mit **FOCUS** (Bild 7/5) bezeichneten Steller so eingestellt, daß sich die minimale Linienbreite auf dem Schirm ergibt.

[3] Focus (lat.) = Punkt

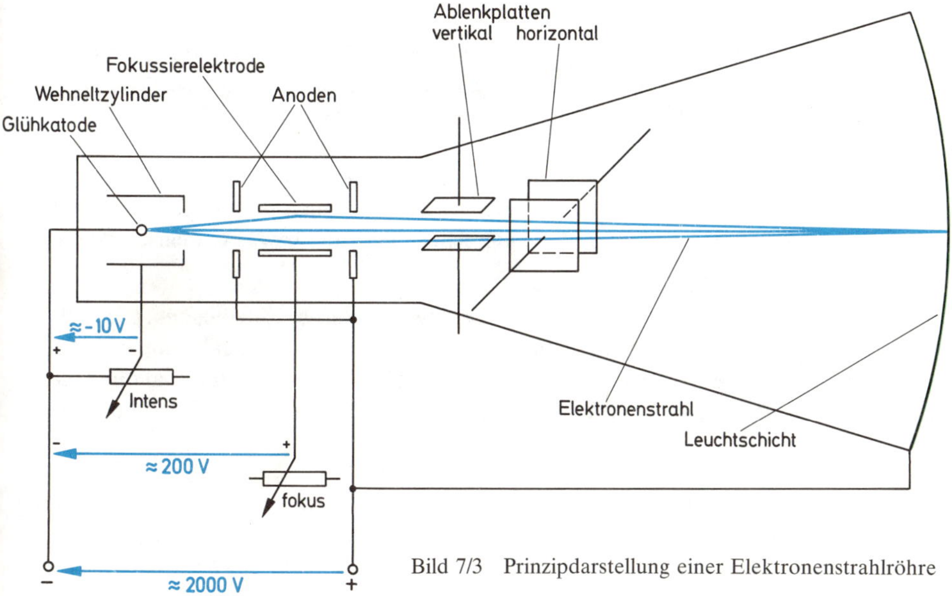

Bild 7/3 Prinzipdarstellung einer Elektronenstrahlröhre

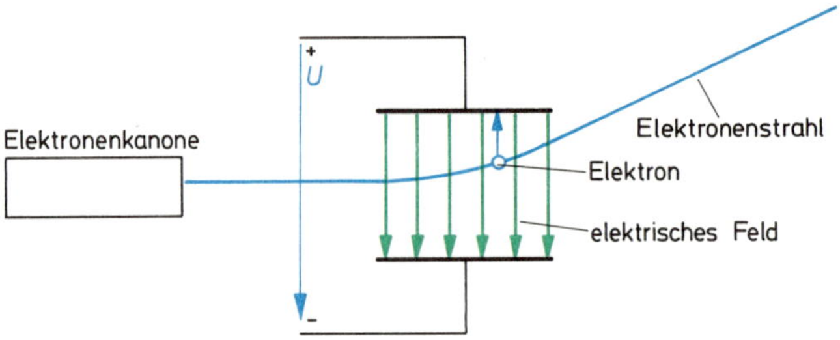

Bild 7/4 Prinzip der Ablenkung des Elektronenstrahles

Die auf die Leuchtschicht treffenden Elektronen, die die fluoreszierenden Atome durch ihre Bewegungsenergie zum Leuchten anregen, fließen über eine sehr dünne aufgedampfte elektrisch leitende Schicht wieder zum Hochspannungsnetzgerät zurück. Diese Schicht ist mit der Graphitschicht leitend verbunden, mit der die Innenseite der Röhre im vorderen Teil versehen ist, um äußere elektrische Felder abzuschirmen.

Der Elektronenstrahl wird unmittelbar nach Austritt aus der Elektronenkanone abgelenkt.

Im Oszilloskop erfolgt die Strahlablenkung elektrostatisch, d. h. durch elektrische Felder. Die Elektronen fliegen zwischen Ablenkplatten hindurch (Bild 7/4). Die für die Ablenkung erforderlichen Ablenkspannungen, die vom Ablenkverstärker erzeugt werden, liegen in der Größenordnung 10 V pro 1 cm Auslenkung auf dem Schirm. Die Ablenkplatten für die Horizontalablenkung sind hinter denen für die Vertikalablenkung angeordnet (Bild 7/3).

Da die elektrostatische Ablenkung nur geringe Ablenkwinkel zuläßt, sind Elektronenstrahlröhren für Oszilloskope relativ lang, bezogen auf die Schirmdiagonale.

Der wesentlichste Unterschied der Elektronenstrahlröhre im Oszilloskop gegenüber der im Fernsehgerät besteht in der Art der Ablenkung:

> Bei der Fernsehbildröhre erfolgt die Strahlablenkung elektromagnetisch. Die Magnetfelder werden von den auf den Röhrenhals gesteckten Ablenkspulen erzeugt. Man kann hiermit bei hohem Strahlstrom ausreichend große Ablenkkräfte erzeugen, die entsprechend große Ablenkwinkel und damit günstigere Außenabmessungen der Röhre ermöglichen. Die Ablenkung erfolgt hier jedoch nur mit einer konstanten Frequenz. Die im Oszilloskop erforderlichen unterschiedlichsten geeichten Ablenkgeschwindigkeiten bzw. Frequenzen sind nach diesem System nicht möglich.

Viele Oszilloskope mit hoher Grenzfrequenz arbeiten mit **Nachbeschleunigung**: Die Elektronen werden nach dem Verlassen des Ablenksystems nochmals beschleunigt, um eine höhere Helligkeit bei schneller Ablenkung zu erhalten. Die Nachbeschleunigungsspannung (ebenfalls ca. 1 kV) liegt meist an der Graphitschicht, mit der die Innenseite der Röhre im vorderen Teil beschichtet ist.

Damit das Ablenkplattensystem mit den Ablenkverstärkern ein Bezugspotential von 0 Volt erhält, liegen Katode und Wehneltzylinder auf negativem Potential. Bei Geräten mit Nachbeschleunigung liegen die Graphit- und die Leuchtschicht auf positivem Hochspannungspotential. Die gesamte Beschleunigungsspannung tritt somit nicht gegen Masse auf.

Das für die Ablesung erforderliche Raster wird durch eine vor die Bildröhre montierte Rasterscheibe eingeblendet.

Komfortable Oszilloskope besitzen eine beleuchtbare Rasterscheibe: Die in die Platte eingeritzten und mit Farbe gefüllten Rasterlinien können durch seitlich angeordnete Lämpchen angestrahlt werden. Das für die Einstellung dieser Illumination verantwortliche Bedienungselement hat die Bezeichnung **ILLUM**.

Bei vielen Oszilloskopen befindet sich hinter einer mit **TR** (Trace Rotate) bezeichneten Öffnung in der Frontplatte ein Trimmpotentiometer zum Einstellen der **Strahldrehung**. Aufgrund des erdmagnetischen Feldes kann es, trotz magnetischer Abschirmung der Röhre, zu einer Drehung des Strahls aus der Horizontalrichtung kommen. Diese Drehung ist von Aufstellungsort und Ausrichtung des Geräts abhängig. Mit dem bezeichneten Trimmer ist eine Korrektur um wenige Winkelgrade möglich.

7.2 Bedienung eines Oszilloskops im Einkanalbetrieb

Um die vielfältigen Möglichkeiten ausnutzen zu können, die ein modernes Oszilloskop bietet, muß die Wirkung der Bedienungselemente bekannt sein. Die Erklärung des in englischer Sprache beschrifteten Bedienteils wird am Beispiel des HM 203 von der Firma Hameg gegeben (Bild 7/5).

7.2.1 Inbetriebnahme und Grundeinstellung

Um eine mühsame Strahlsuche und Schäden am Gerät (Einbrennen der Röhre) nach dem Einschalten der Netzspannung (**POWER**-Schalter) zu vermeiden, sollten vorher alle Bedienungselemente in ihre Grundstellung gebracht werden. Das Gerät ist dann auf den normalerweise benötigten Einkanalbetrieb voreingestellt.

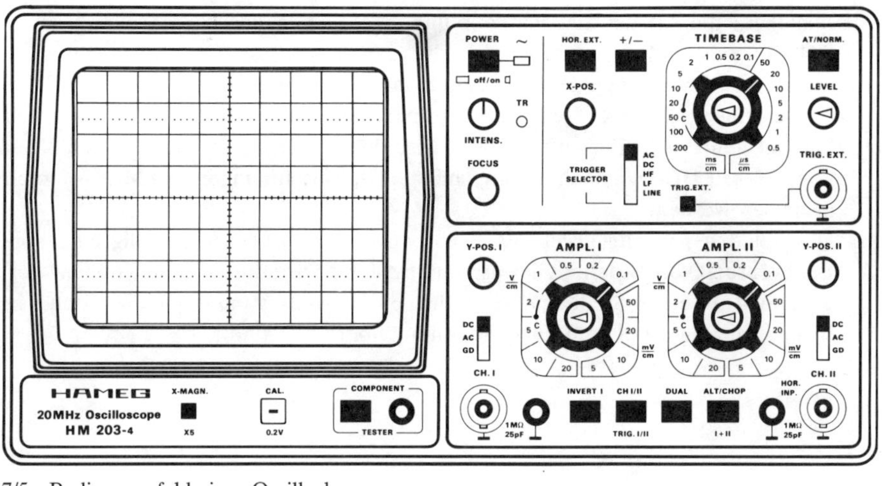

Bild 7/5 Bedienungsfeld eines Oszilloskops

In der Grundeinstellung sind alle Druckschalter herausgedrückt und die auf den Knopfkappen angebrachten Striche nach oben gerichtet. Die Schiebeschalter sollten in oberer Stellung und die Knöpfe in den Bereichsschaltern in ihrer linken Raststellung (Pfeil links auf C weisend) stehen.

7.2.2 Vertikalablenkteil

Moderne Oszilloskope sind heute standardmäßig für Zweikanalbetrieb eingerichtet. Auf dem Schirm können zwei Signale quasi gleichzeitig dargestellt werden (Erklärung folgt in Abschnitt 7.4). Die Bedienungselemente des Eingangsteils sind daher in doppelter Ausführung vorhanden (Bild 7/5). Da zunächst vom Einkanalbetrieb ausgegangen werden soll, wird nur der Eingangsteil für Kanal I **CH.I**[4] betrachtet. Diese Betriebsart liegt nach der Grundeinstellung vor.

Wird nur der mit **CH.I/II** überschriebene Druckschalter eingedrückt, wird der rechte Kanal **CH.II** benutzt.

Normale Oszilloskope besitzen einen unsymmetrischen Signaleingang, d.h., die Meßspannung muß auf Masse = 0 Volt bezogen sein (Differenzmessung Abschnitt 7.5). Es sollte über eine abgeschirmte Leitung (Koaxialleitung) der sogenannten BNC-Buchse zugeführt werden. Die Abschirmung bildet das Bezugs- oder Massepotential. Bei Geräten mit Metallgehäuse ist das Gehäuse mit dem Signal-Bezugspunkt leitend verbunden und außerdem über den Schutzkontakt mit dem PE-Leiter der Netz-Stromversorgung.

Bevor das Signal zugeführt wird, ist stets erst die Masseverbindung zur Signalquelle herzustellen. Es ist daher unbedingt darauf zu achten, daß die Signalmasse kein Potential gegenüber dem Netz-Schutzleiter haben darf.

Für Messungen direkt an der Netzspannung sollten Oszilloskope mit Schutzisolierung verwendet werden, die keine Verbindung mit dem Schutzleiter des Netzes haben (siehe auch Abschnitt 7.3.4).

Das Signal gelangt von der Eingangsbuchse **CH.I** (bzw. CH.II) zuerst auf den AC/DC-Umschalter für die Art der Signalankopplung mit den folgenden drei Stellungen:

GD Der Eingang des Eingangsteilers wird mit 0 Volt = Masse (Ground) verbunden. Der Signaleingang ist offen. Hiermit kann, ohne den Eingang mit Masse verbinden zu müssen, die Ruhe- oder Bezugslage des Nullinie kontrolliert bzw. korrigiert werden.

DC Das auf den Eingang gegebene Signal wird direkt, d. h. gleichspannungsmäßig eingekoppelt. **Mit DC-Signalankopplung müssen Gleichspannungen und Mischspannungen gemessen werden.**

AC Das auf den Eingang gegebene Signal wird wechselspannungsmäßig eingekoppelt. Ein eventuell vorhandener Gleichspannungsanteil wird durch einen Kondensator ausgekoppelt. In dieser Stellung lassen sich z. B. Wechselspannungsanteile genauer untersuchen, die einer höheren Gleichspannung überlagert sind.

---

[4] Channel (engl.) = Kanal

Die Ruhelage der Linie in vertikaler Richtung, die Nullinie, wird mit dem **Y-POS. I**-Steller gewählt, wenn kein Signal auf dem Eingang liegt oder der AC/DC-Schalter in **GD**-Stellung steht.

Diese Einstellung sollte frühestens ca. 10 Sekunden nach dem Einschalten erfolgen, da der Eingangsverstärker während der Anwärmphase sein Ausgangssignal noch ändern kann (der Arbeitspunkt driftet).

Die Nullinie sollte stets so gelegt werden, daß eine optimale Ausnutzung der verfügbaren Schirmhöhe (meist 8 cm) durch das Signal möglich ist. Wie bei jedem anderen Analoginstrument ist auch beim Oszilloskop die relative Genauigkeit eines Meßwerts um so höher, je weiter der Meßbereich ausgesteuert wird.

Bevor das auf den Eingang gegebene Signal dem Eingangsverstärker zugeführt wird, gelangt es auf **Eingangsteiler AMPL. I**[5] oder Abschwächer. Mit diesem geeichten, mehrstufig einstellbaren Spannungsteiler muß die Eingangsempfindlichkeit so weit verringert werden, daß der Elektronenstrahl im Rasterbereich des Schirms bleibt.

Bei der geringsten Empfindlichkeit von 20 V/cm kann z. B. ein Signalhub von maximal $8\,cm \times 20\,V/cm = 160\,V_{ss}$ abgebildet werden. Für die Messung höherer Spannungen ist daher ein Tastkopf mit eingebautem Spannungsteiler, ein sogenannter **Tast-/Teilerkopf** (Abschnitt 7.2.3) erforderlich.

In der höchsten Empfindlichkeitsstufe gelangt das Signal direkt auf den Vertikal-Ablenkverstärker. Die höchste Empfindlichkeit beträgt bei dem betrachteten Gerät 5 mV/cm.

Der Eingangsteiler hat bei Oszilloskopen im allgemeinen einen ohmschen Eingangswiderstand von 1 Megohm.

Um die Eingangsempfindlichkeit über die volle Bandbreite, d. h. von Gleichspannung bis zur Grenzfrequenz des Geräts, innerhalb der Toleranz zu halten, ist eine **Frequenzkompensation** erforderlich. Die Widerstände des Eingangsteilers sind mit kleinen Kapazitäten beschaltet. Dieses führt zur Erhöhung der Eingangskapazität (an diesem Gerät 25 pF). Die Eingangskapazität führt zu einer frequenzabhängigen Verringerung der Eingangsimpedenz bei Wechselspannung.

Zusätzlich zu den geeichten Stufen kann die Eingangsempfindlichkeit kontinuierlich zwischen den Stufen verstellt werden. **Bei Spannungsmessungen ist unbedingt darauf zu achten, daß die in den Empfindlichkeits-Stufenschaltungen AMPL. I und II befindlichen Knöpfe in der Raststellung C oder CAL**[6] **stehen, in der das Gerät geeicht wurde.**

7.2.3 Tast- und Teilerkopf

Das Meßsignal wird dem Oszilloskop meist über einen speziellen Tastkopf mit einer abgeschirmten Leitung zugeführt. Dieser ist so ausgeführt, daß Kurzschlüsse am Meßobjekt vermieden werden und das Signal auch an schwer zugänglichen Stellen abgegriffen werden kann. Die Signalmasse kann dem Tastkopf über eine Krokodilklemme oder dem Oszilloskop direkt über die Massebuchse zugeführt werden.

---

[5] Amplification (engl.) = Erweiterung

[6] Calibration (engl.) = Eichung

Bei der Messung hochfrequenter und/oder impulsförmiger Signale sollte die Masse dem Tastkopf zugeführt werden, um Verfälschungen der Kurvenform zu vermeiden.

Der Tastkopf ist meist ein umschaltbarer Tast-/Teilerkopf. In Stellung × 10 des Schiebeschalters wird das Signal um den Faktor 10 verringert. Der auf dem Bereichsschalter AMPL. I (bzw. AMPL. II) eingestellte Ablenkfaktor muß daher mit dem Faktor 10 multipliziert werden. Die höchste Eingangsempfindlichkeit beträgt dann, in der Stellung 5 mV/cm, nur noch 10 × 5 mV/cm = 50 mV/cm.

Reicht die geringere Ablenkempfindlichkeit für die Messung aus, bietet der Betrieb als 10/1-Teilerkopf folgende Vorteile:

a) Die Belastung des Meßobjekts wird durch die höhere Eingangsimpedenz (höherer ohmscher und kapazitiver Widerstand) um den Faktor 10 verringert. Dieses führt bei hochohmigen Meßobjekten und bei höheren Frequenzen zu einer geringeren Meßwertverfälschung.
b) Es können höhere Spannungshübe als 160 V_{ss} gemessen werden. Dieses ist vor allem bei Messungen an der Netzspannung, z. B. in der Leistungselektronik, unerläßlich.

Zusätzlich besitzt der Umschalter am Tast-/Teilerkopf meist noch eine mit **GND** oder **REF** (Referenz) bezeichnete Stellung, die den Eingang auf Masse legt wie die GD-Stellung des AC/DC-Umschalters am Gerät.

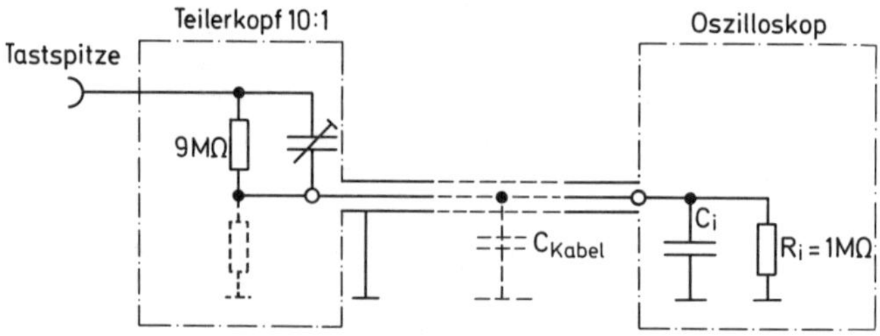

Bild 7/6 Prinzipschaltung eines Teilerkopfes

Die Teilung im Teilerkopf wird durch einen eingebauten Widerstand von 9 Megohm erreicht (Bild 7/6). Dieser bildet mit dem Widerstand des Eingangsteilers von 1 Megohm im Oszilloskop einen Spannungsteiler mit dem Verhältnis:

$$U_I/U_Q = (9\,M\Omega + 1\,M\Omega)/1\,M\Omega = 10$$

Da zu dem 1 Megohm des Eingangsteilers die Eingangs- und die Leitungskapazität parallel liegen, muß auch im Teilerkopf eine Frequenzkompensation vorhanden sein. Der Teilerkopf würde sonst das Verhalten eines Tiefpasses aufweisen, was zur Herabsetzung der Grenzfrequenz, Phasendrehungen und Verzerrungen bei nichtsinusförmigen Signalen führen würde.

Die Frequenzkompensation bewirkt ein Trimmerkondensator, der in den Teilerkopf eingebaut ist und dem 9-Megohm-Widerstand parallel geschaltet ist.

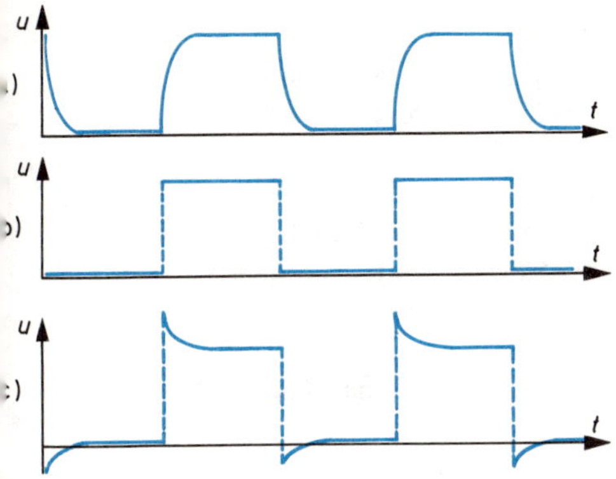

Bild 7/7 Abgleich der Frequenzkompensation
a) unterkompensiert b) richtig kompensiert
c) überkompensiert

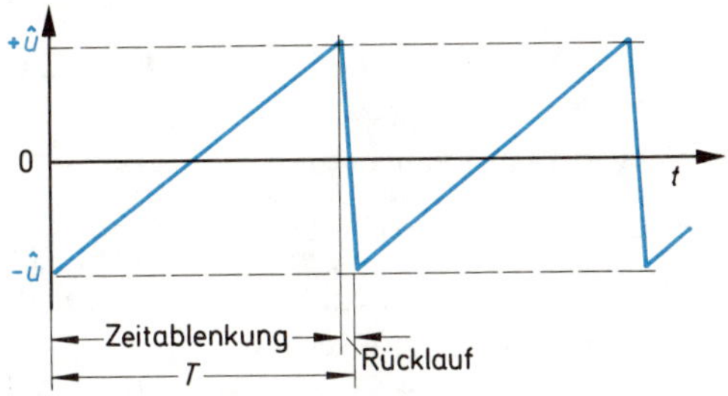

Bild 7/8 Sägezahnspannung

Da die Eingangskapazitäten der Oszilloskope unterschiedlich sind, ist bei der Inbetriebnahme eines anderen Teilerkopfs stets ein neuer Abgleich der Frequenzkompensation erforderlich. Der Abgleich der Frequenzkompensation wird durch Abbildung eines Rechtecksignals über den 10/1-Teiler vorgenommen.

Das Rechtecksignal enthält viele höherfrequente Oberwellen und zeigt daher einen nicht einwandfreien Abgleich durch Kurvenformverzerrung sofort an (Bild 7/7). Das für den Abgleich erforderliche Rechtecksignal liefert das Oszilloskop selbst über die mit **CAL.** bezeichnete Klemme (Bild 7/5 unter dem Bildschirm), an die der Tast-/Teilerkopf angeklemmt wird. Die Amplitude dieses Rechtecksignals ist auf genau 0,2 V_{ss} eingestellt, so daß gleichzeitig mit der Frequenzkompensation eine Kontrolle des Ablenkfaktors vorgenommen wird. Wird der Abschwächer auf 5 mV/cm eingestellt, ergibt sich, unter Berücksichtigung des Teilerkopfs, eine Signalhöhe von 4 cm:

$$4\,\text{cm} \cdot 10 \cdot 5\,\text{mV/cm} = 200\,\text{mV} = 0{,}2\,\text{V}$$

7.2.4 Horizontalablenkteil und Zeitbasis

Die häufigste Anwendung des Oszilloskops dient der Darstellung von Spannungs-Zeit-Diagrammen $u = f(t)$, wobei das Signal auf der Vertikal- oder Y-Achse und die Zeit auf der Horizontal- oder X-Achse abgebildet wird. Man spricht daher auch von der Y-t-Darstellung.

Die Zeitablenkung erfolgt durch eine Sägezahnspannung, die dem Horizontal-Ablenkverstärker zugeführt wird (Bild 7/8). Von der langsameren, linear ansteigenden Flanke wird der Elektronenstrahl mit konstanter Geschwindigkeit vom linken zum rechten Bildrand abgelenkt. Die Ablenkgeschwindigkeit ist mit dem **TIMEBASE**[7]-Schalter über den Zeitablenkfaktor einstellbar. Den Strahlrücklauf bewirkt die steil abfallende Flanke der Sägezahnspannung.

Der Elektronenstrahl wird nur während des Vorlaufs hell getastet (positiver Impuls am Wehneltzylinder).

[7] Timebase (engl.) = Zeitbasis

Ohne eine Signalspannung auf dem Vertikaleingang soll auf dem Schirm die horizontale Nullinie erscheinen. Dafür muß der Zeitbasisgenerator eine periodische Ablenkspannung liefern. Der Druckschalter **AT/NORM.** (Automatik/normal) muß auf **AT** stehen (Grundstellung).

Um dem Auge eine kontinuierliche Linie zu bieten, sollte bei der Grundeinstellung ein Zeitablenkfaktor gewählt werden, der eine ausreichende Ablenkfrequenz liefert. Bei einer Zeitbasiseinstellung von z. B. 1 ms/cm benötigt der Vorlauf des Elektronenstrahls

$$t = 10\,\text{cm} \cdot 1\,\text{ms/cm} = 10\,\text{ms}.$$

Das ergibt eine Ablenkfrequenz von ca. 100 Hz (Rücklaufzeit vernachlässigt), bei der eine flimmerfreie Linie erscheint.

Die horizontale Bezugslage der Nullinie wird mit dem Drehknopf **X-POS.** so eingestellt, daß der Anfang der Nullinie mit der linken Rasterlinie zusammenfällt.

Bei Zeitmessungen ist darauf zu achten, daß der Drehknopf, der zur kontinuierlichen Verstellung der Zeitbasis dient, in seiner Raststellung **C** steht.

Die Länge der Nullinie bzw. Kurve kann durch Vergrößerung der Amplitude der Sägezahnspannung gedehnt werden. Wird der Druckschalter **X-MAGN**[8] (Bild 7/5 unter der Bildröhre) gedrückt, werden die horizontale Amplitude und damit auch die Ablenkgeschwindigkeit verfünffacht. Bei Zeitmessungen muß dann der Horizontalablenkfaktor des TIMEBASE-Schalters durch fünf dividiert werden. Durch Drehen am X-POS.-Steller kann jeder Abschnitt des gedehnten Bildes eines Signals in den Sichtbereich des Schirms geschoben werden.

7.2.5 Triggerung

Erfolgt gleichzeitig zur Zeitablenkung eine Vertikalablenkung durch ein Wechselspannungssignal, muß die Zeitbasis mit dem Signal synchronisiert werden, um ein stehendes Bild zu erhalten. Bei jeder Wiederholung des Schreibvorgangs muß die vorige Kurve überschrieben werden. Um dabei die geeichte Ablenkgeschwindigkeit beibehalten zu können, wartet man mit der neuen Horizontalablenkung des Elektronenstrahls so lange, bis das Signal wieder den gleichen Augenblickswert aus der gleichen Richtung erreicht hat. Dieses Verfahren der Synchronisation der Zeitbasis wird **Triggerung**[9] genannt.

Die Signalspannung wird zur Triggerung einem Schwellwertschalter (Schmitt-Trigger) mit einstellbarem Schwellwert oder Triggerpegel zugeführt. Erst wenn das Signal den Schwellwert überschreitet, wird der Ablenkgenerator zur Abgabe eines neuen Sägezahnimpulses aufgefordert (Bild 7/9).

In der Grundeinstellung wird das auf den Eingang CH. I gegebene Signal im Gerät dem Schmitt-Trigger zugeführt: Man spricht von interner Triggerung.

Das Triggersignal kann dem Oszilloskop auch unabhängig vom abgebildeten Signal über die Buchse **TRIG.EXT.** (externe Triggerung) zugeführt werden, wenn der gleichnamige Schalter eingedrückt ist. Man kann so den zeitlichen Bezug zu einem anderen, nicht dargestellten Signal herstellen.

---

[8] Magnify (engl.) = vergrößern

[9] Trigger (engl.) = Auslöser

Bild 7/9 Triggerung des Ablenkgenerators

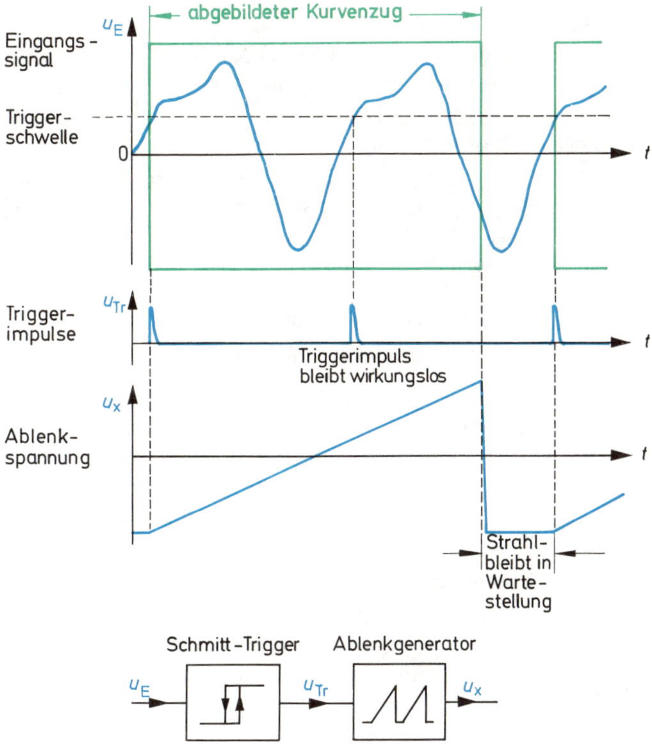

Im Normalfall wird mit positiver Triggerung gearbeitet, d. h., die Zeitablenkung beginnt, wenn das Signal ansteigt und die Triggerschwelle in postiver Richtung (von unten) durchläuft. Bei Betätigung des +/– -Schalters wird auf negative Triggerung umgeschaltet. Der Kurvenzug beginnt dann mit der abfallenden Signalflanke.

Im Normalbetrieb wird mit **automatischer Triggerung** gearbeitet: Der Schalter **AT/ NORM.** ist nicht gedrückt. Bei fehlendem Wechselspannungssignal würde in der Schalterstellung NORM. keine Nullinie geschrieben.

In der Betriebsart AT liefert die Zeitbasis periodisch eine Linie, solange kein Wechselspannungssignal vorhanden ist, und geht automatisch auf Triggerung über, sobald ein Wechselspannungssignal ausreichender Amplitude am Eingang liegt.

Bei komplexeren Signalverläufen ist unter Umständen im AT-Betrieb keine einwandfreie Triggerung möglich. Der AT/NORM.-Schalter ist auf normale oder manuelle Triggerung umzuschalten. Der Triggerpegel muß dann mit dem **LEVEL**-Steller eingestellt werden.

Als **Triggersignalquelle** dient in der Grundstellung das auf Kanal I (CH. I) dargestellte Signal. Im Zweikanalbetrieb kann mit dem Drucktaster **TRIG. I/II** auf Kanal II als Triggerquelle umgeschaltet werden (Bild 7/20a). Die Triggersignalquelle kann auch unabhängig vom dargestellten Signal gewählt werden:

Externe Triggerung:

Mit dem Schalter **TRIG.EXT.** wird das Triggersignal von der entsprechend bezeichneten Buchse bezogen. Diese Triggerart wird beim Zweikanaloszilloskop nur noch selten benötigt.

Netz-Triggerung:

In der Stellung **LINE** des **TRIGGER SELECTOR**-Schalters wird das Triggersignal aus dem Netzteil des Oszilloskops gewonnen. Diese Stellung ist bei der Messung an Schaltungen sinnvoll, deren Signale synchron mit der Netzfrequenz ablaufen.

Das Triggersignal kann außerdem auf unterschiedliche Art an den Schmitt-Trigger angekoppelt werden. Die Art der Triggersignalankopplung wird mit dem **TRIGGER SELECTOR**-Schalter eingestellt:

AC (Normalstellung) Es wird nur der Wechselspannungsanteil des Signals auf den Trigger gegeben. Der Gleichspannungsanteil wird durch einen Kondensator abgeblockt.

DC Die gleichspannungsmäßige Ankopplung eines Signals ist z. B. bei sehr kleinen Signalfrequenzen oder Mischspannungen sinnvoll, wenn auf einem bestimmten Signalpegel getriggert werden soll.

HF Das Signal wird über einen Hochpaß zugeführt (nur bei hochfrequenten Signalen > 1 Mhz sinnvoll).

LF Das Signal wird über einen Tiefpaß zugeführt. Höhere Frequenzen (ca. > 800 Hz) werden herausgefiltert. Wenn Signale mit hochfrequenten Störimpulsen behaftet sind, kann auf diese Weise manchmal eine ruhigere Triggerung erreicht werden.

7.3 Signalanalysen im Einkanalbetrieb

Die Untersuchung eines einzelnen Signals wird im Einkanalbetrieb durchgeführt. Es wird stets von der Grundeinstellung (Abschnitt 7.2.1) ausgegangen, wie sie nach dem Einschalten vorliegt. Der Vertikalablenkfaktor (AMPL.I) sollte so voreingestellt werden, daß bei der maximalen zu erwartenden Signalamplitude der Elektronenstrahl im Schirmbereich bleibt:

Ablenkfaktor $\geq U_{max}/4\,\text{cm}$ (bei Mittellage der Nullinie)

Die Zeitbasis sollte auf maximal 1 ms/cm stehen, um eine ruhige Nullinie zu erhalten (Abschnitt 7.2.4).

7.3.1 Gleichspannungsmessung

Eine (reine) Gleichspannung am Eingang des Oszilloskops bewirkt eine Parallelverschiebung der Nullinie in vertikaler Richtung. Nach dem Einstellen der Nullinie mit **Y-POS.I**, in Stellung **GD** (Ground) des Eingangsschalters, wird das Signal anschließend in **DC**-Stellung gleichspannungsmäßig eingekoppelt.

Beim Messen einer positiven Gleichspannung ist es sinnvoll, die Nullinie auf eine untere Rasterlinie zu legen, um durch eine möglichst große Vertikalablenkung eine optimale Meßgenauigkeit zu erhalten:

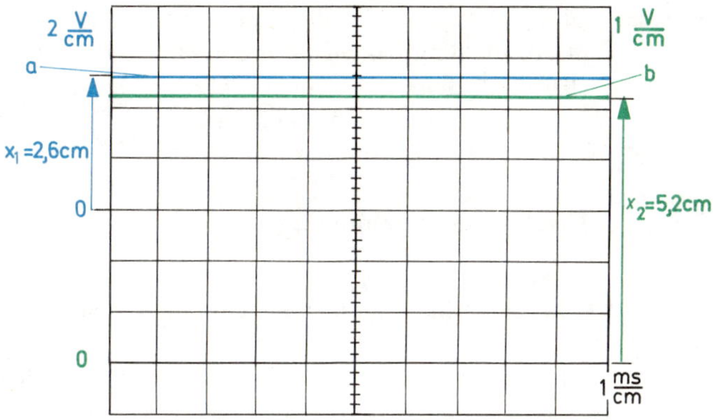

Bild 7/10 Messung einer Gleichspannung

Beispiel: Bild 7/10:

1. Einstellen mit Nullinie in der Mitte (Kurve a): Vertikalablenkung x = 2,6 cm bei einem Ablenkfaktor von 0,2 V/cm und Teilerkopf 10/1:
   $U = 2{,}6\,\text{cm} \cdot 10 \cdot 0{,}2\,\text{V/cm} = \underline{\underline{5{,}2\,\text{V}}}$

2. Einstellen mit Nullinie unten (Kurve b): Vertikalablenkung x = 5,2 cm bei einem Ablenkfaktor von 0,1 V/cm und Teilerkopf 10/1:
   $U = 5{,}2\,\text{cm} \cdot 10 \cdot 0{,}1\,\text{V/cm} = \underline{\underline{5{,}2\,\text{V}}}$

Bei Mischspannungen, d. h. Signalen, die aus einem Gleich- und einem Wechselspannungsanteil bestehen, erhält man den **Gleichspannungsanteil oder arithmetischen Mittelwert** mit dem Oszilloskop auf folgende Art:

Durch Umschalten der Signalankopplung von AC auf DC wird das Signal erst ohne und dann mit seinem Gleichspannungsanteil abgebildet.

Der arithmetische Mittelwert des Signals ergibt sich aus der Vertikalverschiebung der Signalkurve beim Umschalten der Signalankopplung von AC auf DC. Das Vorzeichen erhält man aus der Richtung der Verschiebung.

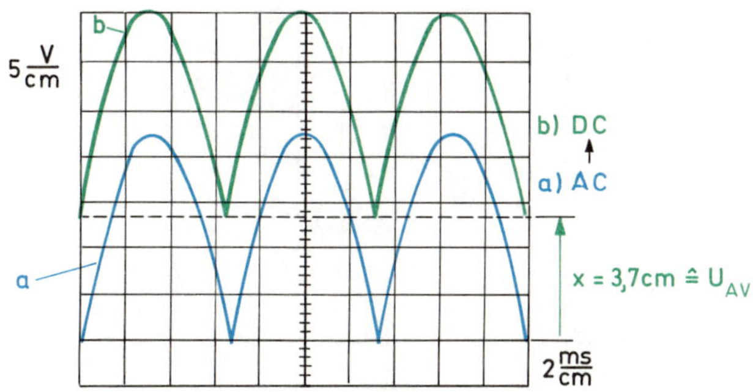

Bild 7/11 Messung des Gleichspannungsanteiles einer pulsierenden Gleichspannung

Beispiel: Bild 7/11 zeigt das Oszillogramm einer welligen Gleichspannung. Zuerst wurde in AC-Stellung das Signal mit Y-POS.I auf die untere Rasterlinie geschoben (Kurve a). Beim Umschalten auf DC erfolgte eine Verschiebung (nach oben) um x = +3,7 cm (Kurve b) bei 0,5 V/cm und Teilerkopf 10/1:
$U_{AV} = +3{,}7\,\text{cm} \cdot 10 \cdot 0{,}5\,\text{V} = \underline{+18{,}5\,\text{V}}$

7.3.2 Effektivwertbestimmung

Eine (reine) Wechselspannung liegt vor, wenn das Umschalten der Signalankopplung von AC auf DC keine Vertikalverschiebung der Kurve bewirkt, d. h. wenn der arithmetische Mittelwert Null ist.

Wechselspannungen werden mit dem Oszilloskop im allgemeinen über den Spitze-Spitze-Wert gemessen. Der Spitze-Spitze-Wert einer Wechselspannung ist kein real existierender Spannungswert, sondern nur der Spannungshub oder die Differenz zwischen dem negativen und dem positiven Scheitelwert. Den Scheitelwert erhält man bei einer symmetrischen Kurvenform durch Halbierung des Spitze-Spitze-Werts.

Für das Berechnen der Leistung muß immer der Effektivwert (Abschnitt 2.2.4) bekannt sein.

Der Effektivwert einer Wechselspannung läßt sich aus dem Oszillogramm nicht direkt ablesen. Er kann nur aus dem Spitze-Spitze-Wert errechnet werden, wenn der Umrechnungsfaktor vom Spitze-Spitze-Wert in den Effektivwert für die betreffende Kurvenform bekannt ist.

Tabelle 7/1 zeigt die Umrechnungsfaktoren zum Berechnen des Effektivwerts aus dem Spitze-Spitze-Wert für einige Kurvenformen von Wechsel- und Mischspannungen.

Beispiel: Bild 7/12 zeigt das Oszillogramm einer sinusförmigen Wechselspannung. Zum bequemeren Ablesen des Spitze-Spitze-Werts wurde die Kurve mittels der Knöpfe X-POS.I und Y-POS. so verschoben, das der negative Scheitelwert eine Rasterlinie berührt. Als Spannungshub wurden x = 4,6 cm bei 0,5 V/cm ohne Teilerkopf gemessen:

$U_{ss} = 4{,}6\,\text{cm} \cdot 0{,}5\,\text{V/cm} = 2{,}3\,\text{V}_{ss}$

$$U_{RMS} = \frac{2{,}3\,\text{V}}{2 \cdot \sqrt{2}} = \underline{0{,}814\,\text{V}}$$

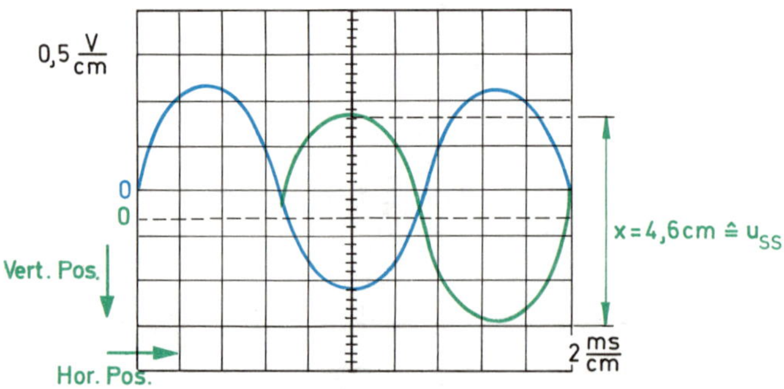

Bild 7/12 Messung einer Wechselspannung

		Effektivwert $U_{RMS} =$	arithmetischer Mittelwert $U_{AV} =$	Crestfaktor $\frac{\lvert\hat{u}\rvert}{U_{RMS}} =$
sinusförmige Wechselspannung	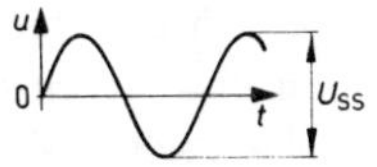	$\frac{U_{ss}}{2 \cdot \sqrt{2}} \approx 0{,}35 \cdot U_{ss}$	0	$\sqrt{2} \approx 1{,}41$
nach Einweg-gleichrichtung	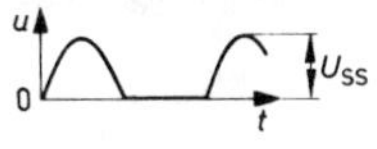	$\frac{U_{ss}}{2} = 0{,}5 \cdot U_{ss}$	$\frac{U_{ss}}{\pi} \approx 0{,}318 \cdot U_{ss}$	2
nach Zweiweg-gleichrichtung	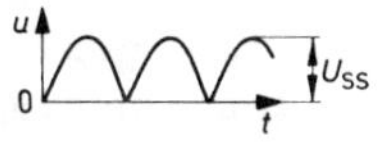	$\frac{U_{ss}}{\sqrt{2}} \approx 0{,}71 \cdot U_{ss}$	$\frac{2 \cdot U_{ss}}{\pi} \approx 0{,}637 \cdot U_{ss}$	$\sqrt{2} \approx 1{,}41$
Rechteckwechsel-spannung (symmetrisch)	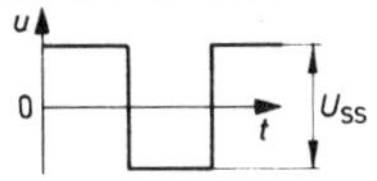	$\frac{U_{ss}}{2} = 0{,}5 \cdot U_{ss}$	0	1
Rechteckwechsel-spannung (unsymmetrisch) $V_T = \frac{t_1}{T}$	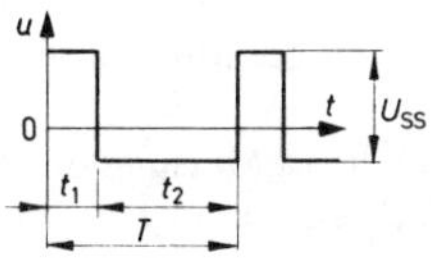	$U_{ss} \cdot \sqrt{V_T - V_T^2}$	0	$t_1 < t_2$: $\frac{\frac{1}{V_T} - 1}{\sqrt{\frac{1}{V_T} - 1}}$ $t_1 > t_2$: $\frac{1}{\sqrt{\frac{1}{V_T} - 1}}$
Rechteckgleichspannung mit beliebigem Tastverhältnis $V_T = \frac{t_i}{T}$	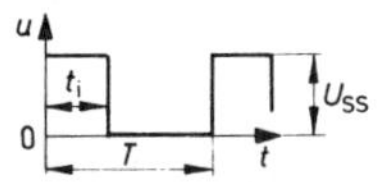	$U_{ss} \cdot \sqrt{V_T}$	$U_{ss} \cdot V_T$	$\frac{1}{\sqrt{V_T}}$
Dreieckwechsel-spannung und Sägezahnspannung	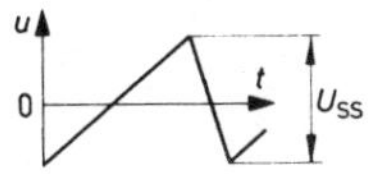	$\frac{U_{ss}}{2 \cdot \sqrt{3}} \approx 0{,}29 \cdot U_{ss}$	0	$\sqrt{3} \approx 1{,}73$
Dreieckgleich-spannung	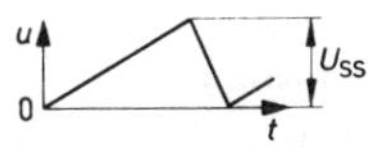	$\frac{U_{ss}}{\sqrt{3}} \approx 0{,}58 \cdot U_{ss}$	$\frac{U_{ss}}{2} = 0{,}5 \cdot U_{ss}$	$\sqrt{3} \approx 1{,}73$

Tabelle 7.1

Zur besseren Ablesbarkeit des Spannungshubs U_{ss} kann bei höheren Frequenzen auch die Zeitablenkung verlangsamt werden, damit die Scheitelwerte enger beieinanderliegen.

Mit dem Abschalten der Horizontalablenkung durch Betätigen des HOR.EXT.-Schalters sollte vorsichtig umgegangen werden. Die dann entstehende senkrechte Linie hat eine höhere Helligkeit und erscheint durch ihre größere Breite etwas länger. Die Intensität (INTENS.) sollte daher zurückgenommen werden. Wird bei dieser Einstellung auch das Signal abgenommen, erscheint ein Punkt auf dem Schirm, und es besteht Einbrenngefahr.

Der Effektivwert einer beliebigen Mischspannung kann durch getrenntes Bestimmen des Gleichspannungsanteils (arithmetischer Mittelwert) und des Wechselspannungsanteils erfolgen. Der Effektivwert U_{RMS} der Mischspannung errechnet sich aus dem arithmetischen Mittelwert U_{AV} und dem Effektivwert der Wechselspannung U_{RMS1} zu:

$$U_{RMS} = \sqrt{U_{AV}^2 + U_{RMS1}^2}$$

7.3.3 Frequenzbestimmung

Die geeichte Zeitbasis des Oszilloskops erlaubt das Messen von periodisch wiederkehrenden Zeitintervallen. **Frequenzen müssen durch Periodenmessung und anschließende Kehrwertbildung berechnet werden:**

$$f = 1/T$$

Die Periodendauer einer Wechselspannung erhält man am genauesten aus der Strecke zwischen den Nulldurchgängen mit gleicher Richtung bei maximal möglicher Zeitdehnung.

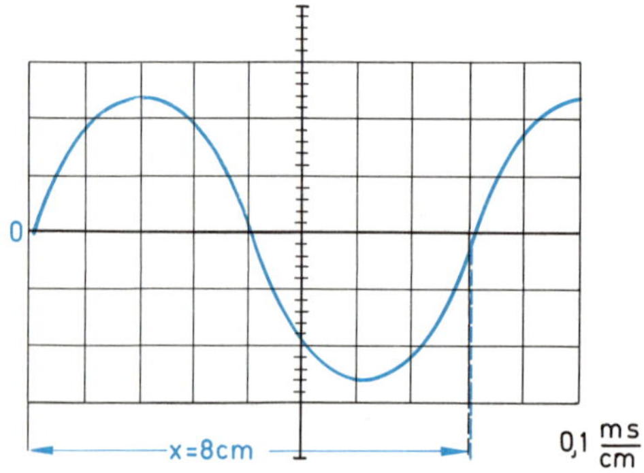

Bild 7/13 Messung der Periodendauer einer Wechselspannung

Beispiel: Bild 7/13 zeigt das Oszillogramm einer Wechselspannung bei einem Zeitablenkfaktor von 0,1 ms/cm. Die Periodenlänge wurde zu x = 8 cm bestimmt:

$T = 8\,\text{cm} \cdot 0{,}1\,\text{ms/cm} = 0{,}8\,\text{ms}$

$f = 1/T = 1/0{,}8\,\text{ms} = \underline{1{,}25\,\text{kHz}}$

7.3.4 Bestimmung eines Stromflußwinkels

In der Leistungselektronik wird die Leistung von Wechselstromverbrauchern häufig über die Phasenanschnittsteuerung gemindert. Dabei wird der Verbraucher in jeder Halbwelle nur während des hinteren Zeitabschnitts für die Dauer des Stromflußwinkels an Spannung gelegt. Der Winkel zwischen Nulldurchgang und Einschalt- oder Zündzeitpunkt des Leistungshalbleiters heißt Zündverzögerungswinkel. Der Effektivwert der Spannung bzw. die Leistung am Verbraucher können über den Stromflußwinkel bestimmt werden.

Normale Drehspul-Gleichrichterinstrumente oder einfache Digitalmultimeter messen wegen der Abweichung von der Sinusform einen falschen Wert (Abschnitte 7.2.4 und 2.10.7.3).

Achtung: Bei Messungen an der Netzspannung muß ein Trenntransformator oder ein Oszilloskop mit Schutzisolierung (Abschnitt 7.2.2) verwendet werden. Sonst kann nur gegen den PE-Leiter gemessen werden.

Bei Meßobjekten, die an der Netzspannung arbeiten, bietet sich die problemlose Netz-Triggerung aus dem Oszilloskop an. Das Messen des Stromflußwinkels erfolgt in folgenden Schritten:

a) Zuerst wird die volle Periode Netzspannung abgebildet. Der **TRIGGER SELECTOR** wird in **LINE**-Stellung gebracht und mit dem **LEVEL**-Steller in Triggerart **NORM.** der Triggerpegel so eingestellt, daß die Netzspannungskurve gerade mit dem Nulldurchgang am Rasteranfang liegt (Bild 7/14 Kurve a gestrichelt). Sollte die Kurve mit der negativen Halbwelle beginnen, kann die Phasenlage durch Umschalten auf die entgegengesetzte Triggerflanke mit dem +/– -Schalter gedreht werden.
b) Abbildung der angeschnittenen Spannungskurve am Verbraucher (Bild 7/14 Kurve a).
c) Mit **TIMEBASE** wird die Halbwelle auf die volle Schirmlänge von 10 cm gedehnt, um die Auflösung zu verbessern. Die auf die Schirmlänge von 10 cm = 180 ° umgerechnete Impulslänge ergibt den Stromflußwinkel.

Beispiel: Bild 7/14 zeigt das Oszillogramm einer Halbwelle einer Phasenanschnittspannung (Kurve b). Die Impulslänge beträgt x = 4 cm bei 1 ms/cm
$\Theta = 4\,\text{cm} \cdot 180\,°/10\,\text{cm} = 72\,°$

Der Effektivwert einer Phasenanschnittspannung kann mittels der in Bild 7/15 dargestellten Kurve aus dem Stromflußwinkel und der Netzspannung ermittelt werden:

Bei $\Theta = 72\,°$ werden $U/U_0 = 0{,}55$ der Kurve entnommen.
Bei einer Netzspannung von $U_0 = 220\,\text{V}$ ergibt sich der Effektivwert der Phasenanschnittspannung zu
$U_{RMS} = 220\,\text{V} \cdot 0{,}55 = \underline{121\,\text{V}}$

Bild 7/14 Messung des Stromflußwinkels

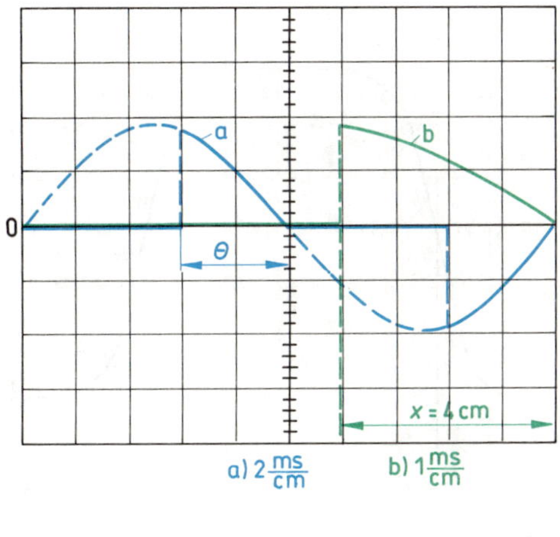

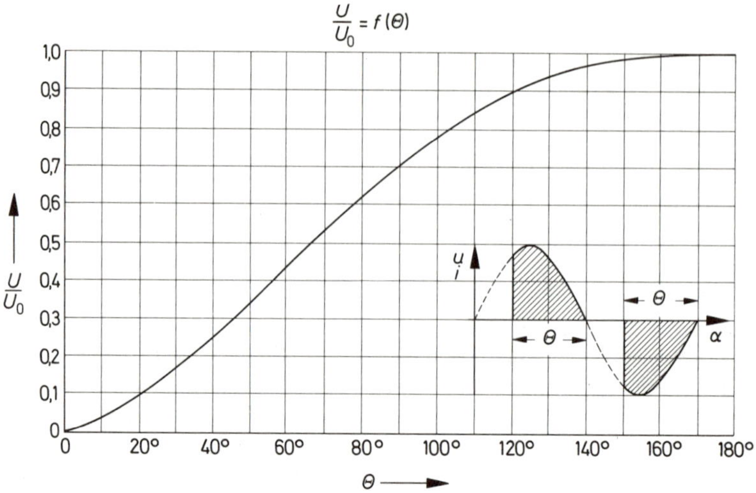

Bild 7/15 Kurve zur Ermittlung des Effektivwerts einer phasenangeschnittenen (sinusförmigen) Wechselspannung

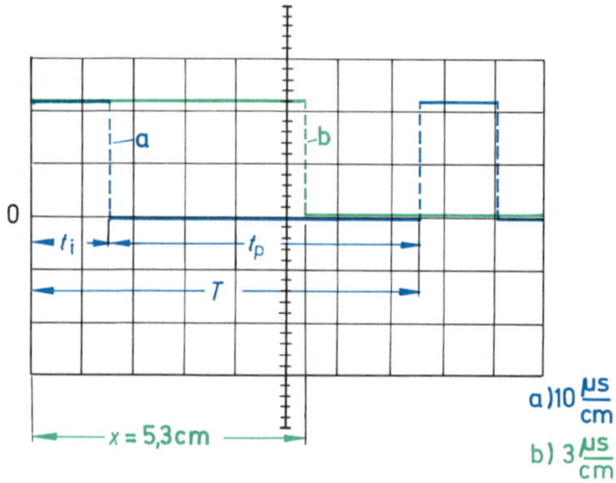

Bild 7/16 Impulszeitmessung

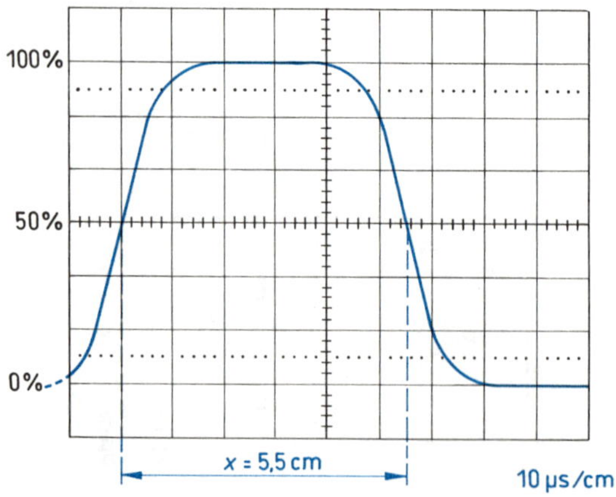

Bild 7/17 Impulszeitmessung bei verschliffenen Flanken

7.3.5 Messungen an impulsförmigen Signalen

An impulsförmigen Signalen müssen häufig Impulszeiten gemessen werden.

Bild 7/16 zeigt das Oszillogramm einer positiven Rechteckspannung mit Triggerung auf der positiven Impulsflanke. Bei einer Zeitbasis von 10 µs/cm (Kurve a) erscheint zunächst die volle Periode auf dem Bildschirm. Zur möglichst genauen Messung einer relativ kurzen Impulszeit wird der Impuls durch Zeitdehnung (TIMEBASE) auf maximal mögliche Länge gestreckt (Kurve b).

Beispiel 1: (Bild 7/16) Bei einer Zeitbasis von 3 µs/cm beträgt die Impulslänge x = 5,3 cm:

$t_i = 5{,}3\,\text{cm} \cdot 2\,\mu\text{s/cm} = \underline{\underline{10{,}6\,\mu\text{s}}}$

In der Praxis sind Flanken von Impulsen meist mehr oder minder verschliffen, d. h. abgeschrägt (Bild 7/17). Die Anstiegs- und die Abfallzeiten können bei stärker verschliffenen Impulsen nicht unberücksichtigt bleiben.

Bei Impulsen mit verschliffenen Flanken ist die Impulsdauer als der Zeitintervall definiert, in dem die Spannung 50 % der Impulsamplitude überschreitet.

Die Triggerung sollte bei gedrücktem **AT/NORM.**-Schalter erfolgen, damit der Triggerpegel mittels **LEVEL** auf den Anfang der ansteigenden Impulsflanke gelegt werden kann. Mit **Y-POS.** wird das Signal in vertikaler Richtung so verschoben, daß der Impuls symmetrisch zur mittleren Rasterlinie liegt (Bild 7/17). Die Impulsdauer ergibt sich nun aus dem Abstand zwischen den Schnittpunkten der Impulsflanken mit der Mittellinie.

Beispiel 2: Im Oszillogramm von Bild 7/17 beträgt der horizontale Abstand der Schnittpunkte zwischen den Impulsflanken und der Mittellinie x = 5,5 cm. Die Zeitbasis beträgt 10 µs/cm.

$t_i = 5{,}5\,\text{cm} \cdot 10\,\mu\text{s/cm} = \underline{\underline{55\,\mu\text{s}}}$

Anstelle des Absolutwerts der Impulsdauer wird häufiger das Verhältnis der Impulsdauer zur Periodendauer benötigt, das sogenannte **Tastverhältnis**:

$$V_T = t_i/T$$

Das Tastverhältnis einer Impulsspannung kann am einfachsten gemessen werden, wenn die Periodenlänge mittels des im TIMEBASE-Schalter befindlichen Drehknopfs genau auf die Rasterlänge von 10 cm eingestellt wird (Bild 7/18). Die Impulslänge braucht dann nur noch durch die Periodenlänge von 10 cm dividiert zu werden.

Beispiel 3: Im Oszillogramm von Bild 7/18 wurde eine Impulslänge von x = 2,3 cm gemessen:

$V_T = 2{,}3\,\text{cm}/10\,\text{cm} = \underline{\underline{0{,}23}}$

Achtung: Der Einstellknopf im TIMEBASE-Schalter sollte anschließend sofort wieder in die Raststellung C zurückgestellt werden, da sonst fehlerhafte Zeitmessungen ausgeführt werden.

Ein wichtiges Kriterium für die Beurteilung von Impulsspannungen ist oft die **Anstiegszeit** t_r (risetime) bzw. die **Abfallzeit** t_f (falltime) eines Impulses. Sie ist definiert durch die Zeit, in der die Spannung von 10 % auf 90 % der Impulsamplitude ansteigt, bzw. von 90 % auf 10 % abfällt.

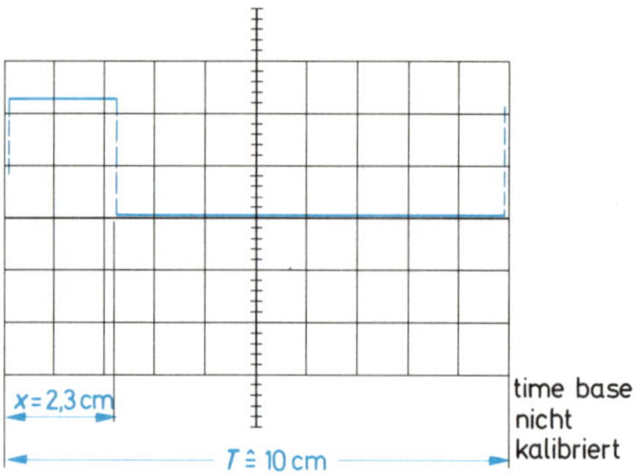

Bild 7/18 Bestimmung des Tastverhältnisses

Die Messung der Anstiegs- bzw. Abfallzeit von Impulsen wird durch zusätzliche punktierte Rasterlinien auf dem Bildschirm (Bild 7/19) unterstützt. Diese Hilfslinien liegen im Abstand von 5 cm symmetrisch zur Mittellinie. Der vertikale Abstand von 0,5 cm zu den benachbarten Rasterlinien entspricht den 10 %- bzw. 90 %-Marken, wenn der Impuls genau zwischen die Hilfslinien gelegt wird (Bild 7/19).

Das Einstellen der Impulsamplitude auf die erforderlichen 5 cm wird mit dem Fein-Einstellknopf im AMPL. I-Schalter vorgenommen.

Achtung: Es sollte nicht vergessen werden, den Fein-Einstellknopf anschließend in die Raststellung C zurückzustellen, da sonst fehlerhafte Spannungsmessungen ausgeführt werden könnten.

Beispiel 4: Bild 7/19 zeigt einen Impuls mit verschliffenen Flanken (Kurve a). Bei starker Dehnung der ansteigenden Flanke auf 2 µs/cm ergibt sich eine Anstiegsstrecke von 10 % auf 90 % von x = 6,7 cm. Die Anstiegszeit ergibt sich zu:

$t_r = 8{,}5\,\text{cm} \cdot 2\,\mu\text{s/cm} = \underline{17\,\mu\text{s}}$

Die abfallende Impulsflanke kann nach Umschalten auf negative Triggerung (+/– -Schalter) mit dem LEVEL-Einstellknopf in den Schirmbereich gelegt werden.

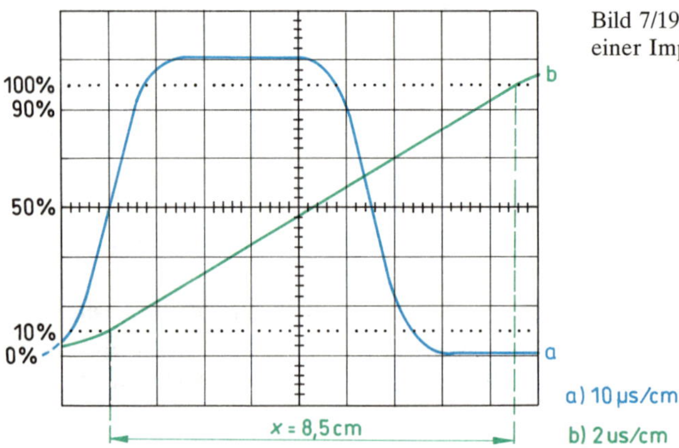

Bild 7/19 Bestimmung der Anstiegszeit einer Impulsflanke

7.4 Zweikanalbetrieb

Für Meßaufgaben, bei denen ein Bezug zwischen zwei oder mehreren synchron ablaufenden Signalen hergestellt werden muß, ist das Zweikanaloszilloskop besonders geeignet. Moderne Oszilloskope sind daher, wie der hier für die Erklärungen benutzte HM 203, auf Zweikanalbetrieb umschaltbar.

Die quasi gleichzeitige Darstellung zweier Signale wird im Zweikanaloszilloskop durch schnelles Umschalten des Vertikalablenkteils zwischen zwei Signaleingängen erreicht.

Das Zweikanaloszilloskop darf nicht mit dem erheblich aufwendigeren Zweistrahloszilloskop verwechselt werden (Bild 7/20b): Die Elektronenstrahlröhre besitzt zwei Elektronenkanonen mit getrennten Vertikalablenkplatten. Außerdem sind zwei Vertikalablenkverstärker vorhanden. Diese Geräte verfügen bei hohen Ablenkgeschwindigkeiten über größere Helligkeit.

7.4.1 Bedienung im Zweikanalbetrieb

Da beim Zweikanaloszilloskop beide Signale das gleiche Ablenksystem und die gleiche Zeitbasis benutzen, liegen die Signale zeitgleich übereinander.

Ein elektronischer Analogschalter schaltet den Vertikalverstärker abwechselnd auf die Eingangsteile von Kanal I oder Kanal II (Bild 7/20a), wenn der mit **DUAL** bezeichnete Schalter eingedrückt ist (Bild 7/5). Die Eingangsempfindlichkeit sowie Vertikalposition und Ankopplungsart können für beide Signale unabhängig gewählt werden.

Der mit **CHI/II** überschriebene Schalter dient beim Zweikanalbetrieb der Wahl der Triggerquelle und ist dann mit **TRIG.I/II** bezeichnet. In Normalstellung (nicht gedrückt) wird das auf den Eingang **CH.I** gelegte Signal zur internen Triggerung verwendet und in gedrückter Stellung das von Eingang **CH.II**.

Der elektronische Kanalumschalter kann mit dem **ALT/CHOP**-Schalter zwischen zwei Betriebsarten umgeschaltet werden:

ALT.[10]: (Normalstellung) Der Kanalumschalter schaltet nach jedem Durchlauf der Zeitbasis, d. h. bei jeder neuen Triggerung, auf den anderen Kanal um. Die Signale werden also abwechselnd geschrieben. Bei geringen Ablenkfrequenzen (z. B. 50 Hz) neigt das Bild durch die Halbierung der Wiederholfrequenz eher zum Flackern. Für diesen Fall bietet sich die Betriebsart CHOP. an.

CHOP.[11]: Der Umschalter arbeitet unabhängig von der Zeitbasis mit einer hohen Umschaltfrequenz (100 kHz bis 500 kHz). Während eines Strahldurchlaufs erfolgen bei kleineren Ablenkfrequenzen entsprechend viele Umschaltungen. Die Umschaltlücken sind normalerweise nicht sichtbar, da sie abwechselnd überschrieben werden. Nachteilig kann bei dieser Betriebsart der Helligkeitsverlust sein, der durch die Umschaltzeit des Elektronenstrahls entsteht.

---

[10] Alternate (engl.) = abwechseln
[11] Chop (engl.) = zerhacken

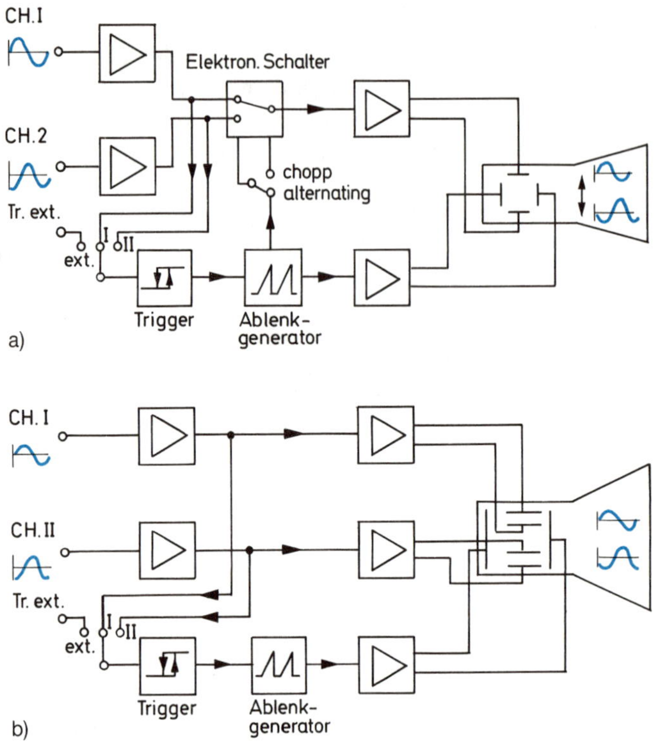

Bild 7/20 Blockschaltbild eines Zweikanal- und eines Zweistrahloszilloskops

a) Zweikanaloszilloskop mit elektronischem Umschalter
b) echtes Zweistrahloszilloskop

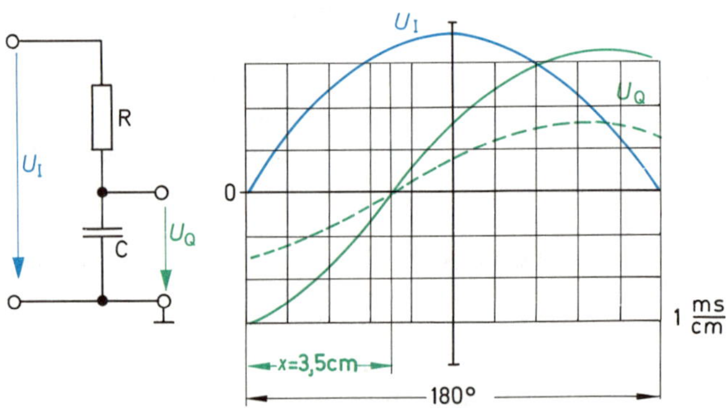

Bild 7/21 Bestimmung eines Phasenverschiebungswinkels

a) Schaltbild
b) Oszillogramme

7.4.2 Messung eines Phasenwinkels

Eine typische Anwendung des Zweikanalbetriebs bietet das Messen der Phasenverschiebung zweier Wechselspannungen. Das Bezugssignal U_1 mit dem Phasenwinkel 0 ° wird z. B. auf Eingang CH.I gelegt und dient als Triggerquelle (TRIG. I/II nicht gedrückt). Das phasenverschobene Signal U_2 wird auf den Eingang CH.II gelegt. Danach bietet sich folgende Vorgehensweise an:

1. Im Zweikanalbetrieb (DUAL gedrückt) werden zunächst beide Nullinien auf der mittleren Rasterlinie zur Deckung gebracht (Eingangsschalter auf GD.).
2. Das Bezugssignal U_I von Eingang CH.I wird abgebildet, und so weit gedehnt, daß nur eine Halbwelle auf dem Schirm erscheint (Bild 7/21b). Falls erforderlich, wird mit dem Feinsteller die Zeitbasis so verändert, daß auch der rechte Nulldurchgang genau am Rasterende liegt.
3. Das Ausgangssignal U_Q wird zugeschaltet und die Verschiebung des Nulldurchgangs gemessen. Beim Umschalten der Vertikalempfindlichkeit darf sich keine Verschiebung des Nulldurchgangs ergeben, anderenfalls ist entweder ein Gleichspannungsoffset vorhanden, oder die Nullinie ist verschoben.
4. Der Phasenwinkel wird berechnet, indem die Verschiebungsstrecke auf 10 cm = 180 ° bezogen wird. Eine Verschiebung des positiven Nulldurchgangs nach rechts (wie in Bild 7/21) entspricht einer Nacheilung.

Beispiel: Im Oszillogramm von Bild 7/21b wurde an einem RC-Glied (Bild 7/21a) eine Verschiebung der Nulldurchgänge zwischen Ein- und Ausgangssignal um x = 3,5 cm gemessen:
$\alpha = 3{,}5\,\text{cm} \cdot 180\,°/10\,\text{cm} = 63\,°$ Nacheilung

7.5 Differenzmessung

Mit den meisten Zweikanaloszilloskopen können auch Differenzsignale im Einkanalbetrieb gemessen werden. Damit ist es möglich, die Spannung an einem Bauelement darzustellen, das selbst keine Verbindung mit der Masse hat.

Bei der Differenzmessung werden beide Signaleingänge CH.I und CH.II mit den Meßpunkten der Schaltung verbunden, zwischen denen das abzubildende Signal liegt. Die Bedienungsschritte können in folgender Reihenfolge ablaufen:

1. Im Zweikanalbetrieb (DUAL gedrückt) wird zuerst auf Kanal I das Signal des Bezugspunktes für das Differenzsignal und auf Kanal II das des anderen Meßpunktes abgebildet.
2. Beide Signale werden möglichst groß mit gleicher Empfindlichkeit abgebildet (AMPL.I und AMPL.II in gleicher Stellung).
3. Das auf Kanal I abgebildete Signal wird durch Drücken des **INVERT.I**[12]-Schalters auf dem Bildschirm umgekehrt dargestellt.
4. Durch Umschalten auf einkanalige Darstellung (DUAL nicht gedrückt) wird zunächst nur das invertierte Signal von Kanal I abgebildet.

---

[12] Invert (engl.) = umkehren

5. Durch Drücken des ALT/CHOP-Schalters werden die vorher (bei Punkt 3) auf dem Schirm sichtbaren Signale addiert. Der ALT/CHOP-Schalter hat bei Einkanalbetrieb eine andere Funktion als im Zweikanalbetrieb: Addition der Signale beider Kanäle (I + II). Auf dem Schirm erscheint nun das Differenzsignal, da das Signal von Kanal I vorher umgekehrt wurde:

$$u = -u_{\mathrm{I}} + u_{\mathrm{II}} = u_{\mathrm{II}} - u_{\mathrm{I}}$$

6. Die Nullinie für das Differenzsignal kann nach Umschalten beider Signaleingänge auf Masse (GD) mit beiden Y-POS.-Stellern in die gewünschte Lage gebracht werden.

Die Ablenkempfindlichkeit ist bei Differenzmessung gleich den auf beiden Abschwächern eingestellten gleichen Ablenkfaktoren.

Eine Anwendung der Differenzmessung stellt die Darstellung und Messung des Stroms in einer Leitung dar, die keine direkte Verbindung mit der Masse der Schaltung und des Oszilloskops hat. In der Leitung muß sich jedoch ein ohmscher Widerstand als Stromfühler befinden, dessen Spannungsfall als Differenzsignal abgebildet wird. Der Spannungs-Ablenkfaktor für die Spannung an dem Widerstand kann in einen Strom-Ablenkfaktor umgerechnet werden:

$$\text{Strom-Ablenkfaktor} = \frac{\text{Spannungs-Ablenkfaktor}}{\text{Stromfühlerwiderstand}}$$

Beispiel: Die Spannung an einem Widerstand von $R = 1\,\mathrm{k\Omega}$ wurde mit 20 mV/cm ohne Teilerkopf abgebildet. Wie groß ist der Strom-Ablenkfaktor?

$$\text{Strom-Ablenkfaktor} = \frac{20 \cdot 10^{-3}\,\mathrm{V}}{1 \cdot 10^{3}\,\Omega \cdot \mathrm{cm}} = \underline{\underline{20\,\mu\mathrm{A/cm}}}$$

7.6 *X-Y*-Darstellung

Außer Spannungs-Zeit-Diagrammen (*Y-t*-Darstellung) können mit einem Zweikanaloszilloskop auf bequeme Weise auch z. B. Kennlinien und Übertragungsfunktionen in *X-Y*-Darstellung abgebildet werden.

Der Eingang CH. II wird bei externer Horizontalablenkung (**HOR. EXT.** gedrückt) zum Horizontaleingang (HOR. INP.). Die Zeitbasis, einschließlich der Triggerung, sind bei externer Horizontalablenkung außer Betrieb. Das Gerät muß bei externer Horizontalablenkung auf Einkanalbetrieb stehen (DUAL und ALT/CHOP nicht gedrückt).

Vor dem Umschalten auf externe Horizontalablenkung sollte die Strahlintensität weit zurückgenommen werden, damit bei fehlenden Ablenkspannungen kein heller Punkt auf dem Schirm entsteht (Einbrenngefahr).

Für beide Ablenkrichtungen stehen bei *X-Y*-Darstellung die gleichen geeichten Ablenkfaktoren zur Verfügung.

Beispiel 1:
Es soll die Kennlinie einer Diode auf dem Oszilloskop abgebildet werden. Bild 7/22a zeigt die Meßschaltung. Der Strombegrenzungswiderstand $R_{\mathrm{V}} = 1\,\mathrm{k\Omega}$ soll gleichzeitig als Stromfühler

Bild 7/22 Darstellung einer Kennlinie

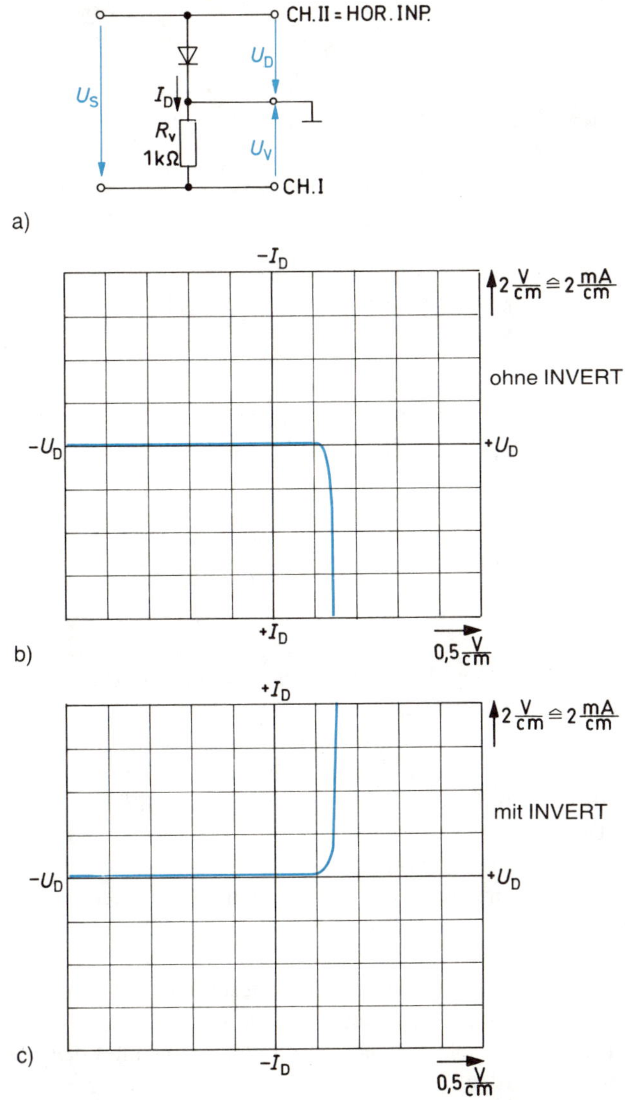

dienen. Damit die Spannung am Widerstand R_V allein abgebildet werden kann, muß das Bezugspotential (Masse) auf den Verbindungspunkt gelegt werden. Die Speisespannung U_S muß daher massefrei sein. Sie ist z. B. eine sinusförmige Wechselspannung, die einem Netztrafo entnommen werden kann.

Da der Diodenstrom in vertikaler Richtung abzubilden ist, wird der Eingang CH. I mit dem Widerstand verbunden. Die Diodenspannung wird mit dem Horizontaleingang (CH. II = HOR. INP.) verbunden.

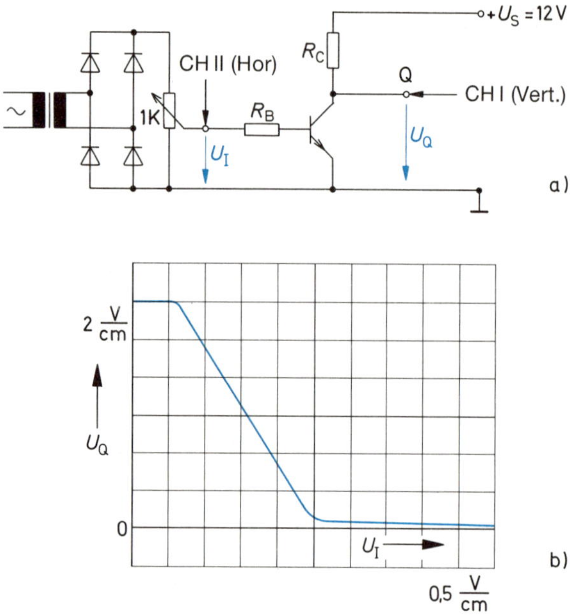

Bild 7/23 Darstellung einer Übertragungsfunktion

Bild 7/22b zeigt die Diodenkennlinie zunächst bei externer Horizontalablenkung, wobei zunächst **nur** der Schalter HOR. EXT. gedrückt ist. Die Kennlinie erscheint mit vertauschten Quadranten in vertikaler Richtung, weil die Diodenspannung auf die Anode bezogen ist. Die Sperrichtung erscheint oben im I. Quadranten. Statt die Diode in der Schaltung umzupolen, wird nun das Signal durch Drücken des **INVERT. I**-Schalters umgekehrt (Bild 7/22c).

Der Spannungsmaßstab für die *X*-Richtung wurde auf dem AMPL. I-Schalter zu 0,5 V/cm abgelesen (kein Teilerkopf).

Der Strommaßstab für die *Y*-Richtung errechnet sich aus dem Widerstandswert von $R_V = 1\,k\Omega$ und dem Ablenkfaktor auf dem AMPL. II-Schalter von 2 V/cm zu: (2 V/cm) · 1 kΩ = 2 mA/cm.

Bei Schaltgliedern aus der Digitaltechnik ist die Übertragungsfunktion (Transferkennlinie) ein wichtiges Kriterium. Veränderungen des Übertragungsverhaltens bei Belastungsänderung oder durch Temperatureinfluß können mit dieser Kennlinie im Betrieb sichtbar gemacht werden.

Die Übertragungsfunktion $U_Q = f(U_I)$ kann in *X*-*Y*-Darstellung abgebildet werden.

Beispiel 2:

Als Beispiel soll die Übertragungsfunktion einer einfachen Transistor-Schaltstufe (Inverter) dienen (Bild 7/23). Das Ansteuersignal ist eine stetig von 0 V bis $u_{I\,max}$ pulsierende positive Spannung. Es kann z. B. eine Dreieckspannung mit überlagerter positiver Gleichspannung (Offsetspannung) sein oder einfach eine gleichgerichtete Wechselspannung (Bild 7/23a). Mit der Ansteuerspannung U_I wird über den Eingang CH. II = HOR. INP. die Horizontalablenkung vorgenommen. Die Vertikalablenkung erfolgt mit dem Ausgangssignal U_Q über den Eingang CH.I (Bild 7/23b). Der Koordinatennullpunkt wurde an den linken unteren Bildrand gelegt.

Aus der Kurve sind z. B. in horizontaler Richtung die Eingangsspannungen abzulesen, bei denen der Transistor zu leiten beginnt (Beginn des Abfalls) und bei der er den Sättigungsbereich erreicht hat (Ende des Abfalls). Außerdem sind in vertikaler Richtung die Ausgangsspannungen bei L- und bei H-Pegel abzulesen.

7.7 Spezielle Zusatzfunktionen im Oszilloskop

Um die Untersuchung komplexer Signale zu erleichtern bzw. erst zu ermöglichen, werden Oszilloskope mit speziellen Triggerfunktionen hergestellt. Einige dieser Zusatzfunktionen sollen kurz erklärt werden:

DELAY: Mit der **Ablenkverzögerung** kann die Triggerung der Zeitablenkung um eine einstellbare Zeit (z. B. 100 ns bis 1 s) gegenüber dem Zeitpunkt verzögert werden, in dem das Signal die Triggerschwelle schneidet. Damit kann von einem periodischen Signal praktisch jeder beliebige Teilabschnitt gedehnt auf dem Schirm dargestellt werden. Zur Triggerung kann, unabhängig vom abgebildeten Kurvenabschnitt, eine geeignete, möglichst steile Signalflanke ausgesucht werden. Der dargestellte Kurvenabschnitt kann fast beliebig aufgelöst (gedehnt) werden.

HOLD OFF: Bei der Darstellung eines bestimmten, wiederkehrenden Kurvenabschnitts in einem komplexen Signal, das nicht exakt periodisch abläuft, kann nach einem Durchlauf der Zeitbasis eine variable Triggerpause eingestellt werden. Erst nach Ablauf dieser HOLD-OFF-Zeit, wenn der interessierende Kurvenabschnitt sich wiederholt, erfolgt eine neue Triggerung.

SINGLE: Dient der Einzelbilddarstellungen von nichtperiodischen Signalen, z. B. Einschwing- und Prellvorgänge. Es erfolgt nur eine einmalige Triggerung, die durch die erste Triggerflanke ausgelöst wird, nachdem die SINGLE-Funktion eingeschaltet wurde. Ist eine RESET-Taste vorhanden, kann hiermit eine neue Triggerung frei gegeben werden.
Anwendung erfolgt bei Oszilloskopen mit Speicherbildröhre oder wenn eine fotografische Aufnahme von dem Oszillogramm gemacht werden soll.

8 Regelungstechnik

8.1 Begriffe: Steuerung und Regelung

Ein elektrisch betriebenes Gerät kann auf unterschiedliche Weise in den Betriebswerten beeinflußt werden, wie Änderung der Versorgungsspannung, der Last, der Drehzahl oder der Temperatur. Werden an die Einhaltung der Betriebswerte des Gerätes keine besonderen Forderungen gestellt, kommt man gewöhnlich mit einer einfachen Steuerung, d. h. einem einfachen Schalt- oder Stellvorgang aus. Sind dagegen nur geringe Abweichungen zulässig, so kann diese Bedingung nur mit einer Regelung erfüllt werden.

Welcher Aufwand notwendig ist, um aus einer Steuerung eine Regelung zu machen, soll an einem Beispiel erläutert werden.

8.1.1 Steuerung

Die Stromversorgung für ein Gerät soll über einen Vorwiderstand auf einen bestimmten Spannungswert eingestellt werden (Bild 8/1). Diese Aufgabe kann von Hand oder mit Hilfe eines Stellmotors durchgeführt werden. Die aufgrund der Anzeige des Spannungsmessers eingestellte Verbraucherspannung bleibt aber nur unter der Bedingung unverändert, daß

1. die Netzspannung konstant bleibt und
2. der Verbrauchswiderstand seinen Widerstandswert beibehält.

Bild 8/1
Steuerung

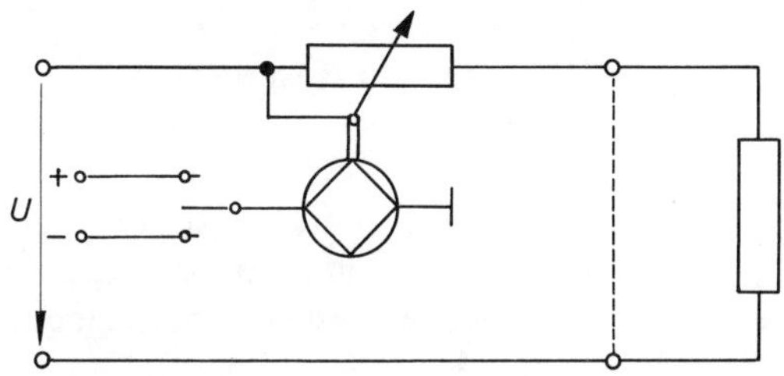

Für den Fall der Änderung einer dieser beiden Größen tritt eine entsprechende Abweichung der Verbraucherspannung auf. Stellt man die Forderung, daß die Verbraucherspannung weitestgehend unabhängig von diesen Einflüssen bleibt, so muß aus dem einmaligen Stell- oder Steuervorgang eine fortlaufende Nachregelung werden.

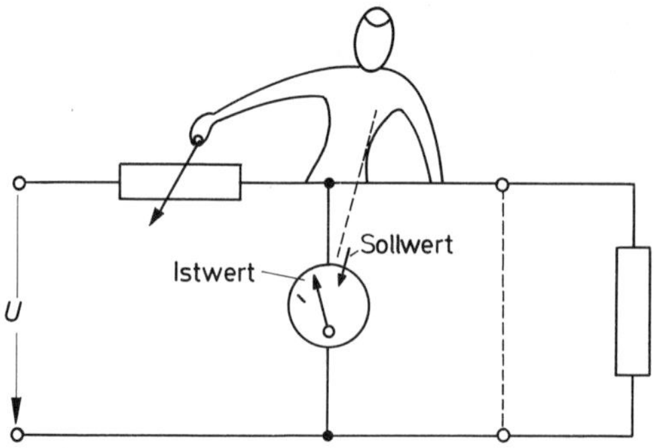

Bild 8/2
Regelung von Hand

8.1.2 Regelung

Diese Regelaufgabe kann manuell von einer Person durchgeführt werden, wenn folgende Voraussetzungen erfüllt sind:

1. Messung des vorhandenen Istwertes, d. h. Messung der Verbraucherspannung durch den Spannungsmesser.
2. der gewünschte Spannungswert (Sollwert) ist bekannt. **Der Unterschied zwischen Sollwert und Istwert wird als Regeldifferenz bezeichnet**.

Entsprechend dieser Regeldifferenz muß von der Regelperson der Vorwiderstand verstellt werden, damit die Regeldifferenz wieder zu Null wird (Bild 8/2). Beträgt z. B. der Sollwert 12 V, der angezeigte Istwert aber 9 V, so errechnet sich die Regeldifferenz aus 12 V − 9 V = 3 V, d. h. um 3 V muß der Istwert nachgeregelt werden, Bei dieser Nachregelung soll die Reaktion auf die Regeldifferenz oder die Regelgeschwindigkeit dem ganzen Regelvorgang angepaßt sein.

Wird die Regelaufgabe mechanischen, elektrischen oder elektronischen Bauteilen übertragen, erhält man eine selbsttätige (automatische) Regelung.

Sinngemäß sind für die selbsttätige Regelung die gleichen Schritte notwendig, wie für die manuelle Regelung. Hierzu gehören:

1. Messung des Istwertes.
2. Vorhandensein des Sollwertes.
3. Vergleich zwischen Soll- und Istwert oder Bestimmung der Regeldifferenz, a) Differenzwert, b) Richtung (größer oder kleiner).
4. Verstärkung und Umformung der Regeldifferenz in eine mechanische Größe.
5. Verstellung des Vorwiderstandes (Stellglied).

8.2 Grundbegriffe der Steuerung und Regelung in Blockschaltbildern

Steuerungen und Regelungen können sich in verschiedenen Anwendungsfällen äußerlich sehr stark unterscheiden. Die Steuer- und Regelaufgaben sind aber vom Grundprinzip her weitgehend gleich. Deshalb hat man nach den DIN-Blättern 19226 die Begriffe und Aufgaben für die Steuerung und Regelung zusammengefaßt und die Aufgabenbereiche abgegrenzt.

8.2.1 Steuerung

Ausgang des Steuersignals bzw. der Steuergröße w ist ein Befehlsgeber (Bild 8/3). Diese Steuergröße kann von einer Schaltuhr, einer Vorrichtung oder einer Maschine herrühren. Häufig muß das Steuersignal bzw. die Steuergröße verstärkt und evtl. geformt werden. Das geschieht in der Steuereinrichtung. Dieses ausreichend verstärkte Signal soll in der Steuerstrecke eine Verstellung bewirken und wird deshalb als Stellgröße y bezeichnet. Für die Verstellung in der Steuerstrecke benötigt man ein Stellglied, das am Eingang der Steuerstrecke wirksam sein soll.

Bei einer Steuerung geht das Signal vom Befehlsgeber aus und endet in der Steuerstrecke. Es besteht keine Rückwirkung von der Steuerstrecke auf den Eingang. Deshalb bezeichnet man die Steuerung als **«offenen Wirkungsablauf» oder als «Steuerkette»**, bei der die Aufgabenblöcke wie Glieder einer Kette aneinandergereiht sind.

Bild 8/3
Blockschaltbild einer Steuerung

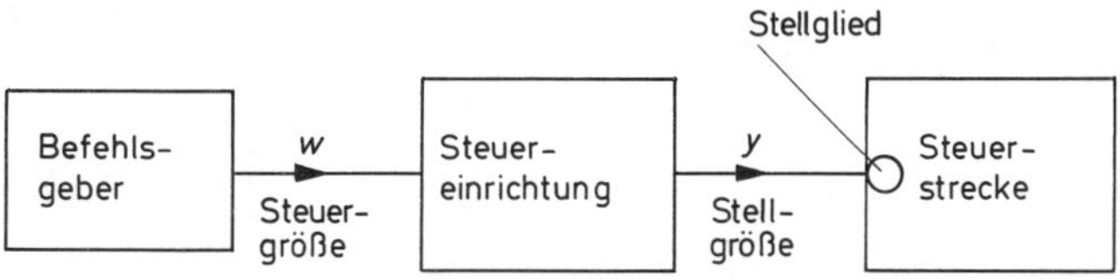

Bild 8/4
Blockschaltbild einer Regelung

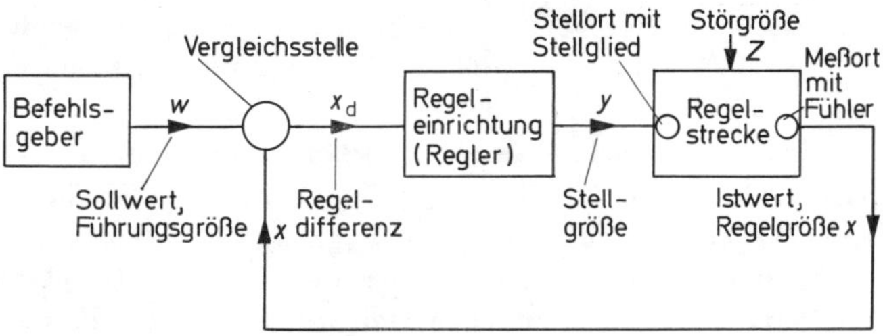

8.2.2 Regelung

Scheinbar unterscheidet sich eine Regelung nach dem Blockschaltbild nicht wesentlich von einer Steuerung (Bild 8/4). Der Befehlsgeber, auch Sollwertgeber genannt, gibt mit dem **Sollwert** w den Wert an, der in der Regelstrecke erreicht werden soll. Im Gegensatz zur Steuerung wird bei der Regelung der in der Strecke erreichte Wert (Istwert) durch einen Fühler gemessen. Dieser gemessene Istwert wird für den Regelvorgang weiterverwendet und deshalb auch als **Regelgröße** x bezeichnet.

Sowohl der Sollwert w als auch der Istwert x werden zum Vergleich der Vergleichsstelle zugeführt und daraus die Differenz gebildet. Die so gewonnene **Regeldifferenz** $x_d = w - x$ gibt den Unterschied und die Richtung an. Die Regeleinrichtung bzw. der Regler hat die Aufgabe das Regeldifferenzsignal zu verstärken und zu formen, so daß es weiter als Stellgröße y am Eingang der Regelstrecke das Stellglied betätigen kann.

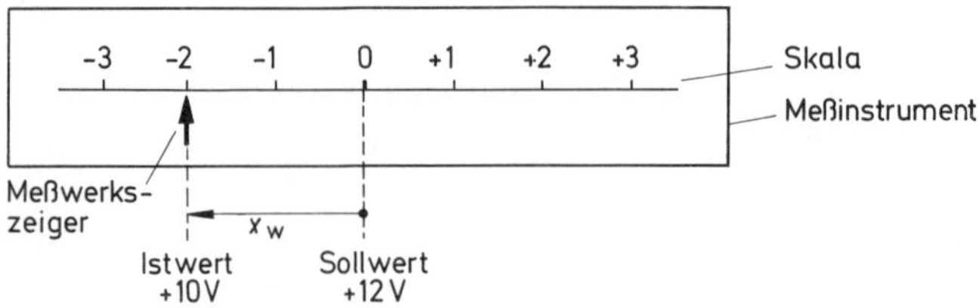

Bild 8/5
Anzeige für Regelabweichung x_w

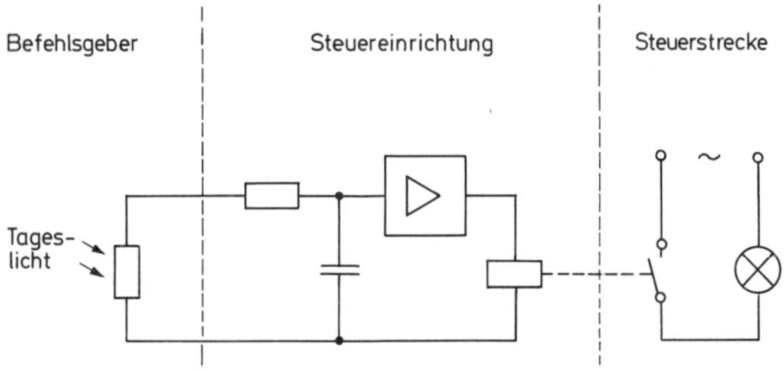

Bild 8/6
Beispiel einer Lichtsteuerung (Dämmerungsschalter)

Dieser Signalkreislauf vom Ausgang der Regelstrecke über die Vergleichsstelle, Regeleinrichtung zum Stellglied am Eingang der Regelstrecke ist so lange wirksam, bis der Istwert sich dem Sollwert angepaßt hat und damit der gewünschte Wert in der Regelstrecke vorliegt. Man bezeichnet die Regelung als einen **«geschlossenen Wirkungsablauf»** oder als **«Regelkreis»**. Störungen, die eine Veränderung des Istwertes zur Folge haben, sind hauptsächlich in der Regelstrecke selbst zu erwarten. Diese **«Störgrößen»** bezeichnet man mit z bzw. $z_1, z_2, z_3 \ldots$

Früher hat man im Regelkreis nach dem Soll-Istwert-Vergleich grundsätzlich von der Regelabweichung x_w gesprochen, statt von der Regeldifferenz x_d, die im Regler (Regeleinrichtung) weiterverarbeitet wird. Heute gibt man die Regelabweichung x_w an, wenn der Unterschied zwischen Soll- und Istwert angezeigt werden soll. **Die Regelabweichung unterscheidet sich von der Regeldifferenz nicht in der Größe, sondern nur im Vorzeichen,** $x_w = -x_d$. Als Beispiel sei bei einer Spannungsregelung der Sollwert $w = 12\,\text{V}$ und der Istwert $x = 10\,\text{V}$. Dann ist die Regeldifferenz $x_d = w - x = 12\,\text{V} - 10\,\text{V} = +2\,\text{V}$, d. h., die Spannung muß in positiver Richtung um 2 V nachgeregelt werden. Dagegen ist die Regelabweichung $x_w = x - w = 10\,\text{V} - 12\,\text{V} = -2\,\text{V}$, d. h. der Istwert weicht in negativer Richtung um 2 V vom Sollwert ab. Diese Regelabweichung x_w wird ggfs. durch ein Meßinstrument angezeigt (Bild 8/5).

8.2.3 Beispiel für eine Steuerung

Ein bekanntes Beispiel für eine Steuerung ist der Dämmerungsschalter, dessen Schaltung in Bild 8/6 schematisch dargestellt ist. Ein Fotowiderstand liefert entsprechend der Tageshelligkeit das Steuersignal w, das in der folgenden Steuereinrichtung verzögert und verstärkt wird, um ein Relais zu schalten. Bei dieser Steuerung geht das Signal vom Befehlsgeber aus und endet in der Steuerstrecke. Es muß dafür gesorgt werden, daß keine Rückwirkung zwischen der Beleuchtung in der Steuerstrecke und dem Fotowiderstand als Befehlsgeber besteht, damit der steuernde Einfluß des Tageslichtes nicht durch das künstliche Licht gestört wird.

8.2.4 Beispiel für eine Regelung

Hier soll eine selbsttätige Regelung aus der Steuerschaltung mit Stellmotor nach Bild 8/1 durch Hinzufügen eines Sollwertgebers aufgebaut werden (Bild 8/7). Als Sollwertgeber dient eine Z-Diode. Der Soll-Istwert-Vergleich besteht in der direkten Zuführung der Z-Diodenspannung und der Ausgangsspannung zu den Ankerklemmen des Gleichstromstellmotors. Für diese Schaltung sollen die Regelbedingungen überprüft werden:

1. Die Ausgangs- oder Verbraucherspannung wird als Istwert oder Regelgröße x direkt dem Verbraucher entnommen.
2. Die Z-Diode liefert als Sollwertgeber die Führungsgröße w.
3. Der Istwert x und der Sollwert w werden zum Vergleich direkt dem Motor zugeführt. Die Reaktion des Motors soll in bezug auf Drehrichtung und Drehzahl der Richtung und Größe der Regeldifferenz x_d entsprechen.
4. Die Verstärkung der Regeldifferenz und ihre Umformung in eine mechanische Größe erfolgt durch Motor und Getriebe. Liegt eine ausreichende Regeldifferenz vor, so wird der Motor in Drehung versetzt.
5. Der Stellwiderstand wird durch den Motor (Stellgröße y) verstellt. Die Drehrichtung des Motors muß so festgelegt sein, daß bei zu geringer Verbraucherspannung der Stellwiderstand in seinem Widerstandswert verringert wird und dadurch die Ausgangsspannung wieder ansteigt. Z. B. Sollwert + 10 V
   a) Istwert + 12 V, $x_d = -2$ V, Motor Linkslauf
   b) Istwert + 8 V, $x_d = +2$ V, Motor Rechtslauf.

Bild 8/7
Beispiel einer Spannungsregelung

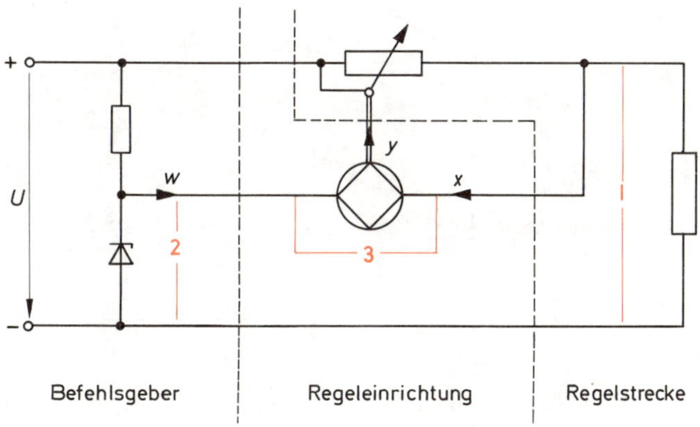

8.3 Die Regelstrecke

In der Regelstrecke soll eine Größe wie Temperatur, Druck, Drehzahl oder Spannung auf einen bestimmten Wert gebracht und gehalten werden.

8.3.1 Das Bügeleisen als Regelstrecke

Der Teil des Bügeleisens, in dem die Temperatur geregelt werden soll, ist die Bodenplatte. In dieser Bodenplatte, die als Regelstrecke betrachtet werden soll, ist die Heizspirale eingelegt. Nach dem Einschalten des Bügeleisens vergeht eine Zeit von etwa eine bis zwei Minuten bis die Bodenplatte die gewünschte Temperatur erreicht hat. Diese Zeit hängt von der eingestellten Temperatur (Reglerstellung schwach, mittel oder stark) ab. Die Kennlinie dieser Regelstrecke (Bodenplatte) wird im Diagramm durch den Temperatur-Zeit-Verlauf dargestellt. Sie ist wichtig für die Auswahl eines passenden Reglers.

Der Temperatur-Zeit-Verlauf wird zweckmäßigerweise mit einem schreibenden Meßgerät aufgenommen. Hierzu wird als Temperaturfühler ein Thermoelement in einer für diesen Zweck hergestellten Bohrung in der Bodenplatte angebracht. Damit der Kurvenverlauf nicht gestört wird, sollte der Regler durch eine Kurzschlußbrücke außer Funktion gesetzt werden. Bei voller Netzspannung und schwacher Abkühlung der Bodenplatte durch die umgebende Luft dürfte die maximale Temperatur unzulässig hoch werden. Deshalb wird die Betriebsspannung für diesen Versuch entsprechend herabgesetzt. Der charakteristische Kurvenverlauf bleibt dabei erhalten (Bild 8/8).

Der Kurvenverlauf entspricht etwa einer e-Funktion. Im ersten Augenblick wird durch die zugeführte Energie die wärmeträge Masse der Bodenplatte aufgeheizt und damit ein linearer

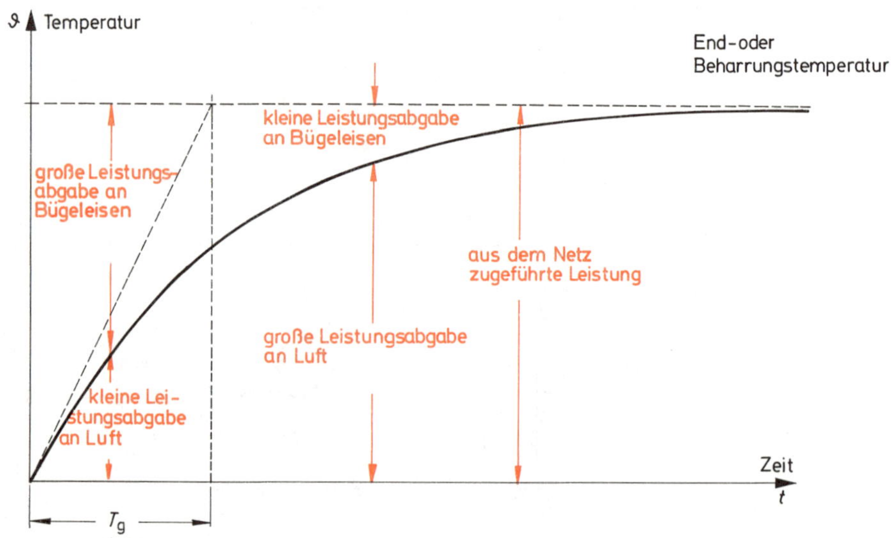

Bild 8/8 Zeitlicher Temperaturverlauf einer ungeregelten Strecke (Bügeleisen)

Temperaturanstieg erzeugt. Mit steigender Temperatur wird aber von der gleichmäßig zugeführten Energie mehr und mehr an die umgebende Luft abgegeben, während die für die Temperaturerhöhung zur Verfügung stehende Energie abnimmt und schließlich bei Erreichen der End- oder Beharrungstemperatur zu Null wird. Legt man eine Tangente im Anfangspunkt an die Kurve, so ergibt die Zeit bis zum Schnittpunkt mit der Beharrungstemperatur die Zeitkonstante τ, die in der Regeltechnik gewöhnlich als Ausgleichszeit T_g bezeichnet wird. Diese Ausgleichszeit ist für die Auswahl eines geeigneten Reglers von Bedeutung. Beim Bügeleisen liegt ein einfacher Zusammenhang vor, da ein enger Wärmekontakt zwischen der eingelegten Heizspirale in der Bodenplatte und dem Thermoelement vorhanden ist. Deshalb wird nach dem Einschalten des Bügeleisens unmittelbar der Temperaturanstieg durch das Thermoelement angezeigt.

Die Bodenplatte stellt einen Energiespeicher dar. Je schwerer die Bodenplatte ist, um so größer ist dieser Energiespeicher. Die Aufheizzeit dauert entsprechend länger, bzw. die Ausgleichszeit T_g wird größer. Da die Bodenplatte ziemlich kompakt aufgebaut ist, wirkt sie wie ein einfacher Energiespeicher. Deswegen bezeichnet man diese Regelstrecke auch als **«Regelstrecke 1. Ordnung»**.

8.3.2 Der beheizte Raum als Regelstrecke

Bei einer Raumheizung mit elektrischen Heizkörpern sind die Erwärmungsverhältnisse etwas komplizierter, wenn der Temperaturfühler (Thermostat) in einiger Entfernung vom Heizkörper installiert ist, um damit etwa die mittlere Raumtemperatur zu erfassen. Bei der Wärmeübertragung wird die Energie zunächst den Heizkörper erwärmen, dann die Luft und durch den Transport der erwärmten Luft schließlich auch den Fühler im Thermostat. Man spricht hier von **Regelstrecken höherer Ordnung**, weil die Erwärmung bis zum Fühler in mehreren Abschnitten oder über mehrere Wärmespeicher erfolgt.

Wird die Heizung eingeschaltet, vergeht erst einige Zeit, bis die Temperatur im Thermostaten sich ändert, etwa nach dem Diagramm Bild 8/9. Dieser Kurvenverlauf läßt sich in charakteristische Zeitabschnitte aufteilen, wenn man im Wendepunkt der Kurve eine Tangente anlegt (Bild 8/10). **Die Zeit vom Einschaltaugenblick bis zur ersten Meßwertänderung nennt man die Totzeit** T_t, weil der Fühler in der Strecke noch keine Änderung feststellen kann, für ihn ist die Strecke noch tot. Dann folgt der Anstieg der Kurve. Die Übergangszeit vom Einschaltaugenblick bis zum Schnitt der Tangente mit der Ausgangstemperatur wird als **Verzugszeit** T_u gekennzeichnet, denn der volle Anstieg der Kurve wird etwa um die Verzugszeit verzögert wirksam. Der vereinfacht dargestellte Temperaturanstieg durch die Tangente ergibt von der Ausgangstemperatur bis zur maximalen Temperatur die Zeitkonstante oder Ausgleichszeit T_g. **Regelstrecken mit großer Tot- oder Verzugszeit können wegen der langsamen Reaktion nur mit Reglern kombiniert werden, die mit entsprechend geringer Regelgeschwindigkeit arbeiten.**

Als bekanntes Beispiel sei die Wasserdusche mit Kalt- und Warmwasserzulauf und Regelung von Hand erwähnt. Wird im Duschbetrieb von der Regelperson einer der Wasserhähne verstellt, so vergeht einige Zeit, bis das Wasser mit der neuen Mischtemperatur den Weg im Rohr zurückgelegt hat und vom Kopf der Regelperson erfaßt wird. Diese Zeit ist eine Totzeit. Eine schnelle Verstellung würde entweder zu kaltes oder zu warmes Wasser ergeben.

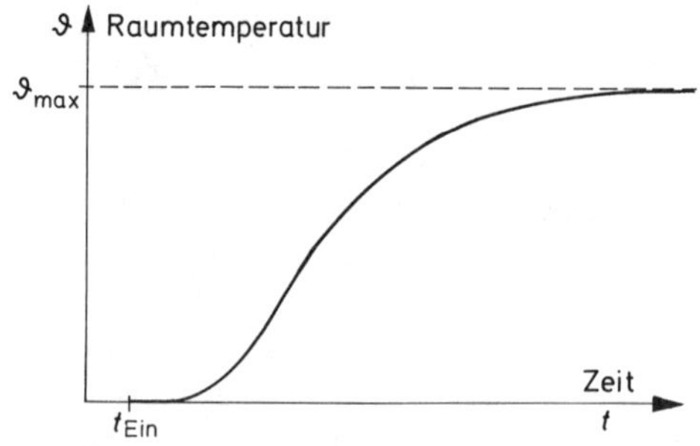

Bild 8/9
Regelstreckendiagramm einer Raumheizung

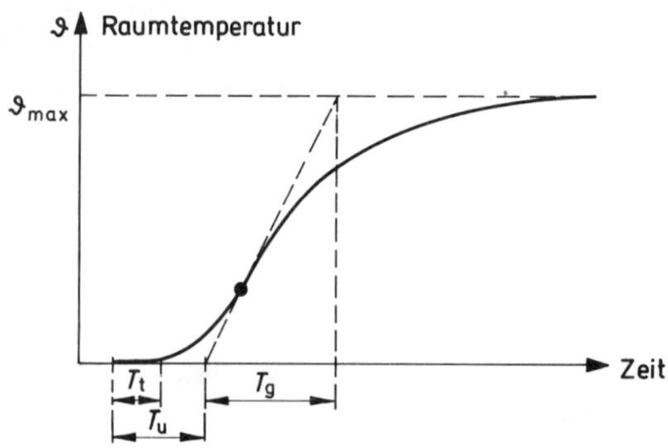

Bild 8/10
Regelstreckendiagramm mit definierten Zeitabschnitten

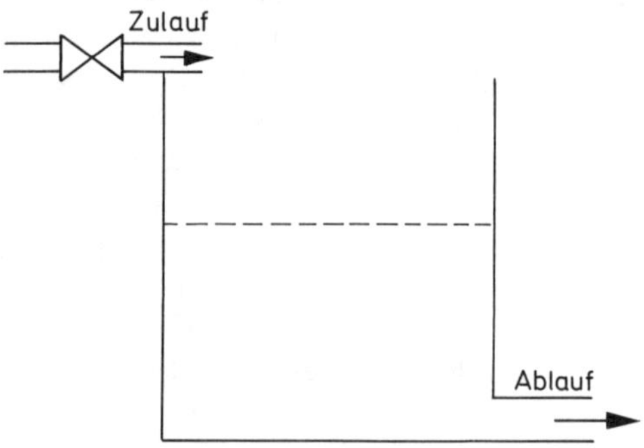

Bild 8/11
Wasserbehälter

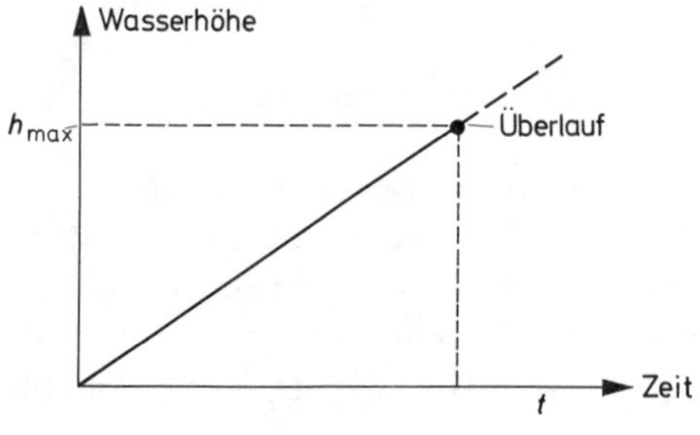

Bild 8/12
Regelstreckendiagramm des Wasserbehälters

Dieser Regelvorgang erfordert Zeit bzw. Geduld. Die hier vorhandene Totzeit läßt sich dadurch verringern, daß die Mischtemperatur gleich nach der Mischstelle erfaßt wird, wie bei automatischen Warmwasserreglern mit Bimetallsystemen. Dadurch kann sich der Regelvorgang wesentlich schneller einspielen.

8.3.3 Der Wasserbehälter als Regelstrecke

Ein großer Wasserbehälter soll durch einen Wasserzulauf von oben gefüllt werden (Bild 8/11). Das Ablaufventil soll geschlossen sein. Der Wasserspiegel wird bei konstanter Zuflußmenge gleichmäßig ansteigen bis zum Überlauf. Hierbei ist die Steiggeschwindigkeit des Wasserspiegels unabhängig von der vorhandenen Wasserhöhe, d.h., hier findet kein Einfluß bzw. Ausgleich zwischen Anstiegsgeschwindigkeit und Wasserhöhe statt (Bild 8/12). Deshalb werden solche Regelstrecken als «Regelstrecken ohne Ausgleich» bezeichnet. Im Gegensatz dazu ist beim Bügeleisen ein starker Einfluß bzw. Ausgleich zwischen der vorhandenen Temperaturhöhe und dem Temperaturanstieg festzustellen. Solche Regelstrecken bezeichnet man deshalb als «Regelstrecken mit Ausgleich». **Bei «Regelstrecken mit Ausgleich» strebt die Regelgröße einem maximalen Wert zu**. Die Strecke hat einen Selbstbegrenzungseffekt. Dagegen strebt der Anstieg beim Wasserbehälter **«Regelstrecke ohne Ausgleich», einem unendlichen Wert zu.** Wegen dieser fehlenden Selbstbegrenzung sind diese Regelstrecken etwas schwieriger in bezug auf Reglerauswahl bzw. Reglereinstellung.

8.3.4 Die verzögerungsarme Regelstrecke

Bei schnellen Regelstrecken, wie z.B. Raumbeleuchtung, wird der Istwert (Helligkeit) unmittelbar nach dem Einschalten in voller Höhe erreicht. Der Anstieg der Helligkeit erfolgt hier ebenfalls nach einer e-Funktion (Bild 8/13), aber in so kurzer Zeit, daß dieser Verlauf vom menschlichen Auge kaum wahrgenommen wird. Soll aber die Helligkeit auf einen mittleren Wert durch schnelles Ein- und Ausschalten geregelt werden, so ist ein schneller Regler erforderlich. Der Mensch könnte als Regler mit einem Handschalter nicht so schnell reagieren, daß eine mittlere Helligkeit mit geringen Helligkeitsschwankungen eingehalten würde, denn die Helligkeitsänderung in der Strecke verläuft ohne nennenswerte Verzögerung, also «verzögerungsarm» im Vergleich zur Reaktionszeit des menschlichen Reglers.

Bild 8/13 Verzögerungsarme Regelstrecke

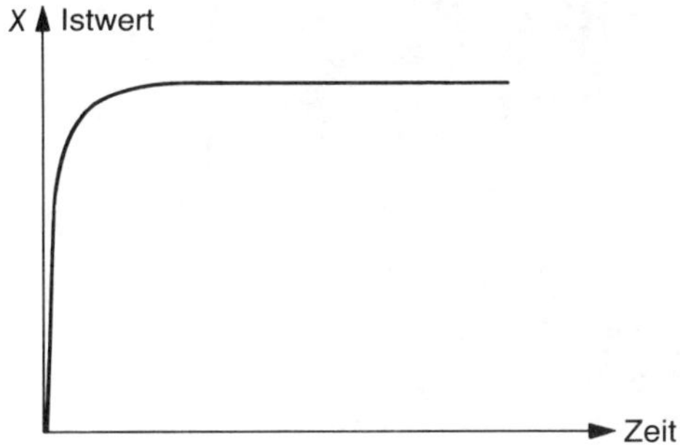

8.4 Regelung mit «Schaltenden Reglern»

8.4.1 Der Zweipunktregler

Bügeleisen arbeiten grundsätzlich mit einem Bimetall-Zweipunktregler. **Der Zweipunktregler kennt nur zwei Schaltzustände**. Entweder ist die Heizspirale des Bügeleisens mit dem elektrischen Netz verbunden oder abgeschaltet, d. h., die Energiezufuhr hat entweder den vollen Wert, oder sie ist Null. Trotz dieser extremen Schaltzustände läßt sich die Temperatur in ziemlich engen Grenzen regeln, dank der Trägheit der Regelstrecke.

Die Schaltung für die Bimetallregelung eines Bügeleisens hat folgenden Aufbau (Bild 8/14). Es liegt eine einfache Reihenschaltung von dem zu regelnden Schaltkontakt und dem Heizwiderstand vor. Die Temperatur der Bügelplatte wird direkt auf das Bimetall übertragen. Dadurch tritt eine etwa der Temperatur proportionale Durchbiegung des Bimetalls auf. Bei Erreichen der oberen Schalttemperatur öffnet der Schaltkontakt. Wegen der hohen Schaltleistung von 1 kW besteht die Gefahr, daß bei langsamem Öffnen des Schaltkontaktes ein kräftiger Lichtbogen entsteht, der die Kontakte zerstört. Diese Lichtbogenbildung kann weitestgehend durch eine Sprungfeder verhindert werden, die dem Schaltkontakt ein Sprungverhalten verleiht und damit ein schlagartiges Durchschalten bewirkt. Diese Sprungcharakteristik hat aber den Nachteil, daß das Einschalten und Abschalten bei verschiedenen Temperaturen erfolgt (Bild 8/15). Nach dem Einschalten steigt die Temperatur in der Bügelplatte an, bis bei 160 °C die Energiezufuhr durch das Bimetall abgeschaltet wird. Zum Wiedereinschalten muß jedoch die Temperatur erst auf 140 °C absinken. Dann setzt ein erneuter Temperaturanstieg ein bis bei 160 °C wieder abgeschaltet wird. Im normalen Regelverlauf wird nach dem Diagramm ständig der rechteckige Kurvenverlauf in Pfeilrichtung zwischen dem oberen und unteren Temperatur-Schaltpunkt durchfahren. Die Temperatur-Schaltdifferenz beträgt $x_{sd} = 160 - 140 = 20\,°C$. Sie wird auch als Schalt-Hysterese bezeichnet. Hysterese bedeutet, daß erst eine bestimmte Kraft überwunden werden muß, um einen Vorgang auszulösen. In diesem Falle muß die Kraft des Bimetalls die Kraft der Sprungfeder übersteigen.

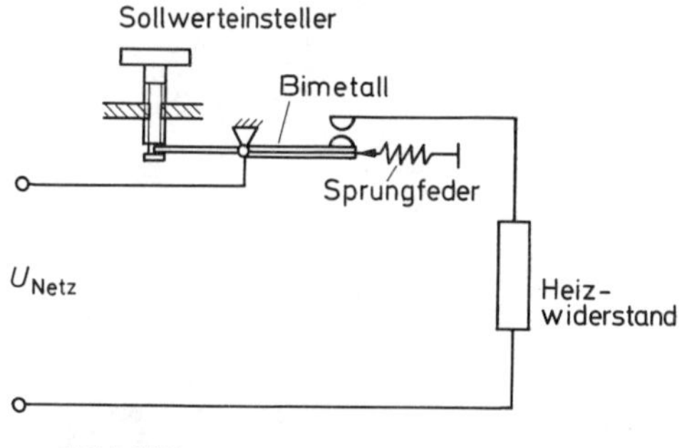

Bild 8/14
Schaltung eines Bügeleisens

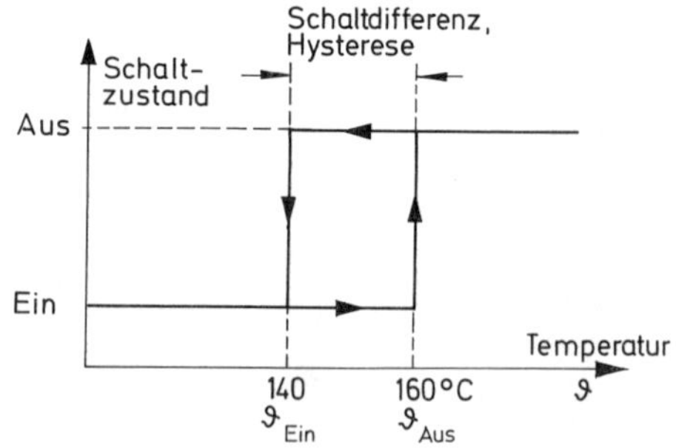

Bild 8/15
Schaltdiagramm eines Zweipunktreglers

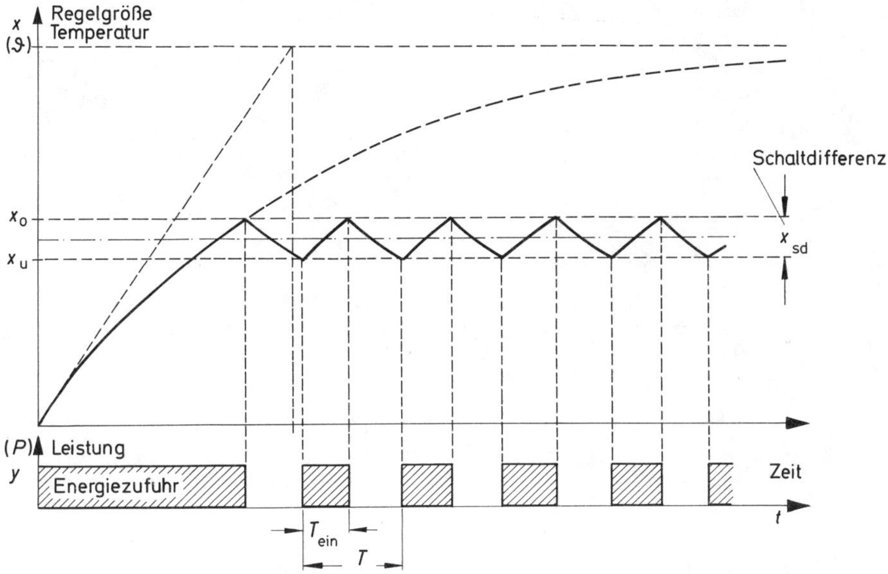

Bild 8/16 Regeldiagramm mit Zweipunktregler

8.4.1.1 Der Regelkreis mit Bimetall-Zweipunktregler

Der Regelverlauf für ein Bügeleisen mit Bimetall-Zweipunktregler läßt sich in einem Zeitdiagramm übersichtlich darstellen (Bild 8/16). Vom Einschaltaugenblick an steigt die Temperatur in der Bügelplatte zügig nach einer e-Funktion an, bis der obere Schaltpunkt x_o bzw. die Abschalttemperatur erreicht wird. Die Energiezufuhr wird abgeschaltet und die Temperatur beginnt nach einer e-Funktion abzusinken, bis der untere Schaltpunkt x_u unterschritten wird und mit dem Einschaltvorgang die Temperatur wieder ansteigt. Die Temperatur pendelt zwischen dem oberen und unteren Temperaturschaltpunkt. Die sich daraus ergebende Schaltdifferenz ist $x_{sd} = x_o - x_u$. Für die geregelte Temperatur ist gewöhnlich der Mittelwert interessant, der sich aus der Formel $x_m = \frac{x_o + x_u}{2}$ errechnet.

Für die hier zugrunde gelegten Werte wird $x_m = \frac{160\,°C + 140\,°C}{2} = 150\,°C$. Ähnlich läßt sich die mittlere Leistung aus der Nennleistung und dem Einschaltverhältnis bestimmen $P_m = P_{nenn} \frac{t_{ein}}{T}$.

Für verschiedene Temperatureinstellungen ergeben sich unterschiedliche Zeitintervalle (Bild 8/17). Bei niedriger Temperatureinstellung a) treten kurze Einschaltzeiten und bei hoher Temperatureinstellung b) entsprechend lange Einschaltzeiten auf.

Das Blockschaltbild für eine Regelung mit Zweipunktregler ist im Bild 8/18 wiedergegeben. Um die Blöcke näher zu kennzeichnen, trägt man häufig symbolhaft das entsprechende Diagramm ein. Der Reglerblock enthält hier das Hysteresediagramm, um auf den Zwei-

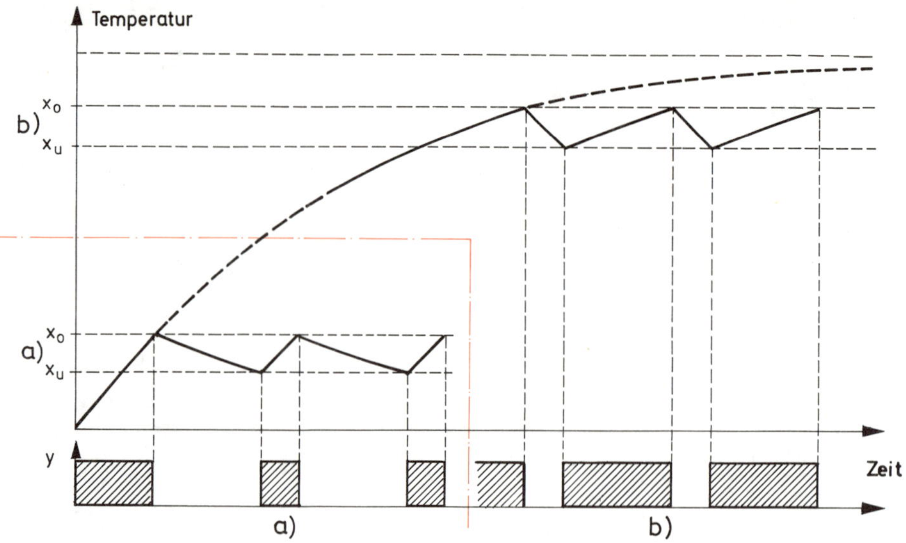

Bild 8/17 Regeldiagramme bei verschiedenen Temperatur-Sollwerten mit unterschiedlichem Schaltrhythmus

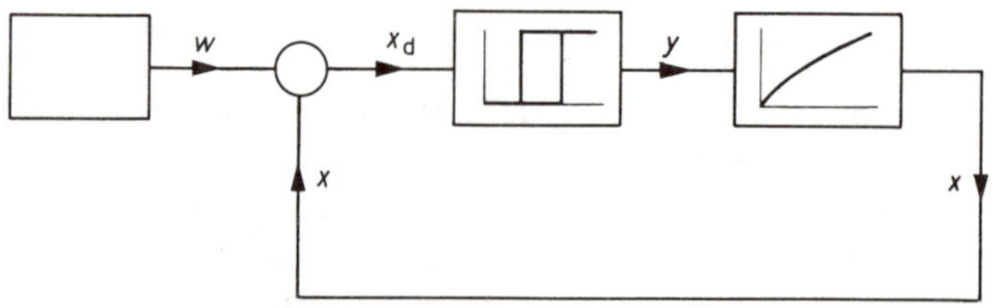

Bild 8/18 Blockschaltbild einer Zweipunkt-Temperaturregelung

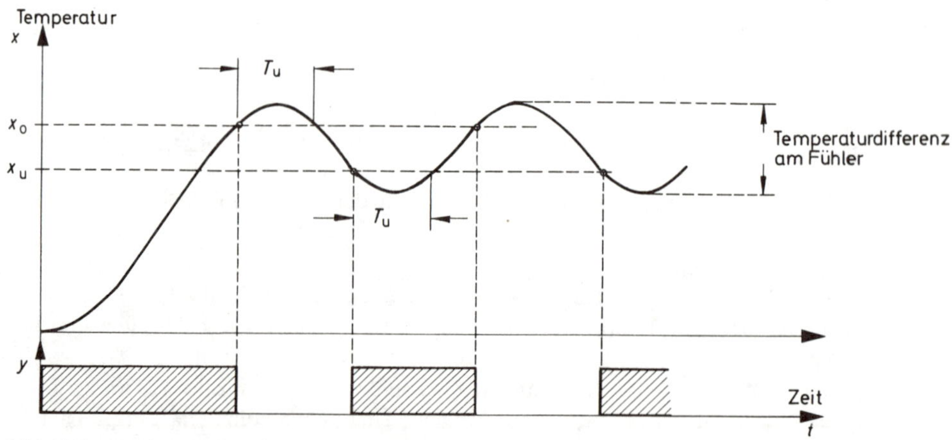

Bild 8/19 Zweipunkt-Regelung mit Verzugszeit

punktregler hinzuweisen, und die Regelstrecke gibt das Zeitdiagramm wieder, um die Trägheit der Regelstrecke anzudeuten. Der Bimetallregler zählt wegen seines einfachen Aufbaus zu den preiswertesten Reglern, denn das Bimetall übernimmt hier gleich mehrere Aufgaben als Temperaturfühler, Vergleicher, Regler und Stellglied.

8.4.1.2 Der Regelkreis mit thermischer Rückführung

Bei einer Raumheizung treten gewöhnlich größere Temperaturschwankungen auf, wenn der Thermostat (Bimetallregler) einen größeren Abstand zu den Heizkörpern hat, damit die Lufttemperatur und nicht die Heizkörpertemperatur geregelt wird. Die Wärmeübertragung vom Heizkörper bis zum Fühler erfolgt über mehrere Verzögerungsglieder. Die Auswirkung zeigt das Zeitdiagramm (Bild 8/19). Die Temperatur steigt nach dem Einschalten der Energiezufuhr im Fühler verzögert an. Auch wenn die Abschalttemperatur x_o erreicht ist, wandert die Temperatur zunächst noch höher. Der Temperaturabfall setzt gegenüber dem Bügeleisen erst später ein. Dieser verzögerte Abfall entspricht der Verzögerung in der Strecke bzw. der Verzugszeit T_u. Ähnlich ist der Verlauf, wenn die Temperatur sinkt und bei Unterschreitung der Einschalttemperatur x_u trotz voller Energiezufuhr die Temperatur zunächst im Thermostat noch weiter absinkt und verzögert wieder ansteigt. Bei Regelstrecken mit großen Verzögerungen sind deshalb größere Temperaturschwankungen zu erwarten.

Die Temperaturschwankung einer Regelstrecke mit großer Verzögerung kann durch eine thermische Rückführung stark vermindert werden.

Die thermische Rückführung besteht aus einem Widerstand geringer Leistung (ca. 100 kΩ, 0,5 W), der in unmittelbarer Nähe des Bimetalls angebracht ist (Bild 8/20). **Dieser Rückführwiderstand wird gleichzeitig mit der Heizung oder den Heizelmenten ein- oder abgeschaltet**. Durch die zusätzliche Erwärmung des Bimetalls durch den Rückführwiderstand wird ein schnellerer Anstieg der Raumtemperatur vorgetäuscht. Dadurch schaltet das Bimetall schneller zurück und die Raumtemperaturschwankung wird entsprechend geringer. Mit dem Rückführwiderstand wird ein Teil der Heizleistung in den Thermostaten verlagert und dadurch der scheinbare Abstand zwischen Thermostat und Heizelement oder die Verzugszeit T_u verringert.

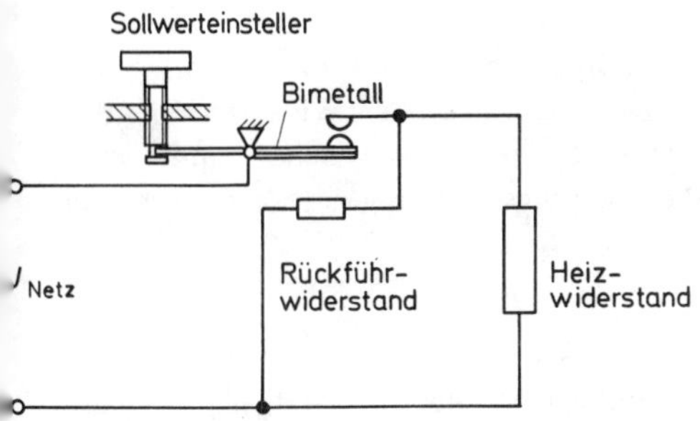

Bild 8/20
Heizungsregelung mit thermischer Rückführung

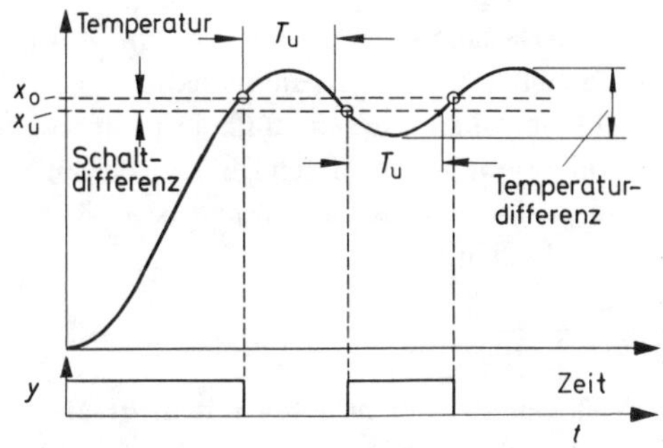

Bild 8/21
Temperaturdifferenz bei kleiner Schaltdifferenz und großer Verzugszeit

Diese Temperaturschwankung läßt sich nämlich durch eine Verringerung der Schaltdifferenz oder Hysterese allein nicht wesentlich herabsetzen, wenn die Verzugszeit bereits eine größere Zeitverzögerung bewirkt (Bild 8/21). Es bleibt also nur die Lösung, die Verzugszeit durch eine «Thermische Rückführung» zu umgehen.

8.4.2 Der Regelkreis mit elektronischem Zweipunktregler

Der Zweipunktregler kann auch mit elektronischen Bauelementen aufgebaut werden, z. B. einem Operationsverstärker.

8.4.2.1 Wirkungsweise des elektronischen Zweipunktreglers

Damit der OP schlagartig durchschaltet, wie der Bimetallschalter mit Sprungfeder, erhält er eine Mitkopplung vom Ausgang über den Spannungsteiler R_4/R_3 zum positiven Eingang (Bild 8/22). Diese verstärkende Wirkung, vom Schmitt-Trigger her bekannt, ergibt nicht nur ein schlagartiges Durchschalten, sondern auch eine Schalthysterese durch Verschiebung der Eingangsspannung (siehe «Grundlagen der Elektronik», Abschnitt 14.2.9).

Wenn z. B. der NTC-Widerstand als Temperaturfühler bei steigender Raumtemperatur seinen Widerstand verringert, nimmt auch die Spannung am positiven Eingang des OP ab, bis die Schaltschwelle am negativen Eingang erreicht ist und der OP umschaltet, beschleunigt durch den Mitkopplungswiderstand R_4, der den positiven Eingang weiter in negativer Richtung verschiebt und damit die Hysterese verursacht. Bei darauf folgender absinkender Raumtemperatur nimmt der Widerstandswert des NTC-Widerstandes zu, und sein Spannungsabfall wächst. Aber die Spannung muß sich erst um den Hysteresewert ändern, bis der OP wieder umschaltet. Durch die Hysterese wird ein zu schnelles Wiederumschalten bzw. eine zu große Schalthäufigkeit vermieden.

8.4.2.2 Operationsverstärker mit elektrischer Rückführung

Zu einem elektronischen Regler wird man zweckmäßigerweise auch eine elektrische Rückführung wählen, weil sie bei geringstem Aufwand genauer arbeitet und von äußeren Einflüssen weitgehend unabhängig ist. Diese Rückführung besteht aus dem Gegenkopplungswiderstand R_5 und dem Kondensator C, die zusammen eine zeitverzögernde Arbeitspunktverschiebung ergeben und die Zurückschaltung veranlassen (Bild 8/23).

Schaltet z. B. eine zunehmende positive Eingangsspannung den OP um, so springt die Ausgangsspannung ebenfalls in positive Richtung und lädt über den Widerstand R_5 den Kodensator am negativen Eingang des OP langsam positiv auf, bis die gleiche Spannung wie am positiven Eingang erreicht ist und damit die Ausgangsspannung automatisch wieder zurückschaltet.

8.4.3 Mehrpunktregler

Mehrpunktregler arbeiten mit mehr als zwei Schaltlagen. Unter den Mehrpunktreglern kommt der Dreipunktregler am häufigsten zur Anwendung. Eine typische Anwendung findet man bei Klimaanlagen mit Heiz- und Kühlmöglichkeit. Für die Schaltzustände Aus, Heizen, Kühlen wird ein Dreipunktregler benötigt. Der Dreipunktregler besteht aus einer

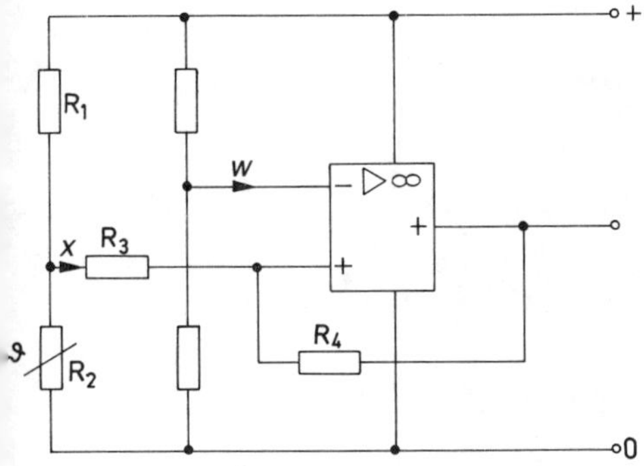

Bild 8/22 Elektronischer Zweipunktregler mit Schalthysterese

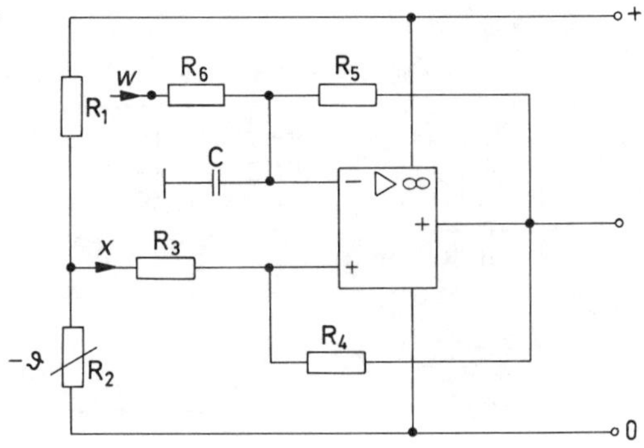

Bild 8/23 Elektronischer Zweipunktregler mit Schalthysterese und elektrischer Rückführung

Bild 8/24
Schaltdiagramm des Dreipunktreglers

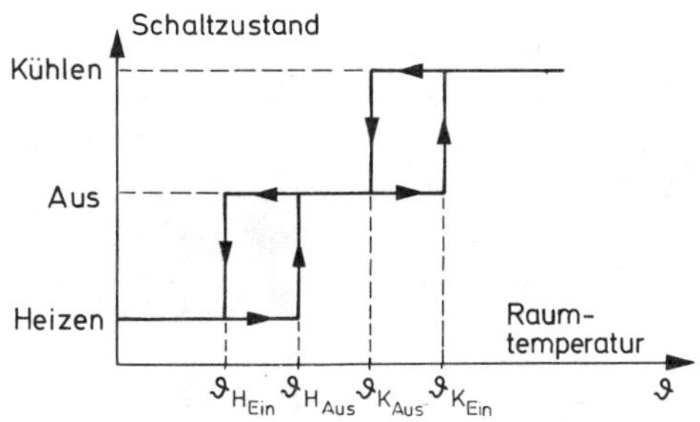

Kombination von zwei Zweipunktreglern, die jeweils der Energie «Heizen» und «Kühlen» zugeordnet sind. Im Diagramm Bild 8/24 sind die verschiedenen Schaltzustände wiedergegeben.

Die zugehörige Schaltung ist in Bild 8/25 dargestellt. Die Heizungsregelung übernimmt der obere Zweipunktregler mit Rückführwiderstand, die Kälteregelung besorgt der untere Zweipunktregler. Da die Wirkungsrichtungen für beide Regler gleich sind, muß für die Kühlung das Kühlaggregat an den unteren Reglerkontakt angeschlossen werden. Da für die Rückführung des Kältereglers keine Kühlelemente zur Verfügung stehen, verwendet man einen Heizwiderstand, der die umgekehrte Wirkung hat und deswegen am oberen Schaltkontakt des Kältereglers angeschlossen ist. Wird während des Kühlbetriebs des Kälteaggregat abgeschaltet, heizt der Rückführwiderstand das Bimetall des Kältereglers auf und bewirkt dadurch einen schnelleren Schaltrhythmus bzw. eine geringere Raumtemperaturschwankung.

Grundsätzlich läßt sich das Heiz- und Kühlproblem mit einem Zweipunktregler lösen, der direkt von Heizen auf Kühlen umschaltet. Der Energieverbrauch würde aber dadurch bedeutend höher.

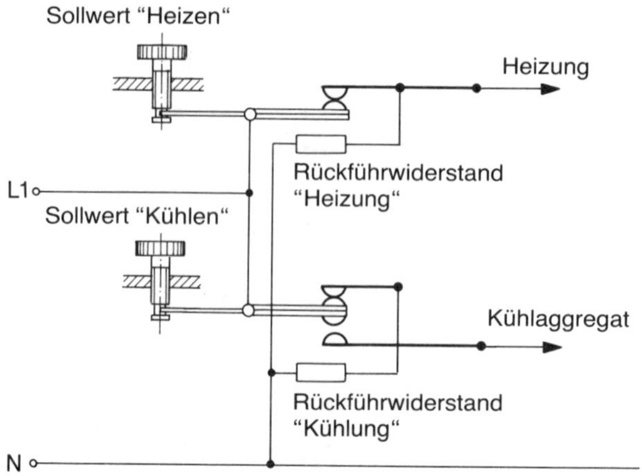

Bild 8/25 Klimaregelung mit Dreipunktregler (Heizung – Kühlung)

In der Industrie wird der Dreipunktregler auch bei Heizanlagen mit zwei Heizstufen verwendet. Bei Drehstrombetrieb bieten sich die Schaltzustände Null, Stern- und Dreieckschaltung an. Treten stärkere Temperaturabweichungen auf, kann in der Schaltstellung «Dreieck» mit dreifacher Heizenergie schneller nachgeregelt werden.

8.5 Regelung mit stetigen Reglern

Bei Reglern ist die Regelgeschwindigkeit neben der Regelgenauigkeit die entscheidende Größe, weshalb man sie nach drei Geschwindigkeitstypen unterscheidet. Genauso wie der Mensch, der oft die Rolle eines Reglers übernimmt, nach verschiedenen Geschwindigkeitstypen wie sachlich–zügig, träge–langsam oder impulsiv–schnell unterschieden wird, so teilt man die technischen Regler in Proportional-, Integral- und Differential-Regler ein.

Die Wirkungsweise und die charakteristischen Eigenschaften der verschiedenen stetigen Regler sollen anhand einer Wasserstandsregelung und einer Spannungsregelung mit OP näher untersucht werden.

8.5.1 Der Proportionalregler (P-Regler)

Der P-Regler ist der Grundregler, der für einfache Regelungsvorgänge ausreicht, ohne besondere Anforderungen an Genauigkeit oder Geschwindigkeit.

8.5.1.1 Der P-Regler als Wasserstandsregler

In einem Wasserbehälter mit Zu- und Ablauf soll der Wasserstand geregelt werden. Der Wasserablauf wird durch den veränderlichen Wasserverbrauch bestimmt, so daß die Wasserstandsregelung (Wasserdruckregelung) durch die Wasserzulaufmenge erfolgen muß (Bild 8/26). Ein Schwimmer soll als Fühler die Höhe des Wasserspiegels erfassen und über ein Führungsgestänge den Zulaufschieber verstellen, um dadurch den Wasserstand zu regeln.

Bild 8/26
Wasserstandsregelmodell mit P-Regler

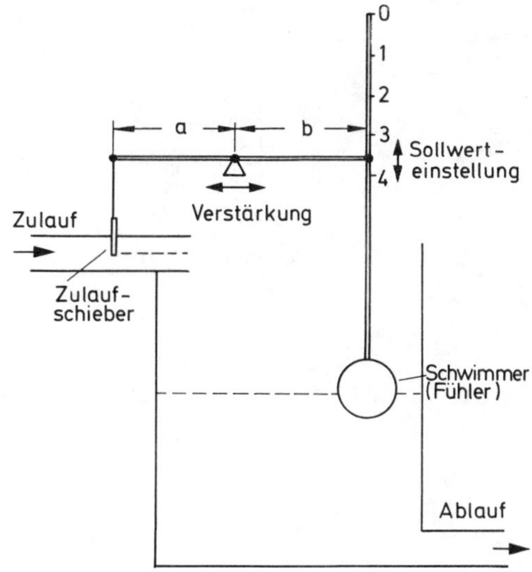

8.5.1.2 *Regelbedingungen*

Zunächst sollen die einzelnen Regelbedingungen kontrolliert werden.

1. Der Schwimmer stellt den Istwert des Wasserstandes fest und gibt diese Regelgröße x über die Führungsstange weiter.
2. Der Sollwert w für den Wasserstand kann durch die Verschiebung des Drehpunktes vom Hebelarm auf der Führungsstange eingestellt werden.
3. Der Vergleich zwischen Soll- und Istwert ergibt die Regeldifferenz x_d aus der Stellung des Hebelarmes. Hier wird angenommen, daß bei waagerechter Stellung des Hebelarmes der Sollwert etwa gleich dem Istwert ist. Bei Verschiebung des Hebelarmes kann sowohl der Differenzwert als auch die Richtung festgestellt werden.
4. Die Verstärkung der Regeldifferenz x_d geschieht durch das Verhältnis der beiden Hebelarme a und b. In der Regelungstechnik bezeichnet man die Verstärkung vorzugsweise mit K statt mit V. Für den P-Regler ist die Verstärkung $K_p = a/b$. Daraus ergibt sich das Stellsignal $y \triangleq x_d \cdot K_p$. Aus dieser Gleichung geht hervor, daß das Ausgangssignal des Reglers proportional dem Eingangssignal ist und damit ein P-Regler vorliegt.
5. Das Stellsignal y wirkt direkt auf das Stellglied, den Schieber für die Zulaufeinstellung.

8.5.1.3 *Regelgenauigkeit des P-Reglers*

Die Wirkungsweise dieser Wasserstandsregelung soll bei unterschiedlichem Wasserverbrauch überprüft werden. Ausgehend von einem mittleren Wasserverbrauch soll sich der Schwimmer auf eine mittlere Höhe eingestellt und der Zulaufschieber etwa halb geöffnet haben (Bild 8/27). Nimmt der Wasserverbrauch stark zu, so ist zunächst der Ablauf wesentlich stärker als der Zulauf. Als Folge davon sinkt der Wasserspiegel, der Schwimmer senkt

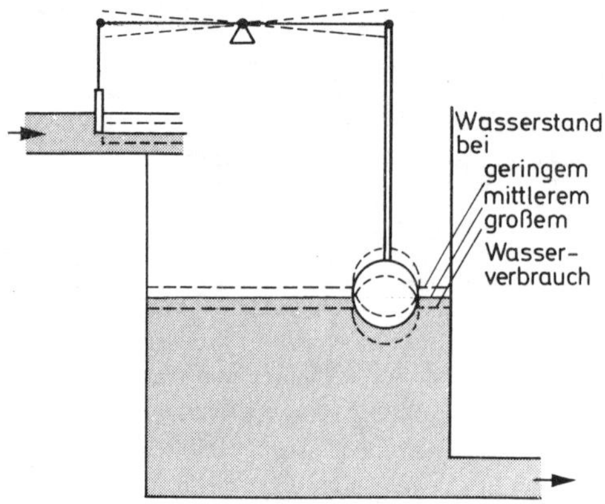

Bild 8/27
Wasserstand bei unterschiedlichem Wasserverbrauch

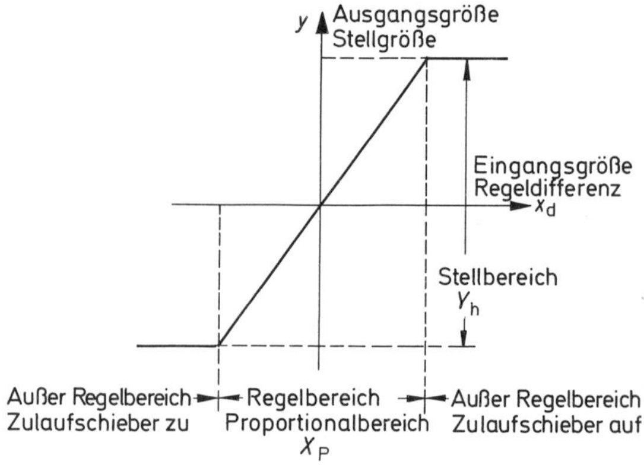

Bild 8/28
Reglerkennlinie eines P-Reglers

sich und öffnet über das Gestänge den Zulaufschieber. Nach ausreichender Zeit hat sich wieder ein Gleichgewicht eingestellt, d. h., Ablauf- und Zulaufmenge sind gleich. Gegenüber dem mittleren Wasserverbrauch hat sich jedoch eine Verschiebung ergeben. Der Zulaufschieber ist weiter geöffnet. Um dies zu erreichen, muß aber der Schwimmer bzw. der Wasserspiegel eine entsprechende Absenkung erfahren haben. Wenn umgekehrt der Wasserverbrauch stark abnimmt, wird zunächst durch den starken Wasserzulauf der Wasserspiegel steigen und den Schwimmer anheben. Dadurch verringert der Zulaufschieber den Zulaufquerschnitt, bis sich wieder ein Gleichgewichtszustand eingestellt hat. Die Öffnung des Zulaufschiebers ist geringer geworden, und dazu muß der Wasserspiegel höher stehen als das mittlere Niveau. Aus dieser Betrachtung kann der Schluß gezogen werden, daß der Proportionalregler nicht in der Lage ist, den Wasserstand bzw. die Regelgröße x bei unterschiedlichem Wasserverbrauch konstant zu halten.

Der P-Regler ist nicht in der Lage, die Regeldifferenz voll auszugleichen, d. h., er regelt nicht ganz aus.

Eine größere Verstärkung des Reglers kann schon bei einem geringen Niveauunterschied bewirken, daß der Zulaufschieber ganz geöffnet oder geschlossen wird. Bei Störgrößeneinfluß (unterschiedlicher Wasserverbrauch) ist in diesem Falle eine kleinere Abweichung vom mittleren Niveau (Regelgröße x) notwendig, um den Zulaufschieber ausreichend im Stellbereich zu verändern. Der Regler regelt im Falle größerer Verstärkung besser aus, wirkt in seiner Arbeitsweise wegen seiner größeren Empfindlichkeit aber etwas unruhiger.

8.5.1.4 Reglerkennlinie

Der Zusammenhang zwischen dem Wasserstand oder Regelgröße x und der Öffnung des Zulaufschiebers oder der Stellgröße y wird beim P-Regler durch ein Diagramm dargestellt. Diese Reglerkennlinie ist im Bild 8/28 wiedergegeben. In waagerechter Richtung ist die Höhe des Wasserspiegels, senkrecht dazu die Öffnung des Zulaufschiebers aufgetragen. Solange sich der Wasserverbrauch in normalen Grenzen bewegt, arbeitet der Regler im Regelbereich,

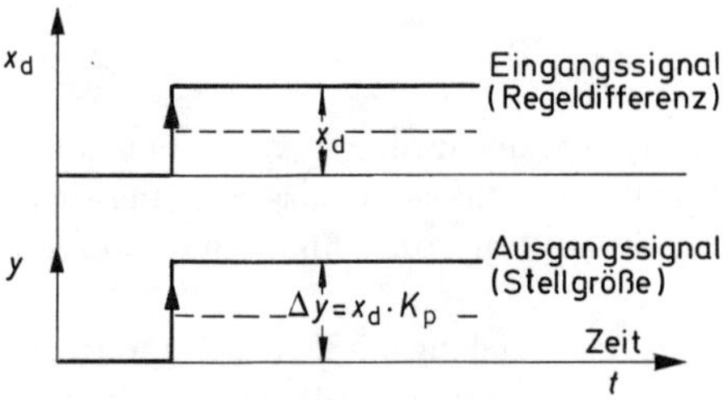

Bild 8/29
Sprungantwort des P-Reglers

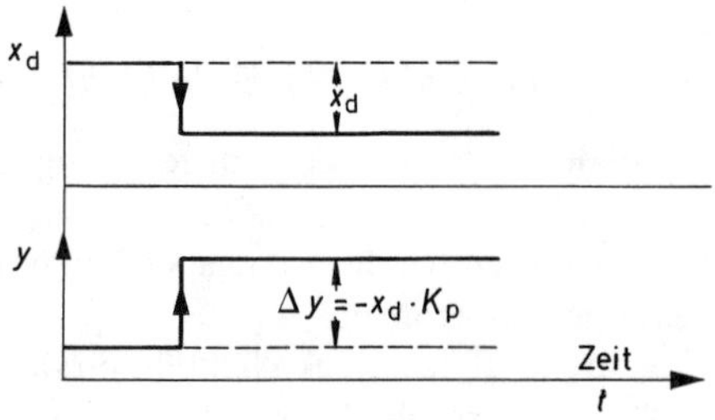

Bild 8/30
Negativer Eingangssprung mit Signalumkehr

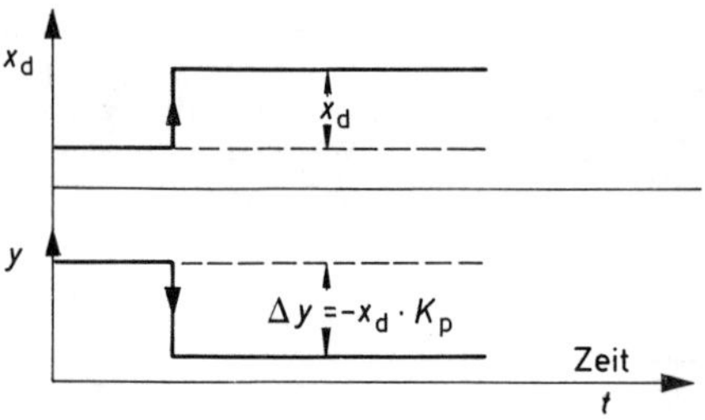

Bild 8/31
Positiver Eingangssprung mit Signalumkehr

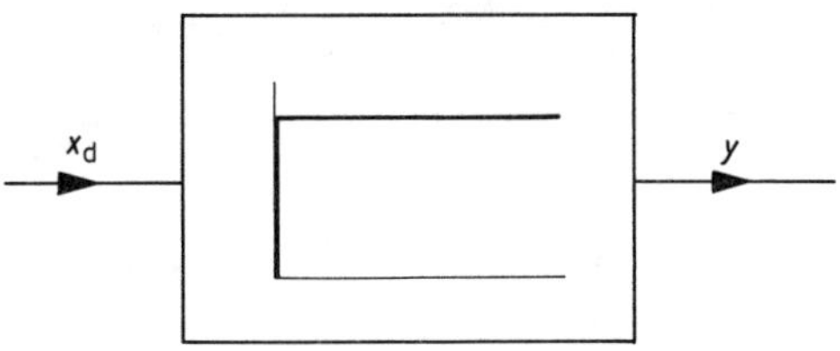

Bild 8/32
Blockbild des P-Reglers

d. h., eine Änderung des Wasserstandes verursacht eine Änderung der Öffnung des Zulaufschiebers. Dieser Bereich entspricht dem schrägen Teil der Kennlinie. Ist der Wasserstand zu tief oder zu hoch, so ist der Zulaufschieber ganz geöffnet oder geschlossen und damit die Grenzen des Stellbereichs Y_h erreicht. Die Regelgröße x liegt außerhalb des Regelbereichs. Der mittlere Teil der Regelkennlinie gibt als Gerade den proportionalen Zusammenhang zwischen der Regelgröße x und der Stellgröße y wieder.

8.5.1.5 Sprungantwort

Eine weitere Darstellung der Regelcharakteristik geschieht im Zeitdiagramm als sogenannte Sprungantwort. Die Stellgröße als Ausgangssignal des Reglers wird in Abhängigkeit von dem sprungförmigen Eingangssignal (Regeldifferenz x_d) wiedergegeben (Bild 8/29). Das Ein- und Ausgangssignal unterscheiden sich beim P-Regler nur durch den Verstärkungsfaktor oder Übertragungsbeiwert K_p. In diesem Zeitdiagramm findet man häufig das Ausgangssignal als Umkehrfunktion zum Eingangssignal gezeichnet. Wenn nämlich infolge einer Störung eine Änderung der Regelgröße x bzw. der Regeldifferenz x_d auftritt, soll die Stellgröße y über das Stellglied der Störung entgegenwirken. Wird z. B. der Wasserspiegel plötzlich durch starken Wasserverbrauch abgesenkt (Bild 8/30), so muß der Zulaufschieber geöffnet werden, um dem Absinken des Wasserspiegels entgegen zu arbeiten. Umgekehrt wird bei positiver Regeldifferenz eine negative Stellgröße auftreten (Bild 8/31).

8.5.1.6 *Blockbild, Blockschaltbild*

Blockbilder enthalten zur Kennzeichnung des Reglertyps die Sprungfunktion. Für den P-Regler ist im Bild 8/32 das Diagramm mit horizontaler Signalhöhe für das Ausgangssignal zu erkennen. Durch diese Angaben kann man bereits aus Prinzipschaltbildern wesentliche Funktionen entnehmen.

Ergänzend ist das Blockschaltbild für die Wasserstandsregelung mit P-Regler und Regelstrecke ohne Ausgleich im Bild 8/33 dargestellt. Wenn auch der P-Regler unverzögert arbeitet, so hat doch die Regelung, gegeben durch die Trägheit der Regelstrecke, eine begrenzte Regelgeschwindigkeit.

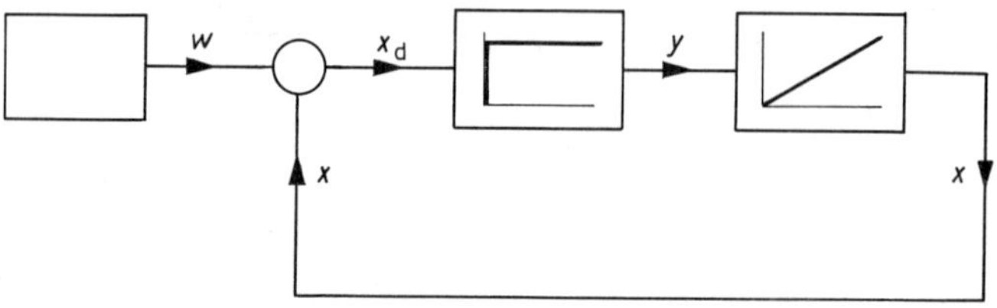

Bild 8/33
Blockschaltbild einer Wasserstandsregelung mit P-Regler

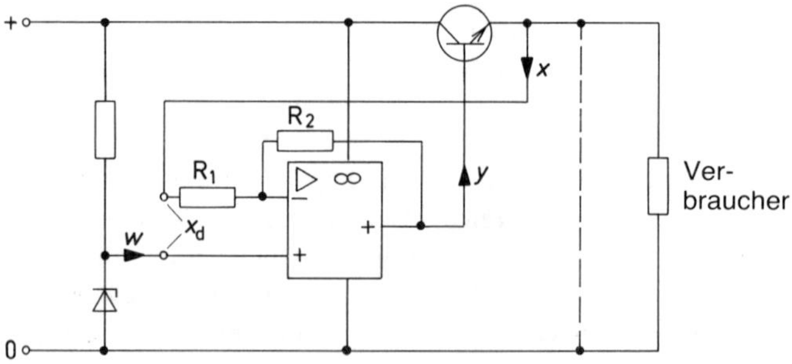

Bild 8/34
Spannungsregelung mit OP als P-Regler

8.5.1.7 *Der P-Regler als Spannungsregler mit OP*

Ähnlich wie bei der Wasserstandsregelung ist die Wirkungsweise einer Spannungsregelung. Statt der Wasserhöhe wird hier die Spannungshöhe geregelt.

Wirkungsweise

Der Sollwert w wird von einer Z-Diode als Konstantspannung geliefert (Bild 8/34). Der Istwert kommt direkt vom Verbraucher und wird am Eingang des Operationsverstärkers mit dem Sollwert verglichen. Die sich daraus ergebende Regeldifferenz x_d wird im OP verstärkt und regelt als Stellsignal y den Stelltransistor.

Verstärkung

Die Verstärkung wird durch die Gegenkopplung bzw. durch das Widerstandsverhältnis $\frac{R_2}{R_1}$ bestimmt. Ähnlich wie bei der Wasserstandsregelung der Hebelarm als Regler für die Ver-

Bild 8/35
Verstärkung des
Operationsverstärkers

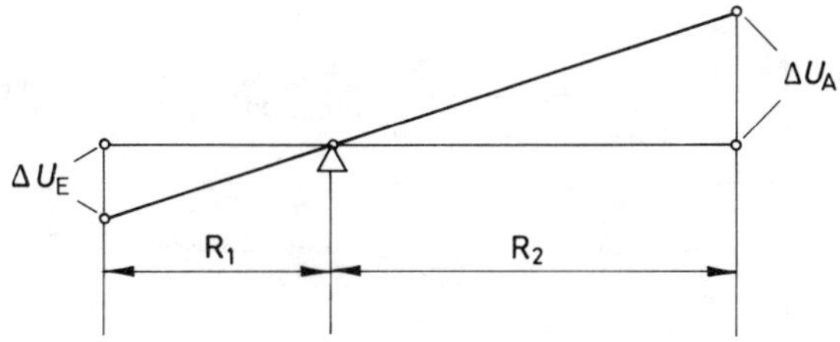

stärkung mit dem Hebelarmverhältnis $\frac{a}{b}$ maßgebend ist, so kann man beim Operationsverstärker die Gegenkopplungswiderstände R_1 und R_2 als Hebelarm betrachten mit der Verstärkung $\frac{R_2}{R_1}$ (Bild 8/35). Der Drehpunkt des elektrischen Hebelarms ist der negative Eingang des OP.

Regeleigenschaften
Die Regeleigenschaften des elektronischen Reglers sind die gleichen wie die des mechanischen Reglers, er regelt zügig, aber nicht genau. Diese Ungenauigkeit soll kurz erläutert werden. Geht die Verbraucherspannung infolge Belastung um 0,1 V zurück, so reagiert der Ausgang des OP in umgekehrter positiver Richtung. Ist $R_1 = 10\,\text{k}\Omega$ und $R_2 = 20\,\text{k}\Omega$, so wird entsprechend der Verstärkung von $\frac{R_2}{R_1} = \frac{20\,\text{k}\Omega}{10\,\text{k}\Omega} = 2$ die Ausgangsspannung des OP um 0,2 V in postiver Richtung verschoben, d. h., der Stelltransistor erhält am Eingang zwischen Emitter und Basis eine um 0,3 V höhere Spannung, wodurch der Transistor weiter geöffnet wird, um den größeren Verbraucherstrom durchzulassen. Das Absinken der Ausgangsspannung um 0,1 V macht sich als Regelungenauigkeit bemerkbar, ist aber notwendig, um den Stelltransistor für den größeren Verbrauchstrom weiter offen zu halten. Diese Ungenauigkeit kann durch eine größere Verstärkung verringert werden. Dabei ist aber zu beachten, daß bei zu großer Verstärkung im Regelkreis Schwingungen einsetzen und damit die Regelung genau das Gegenteil ihrer eigentlichen Aufgabe bewirkt.

8.5.2 Der Integralregler (I-Regler)

Es wurde bereits festgestellt, daß der Proportionalregler bei der Wasserstandsregelung nicht in der Lage ist, unabhängig vom Wasserverbrauch den Wasserstand konstant zu halten bzw. die Regeldifferenz x_d wieder zu Null zu machen. Dazu benötigt man den Integralregler.

8.5.2.1 Sprungantwort des I-Reglers

Wenn am Eingang eines Integralreglers ein konstantes Signal anliegt, ergibt sich am Ausgang eine stetige Signaländerung, bis das Eingangssignal wieder zu Null geworden ist. Um diesen Zusammenhang eindeutig zu erkennen, wird der Verlauf zweckmäßig durch eine Sprungfunktion im Zeitdiagramm wiedergegeben (Bild 8/36). Der Integralregler wird um so wirk-

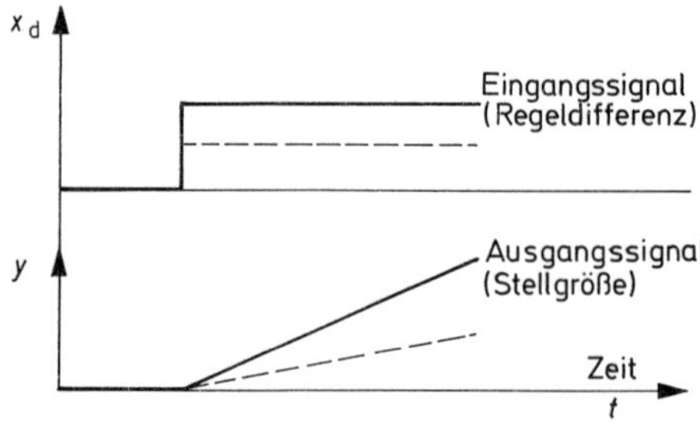

Bild 8/36
Sprungantwort des I-Reglers

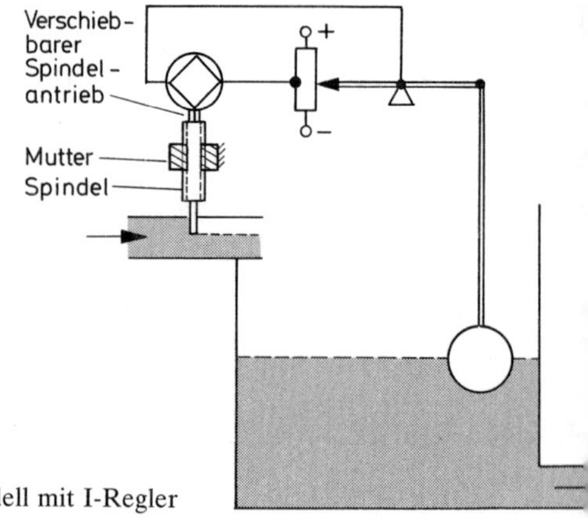

Bild 8/37
Wasserstandsregelmodell mit I-Regler

samer, je länger eine Abweichung des Eingangssignals vorhanden ist. Selbst eine kleine Regeldifferenz kann bei genügend langer Einwirkung ein kräftiges Ausgangssignal hervorrufen bzw. bei der Wasserstandsregelung den Zulaufschieber weit verstellen.

8.5.2.2 Aufbau und Wirkungsweise als Wasserstandsregler

Eine Wasserstandsregelung mit einem I-Regler ist im Bild 8/37 wiedergegeben. Bei dieser Regelung wirkt der Schwimmer nicht unmittelbar auf den Zulaufschieber, sondern es wird bei einer Abweichung des Wasserstandes vom Sollwert von einem Potentiometer eine Spannung abgegriffen und einem Gleichstromgetriebemotor zugeführt, der über eine Gewindespindel den Zulaufschieber verstellt.

Liegt der Wasserspiegel nur wenig unter dem Sollwert, wird der Motor eine geringe Spannung erhalten, und so den Zulaufschieber langsam immer weiter verstellen, bis durch den vergrößerten Wasserzulauf der Wasserstand den Sollwert erreicht und die Regeldifferenz zu Null geworden ist. **Der I-Regler kann im Gegensatz zum P-Regler die Regeldifferenz voll ausregeln.** Dafür hat der I-Regler einen Nachteil, er arbeitet ziemlich träge. Soll der I-Regler in bezug auf die Regelstrecke schnell reagieren, so bei Auftreten von plötzlichen Störungen, setzen starke Regelschwingungen ein. **Der I-Regler neigt zum Pendeln.**

8.5.2.3 Regelung mit Pendelvorgang bei der Wasserstandsregelung

An dem Wasserstandsregelmodell mit I-Regler soll der Pendelvorgang näher erklärt werden. Ausgehend von einem mittleren Wasserverbrauch soll sich der Wasserstand auf die Sollhöhe eingestellt haben und der Zulaufschieber etwa halb geöffnet sein. Plötzlich wird durch starke Zunahme des Wasserverbrauchs dieser eingeregelte Zustand gestört. Der daraufhin einsetzende Regelablauf ist im Zeitdiagramm Bild 8/38 dargestellt. Die obere Kennlinie zeigt das Abfallen des Wasserspiegels. Gleichzeitig senkt sich der Schwimmer und verstellt das Potentiometer. Die vom Potentiometer abgegriffene Spannung versetzt den Getriebemotor in eine etwa proportionale Drehzahl. Zunächst wird der Getriebemotor langsam und dann mit wachsender Drehzahl den Zulaufschieber öffnen, entsprechend der unteren Kennlinie. Im Augenblick des niedrigsten Wasserstandes t_1 ist die Zulaufwassermenge gleich der Ablaufwassermenge, d. h., das Niveau würde bei dieser Stellung des Zulaufschiebers konstant bleiben. Statt dessen wird aber der Zulaufschieber mit größter Stellgeschwindigkeit weiter geöffnet, so daß der Wasserspiegel ansteigt und zur Zeit t_2 wieder die Ausgangshöhe erreicht. Zu diesem Zeitpunkt ist aber der Zulaufschieber weit geöffnet und der Wasserzufluß wesentlich größer als der Wasserabfluß, so daß der Wasserspiegel weiter ansteigt. Die positive Wasserstandsabweichung ergibt aber die umgekehrte Spannungspolarität am Motor. Als Folge drosselt der Zulaufschieber mit wachsender Geschwindigkeit den Wasserzulauf. Wegen der gegenseitigen Beeinflussung von Wasserstand und Zulaufschieberstellung klingt die Pendelbewegung des Wasserstandes um den Sollwert nur langsam ab. Der Regelvorgang kommt erst nach entsprechend langer Zeit zur Ruhe. Der Wasserstand erreicht hierbei die ursprüngliche Höhe, während der Zulaufschieber sich durch die neue Einstellung dem geänderten Wasserverbrauch angepaßt hat. Regelkreise mit I-Regler und verhältnismäßig großer Regelgeschwindigkeit werden bei häufig auftretenden Störungen nicht zur Ruhe kommen können und deshalb nur eine unbefriedigende Lösung darstellen. Wesentlich besseres Regelverhalten kann durch den Einsatz eines PI-Reglers gewonnen werden.

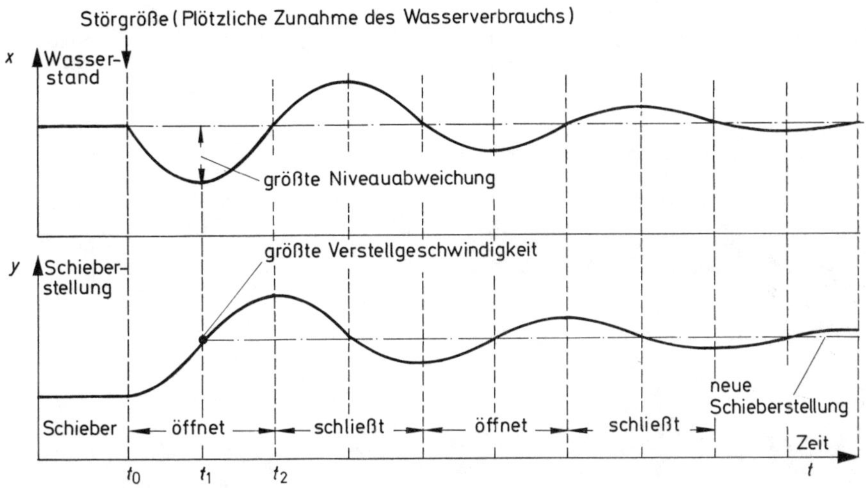

Bild 8/38 Wasserstandsregelung, Pendelvorgang mit I-Regler

8.5.2.4 *Der I-Regler als Spannungsregler mit OP*

Der Integralregler mit Operationsverstärker unterscheidet sich vom P-Regler durch den Kondensator C im Gegenkopplungszweig statt des Widerstandes R_2 (Bild 8/39). Bei einer konstanten Spannungsdifferenz x_d am Eingang des OP fließt über den Widerstand R_1 ein konstanter Strom, der den Kondensator C auflädt und eine langsame, entsprechend der Sprungantwort Bild 8/36 stetige Spannungsverschiebung bewirkt. Wenn z. B. durch einen

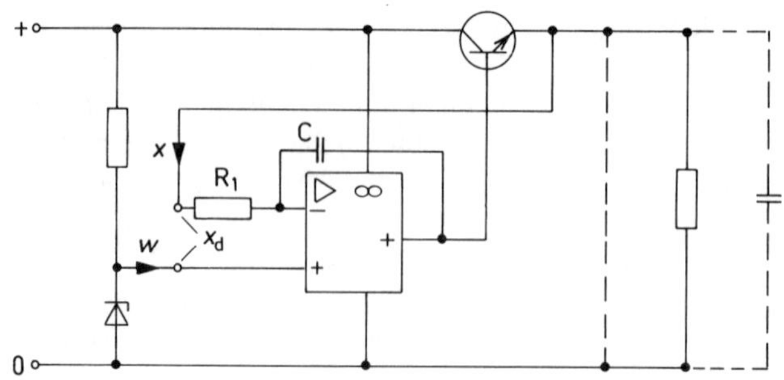

Bild 8/39 Spannungsregelung mit OP als I-Regler

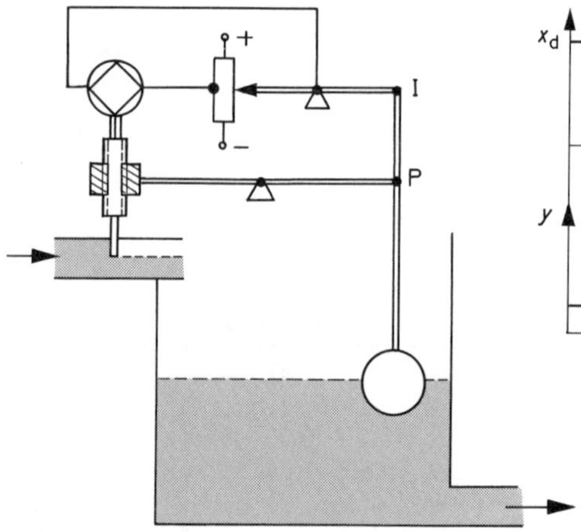

Bild 8/40
Wasserstandsregelmodell mit PI-Regler

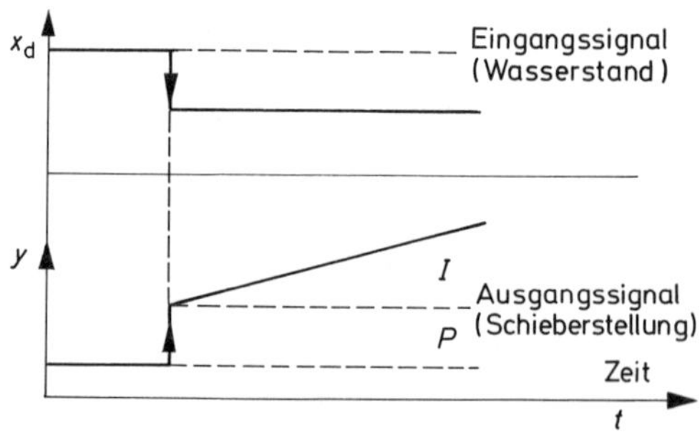

Bild 8/41
Sprungantwort eines PI-Reglers

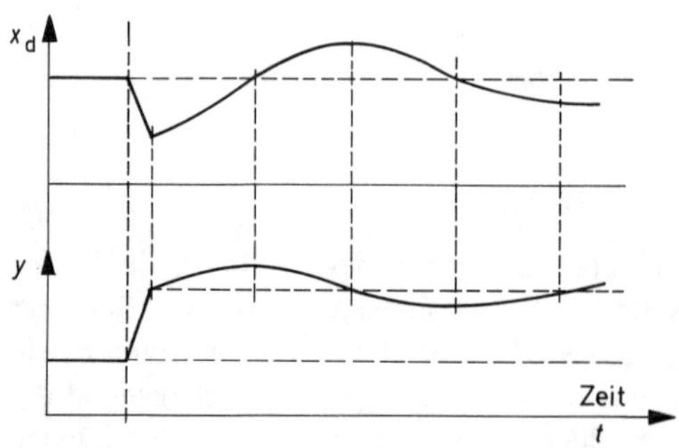

Bild 8/42
Regelvorgang mit PI-Regler

größeren Verbraucherstrom die Ausgangsspannung absinkt, wird umgekehrt die Ausgangsspannung des OP entsprechend der Aufladung des Kondensators über den Widerstand R_1 langsam ansteigen und damit den Stelltransistor öffnen. Der Verbraucherstrom nimmt zu, bis die Verbraucherspannung die Sollwertspannung erreicht hat und die Regeldifferenz am Eingang des OP zu Null geworden ist. Auch bei dieser elektronischen I-Regelung wird, bei entsprechend großer eingestellter Regelgeschwindigkeit, die Ausgangsspannung sich auf den Ausgangswert einpendeln, ähnlich dem Vorgang bei der Wasserstandsregelung.

8.5.3 Der PI-Regler

Wie schon festgestellt wurde, hat der P-Regler den Nachteil, daß er die Regeldifferenz nicht ganz ausregelt. Der I-Regler dagegen regelt zwar ganz aus, aber er neigt zum Pendeln. Durch Kombination dieser beiden Regler zu einem PI-Regler können diese Nachteile weitgehend kompensiert werden. **Der PI-Regler besteht praktisch aus einem P-Regler mit einem geringen I-Anteil**. So läßt sich bei einer Störung der Istwert schnell auf den Sollwert zurückbringen, ohne daß eine allzu starke Pendelung auftritt. Für die meisten Anwendungen bietet der PI-Regler zufriedenstellende Regeleigenschaften.

8.5.3.1 Aufbau des PI-Reglers als Wasserstandsregler

Der Aufbau des PI-Reglers für die Wasserstandsregelung ist im Bild 8/40 wiedergegeben. Der Wasserstand wird als Regelgröße vom Schwimmer einmal direkt über das Gestänge auf den Zulaufschieber als P-Anteil übertragen. Parallel dazu erfolgt bei Abweichung vom Sollwert eine zusätzliche Verschiebung des Zulaufschiebers durch den Getriebemotor über die Gewindespindel als I-Anteil. Der P-Anteil soll für ausreichende Regelgeschwindigkeit sorgen und der I-Anteil den verbleibenden Rest der Regeldifferenz ausregeln.

8.5.3.2 Sprungantwort des PI-Reglers

Die Regelcharakteristik des PI-Reglers ist im Zeitdiagramm Bild 8/41 als Sprungantwort dargestellt. Bei einem plötzlichen Absinken des Wasserstandes wird der Zulaufschieber durch den P-Anteil unmittelbar geöffnet, während der I-Anteil stetig steigend ein zusätzliches Öffnen des Zulaufschiebers bewirkt.

8.5.3.3 Regelvorgang

Im praktischen Versuch verläuft der Regelvorgang für die Wasserstandsregelung mit PI-Regler etwa nach folgendem Diagramm in Bild 8/42. Durch das plötzliche Absinken des Wasserspiegels wird der Zulaufschieber entsprechend dem P-Anteil so weit geöffnet, daß der Wasserzulauf und Ablauf gleich groß werden. Der P-Anteil ist aber nicht in der Lage, den Wasserstand auf den ursprünglichen Wert wieder anzuheben. Das ist die Aufgabe des I-Anteils. Durch den I-Anteil wird der Zulaufschieber weiter geöffnet und dadurch der Wasserzulauf größer als der Wasserabfluß. Der Wasserspiegel steigt und hat zur Zeit t_1 den Sollwert erreicht. Mit leichten Pendelbewegungen, die jedoch bedeutend schwächer als bei einem reinen I-Regler sind, läuft dieser Regelvorgang aus.

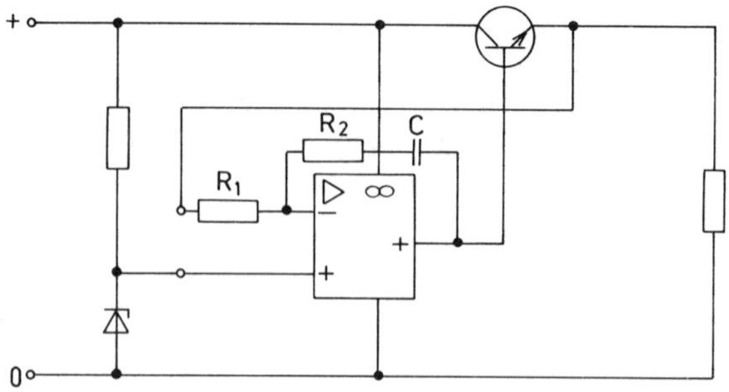

Bild 8/43 Spannungsregelung mit OP als PI-Regler

8.5.3.4 Der PI-Regler als Spannungsregler mit OP

Der Aufbau des PI-Reglers erfolgt mit Operationsverstärker durch Einbau des Widerstandes R_2 und Kondensators C in den Gegenkopplungszweig (Bild 8/43). Die Verstärkung des P-Reglers ist gegeben durch das Widerstandsverhältnis R_2/R_1. Die genaue Nachregelung besorgt der Kondensator C als I-Regler.

Bei einer Ausgangsspannungsänderung infolge Belastung durch den Verbraucher bestimmt der Eingangsstrom über den Widerstand R_1 den Spannungsabfall an R_2 (P-Anteil), gleichzeitig wird aber der Kondensator C aufgeladen (I-Anteil) und zwar umso weiter, je länger der Strom fließt, d. h. die Regeldifferenz anhält, bis schließlich die Ausgangsspannung mit dem Sollwert übereinstimmt.

8.5.4 Der Differentialregler (D-Regler)

Es gibt Regelstrecken, in denen sehr starke plötzliche Störgrößen wirksam werden, so daß große Abweichungen des Istwertes vom Sollwert zu erwarten sind. Ein Mensch als Regelperson würde in diesem Fall ruckartig versuchen, das Stellglied zu verändern, damit keine unzulässigen Abweichungen auftreten und die Regeldifferenz möglichst bald wieder zu Null wird. Dieses impulsive Eingreifen ist für den D-Regler typisch. **Der D-Regler benötigt eine größere Verstärkung als der P-Regler, damit bei plötzlichen Eingangsänderungen eine ausreichende Stellgröße am Ausgang zustande kommt.**

8.5.4.1 Aufbau und Wirkungsweise als Wasserstandsregler

Bei einer Wasserstandsregelung kann für den D-Regler ein nachgebender Hydraulikzylinder verwendet werden (Bild 8/44). Der Hydraulikkolben arbeitet wie ein Stoßdämpfer in einer Ölfüllung, wobei die Öffnungen in der Kolbenplatte einen langsamen Ausgleich ohne besondere Reibung ermöglichen.

Bei schnellem Absinken des Wasserstandes wird der Zulaufschieber durch die große Hebelarmübersetzung und den Hydraulikkolben kräftig geöffnet. Die Feder drückt aber bald den Zulaufschieber wieder in die Ausgangslage zurück. Deshalb ist der D-Regler nicht in der Lage, den Wasserstand konstant zu halten, da nicht die absolute Höhe des Wasserpegels, sondern nur die Pegeländerungen auf den Zulaufschieber wirken.

8.5.4.2 *Sprungantwort des D-Reglers*

Die Sprungantwort des D-Reglers gibt im Zeitdiagramm Bild 8/45 den Zusammenhang zwischen Wasserstand und Schieberstellung an. Nur bei Änderung des Eingangssignals reagiert der D-Regler mit einem Ausgangssignal, das nach einer e-Funktion abfällt. **Da der D-Regler allein nicht zu gebrauchen ist, wird er nur ergänzend zum P- oder PI-Regler verwendet.**

8.5.4.3 *Der D-Regler als Spannungsregler mit OP*

Der Differentialregler kann einem Operationsverstärker durch einen Kondensator am Eingang und einen Widerstand im Gegenkopplungszweig aufgebaut werden (Bild 8/46). Wegen der hohen Verstärkung wird der OP schon bei kleiner Spannungsänderung am Eingang durch die harte Kopplung des Kondensators voll durchgesteuert und damit der Verschiebung des Istwertes kräftig entgegengearbeitet. Der Kondensator lädt sich aber über den Widerstand ziemlich schnell auf die Eingangsspannungsdifferenz auf, so daß die Wirkung nur kurzzeitig ist. Da der D-Regler nur auf Änderungen reagiert, aber keine Gleichspannung überträgt, die mit dem Gleichspannungs-Sollwert am positiven Eingang des OP verglichen werden kann, ist nur eine Kombination mit dem P-Regler bzw. dem PI-Regler möglich.

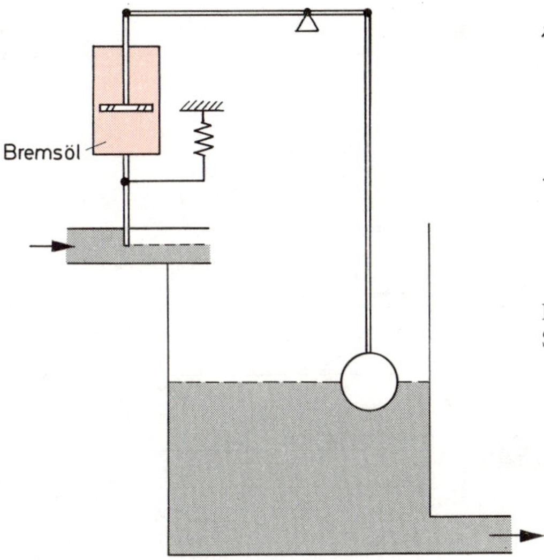

Bild 8/44
Wasserstandsregelmodell mit D-Regler

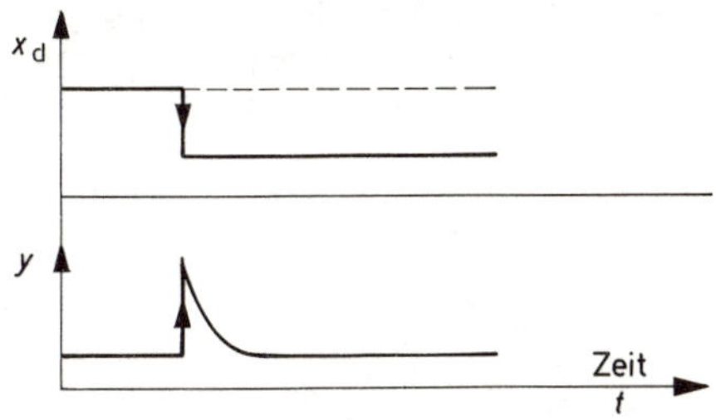

Bild 8/45
Sprungantwort des D-Reglers

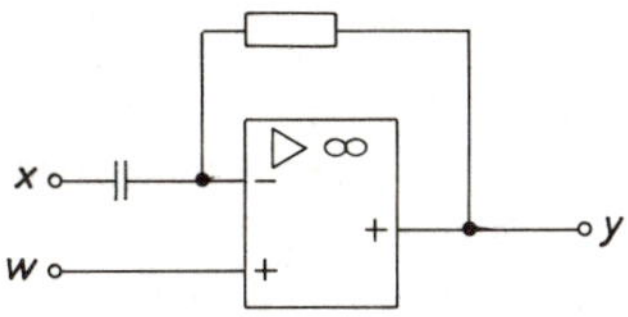

Bild 8/46 OP als D-Regler

8.5.5 Der PD-Regler

Der PD-Regler regelt nicht besonders genau, weil der P-Anteil bei unterschiedlichen Belastungszuständen in der Regelstrecke die Regeldifferenz nicht ganz ausregelt. **Der D-Anteil sorgt dafür, daß bei starken Störeinflüssen schnell und kräftig nachgeregelt wird und so die Regelabweichung gering bleibt.**

8.5.5.1 Aufbau und Wirkungsweise als Wasserstandsregler

Eine entsprechende Wasserstandsregelung mit PD-Regler ist in Bild 8/47 angegeben. Der P-Anteil wird über den unteren Hebelarm und Feder, der D-Anteil über den oberen Hebelarm und den Hydraulikkolben auf den Zulaufschieber übertragen. Bei plötzlicher Wasserstandsabsenkung erzeugt die Bewegung des Schwimmers über die große Hebelarmübersetzung und dem Hydraulikkolben eine starke Verschiebung (D-Anteil), dagegen wird der P-Anteil über den unteren Helbelarm mit kleinerer Übersetzung eine geringe Verstellung hervorrufen. Die kräftige Verschiebung des Zulaufschiebers durch den D-Anteil gleicht sich bald wieder aus, übrig bleibt nur der über die Feder wirksame P-Anteil.

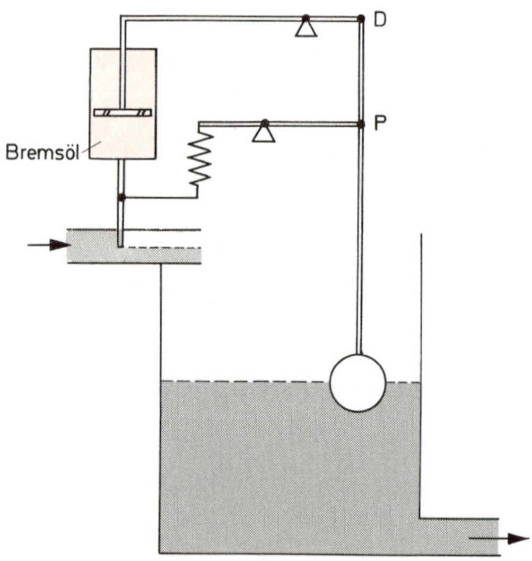

Bild 8/47
Wasserstandsregelmodell mit PD-Regler

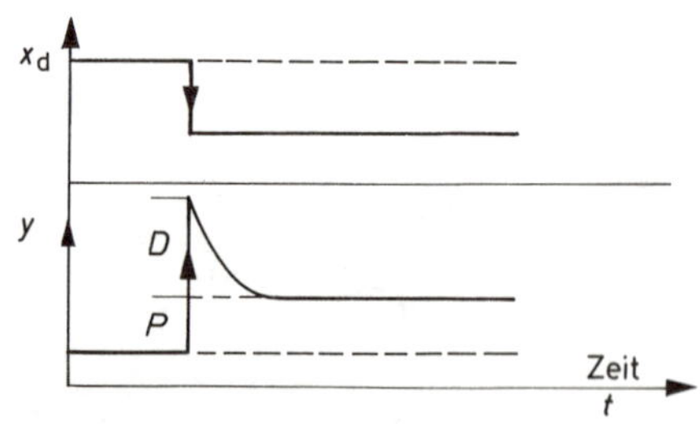

Bild 8/48
Sprungantwort des PD-Reglers

8.5.5.2 Sprungantwort

Die entsprechende Sprungantwort des D-Reglers ist im Zeitdiagramm Bild 8/48 dargestellt. Auf das Eingangssprungsignal folgt ebenso plötzlich das Ausgangssignal mit dem P- und D-Anteil. Bei diesem PD-Regler ist darauf zu achten, daß die wirksame Zeit des D-Anteils der Trägheit der Regelstrecke angepaßt ist.

8.5.5.3 *Der PD-Regler als Spannungsregler mit OP*

Der PD-Regler mit dem Operationsverstärker hat bei der Spannungsregelung eine ähnliche Wirkung wie die entsprechende Wasserstandsregelung. Für den Aufbau des PD-Reglers ergeben sich zwei Schaltungsmöglichkeiten. Nach dem Schaltbild 8/49a hat bei einer Spannungsänderung am Eingang des Reglers der Kondensator zunächst einen kräftigen Einfluß wie beim D-Regler und verursacht eine große Spannungsänderung am Ausgang des OP, bis der Kondensator sich auf die Spannungsdifferenz aufgeladen hat und nur noch der P-Anteil wirkt, gegeben durch die Widerstände R_1 und R_2.

Bild 8/49
OP als PD-Regler

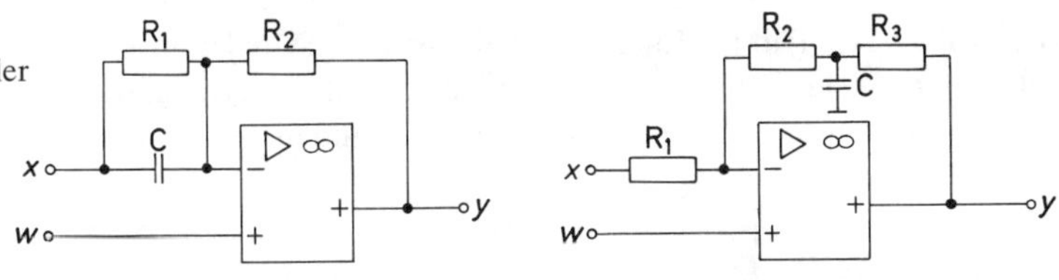

a) Kondensator am Eingang

b) Kondensator als Verzögerungsglied in der Gegenkopplung

In der Schaltung Bild 8/49b verhindert bei einer Spannungsänderung am Eingang des OP das Verzögerungsglied aus R_3 und C zunächst die Gegenkopplung, so daß die volle innere Verstärkung des OP wirksam wird und eine große Spannungsänderung am Ausgang auftritt. Mit der Aufladung des Kondensators auf die neue Spannung ist dann nur noch der P-Anteil mit der Verstärkung $\frac{R_2 + R_3}{R_1}$ maßgebend. Diese Schaltung hat den Vorteil, daß am Eingang des OP ein frequenzunabhängiger Widerstand vorhanden ist, während nach der ersten Schaltung der Kondensator am Eingang bei schnellen Spannungsänderungen wie ein Kurzschluß wirkt und deshalb eine kräftige Ansteuerung benötigt.

8.5.6 Der PID-Regler

Der aufwendigste Regler ist die Kombination der drei Reglertypen als PID-Regler. Dafür bietet dieser Regler folgende Vorteile:

1. Der P-Anteil reagiert zügig bei einer Abweichung des Istwertes vom Sollwert.
2. Durch den I-Anteil wird die Regeldifferenz im Stellbereich ganz ausgeregelt, d. h., der Istwert stellt sich nach entsprechender Zeit genau auf den Sollwert ein.
3. Durch den D-Anteil kann bei schnellen Zustandsänderungen in der Regelstrecke in kürzester Zeit nachgeregelt werden, bzw. eine größere Abweichung des Istwertes vom Sollwert verhindert werden.

8.5.6.1 *Aufbau als Wasserstandsregler*

Welcher Aufwand für einen PID-Regler erforderlich ist, kann aus dem Wasserstandsmodell Bild 8/45 ersehen werden. Dazu werden drei Hebelarme, je einer für den P-, I- und D-Anteil benötigt. Ähnlich wie beim PI- und PD-Regler überlagern sich hier alle Anteile.

Man wird nur in besonderen Fällen den PID-Regler einsetzen. Denn neben dem größeren Materialeinsatz kommt die kompliziertere Einstellung der Regleranteile für eine optimale Regelgeschwindigkeit hinzu.

8.5.6.2 *Sprungantwort*

Aus der einfachen Sprungantwort lassen sich die einzelnen Anteile der Reglertypen erkennen (Bild 8/51). Tritt am Eingang des Reglers der Signalsprung auf, folgt am Ausgang unmittelbar der P- und D-Anteil. Der D-Anteil geht schon nach kurzer Zeit wieder auf Null zurück. Der I-Anteil steigt dagegen nur langsam an und übt einen mit der Zeit wachsenden Einfluß aus.

8.5.6.3 *Der PID-Regler als Spannungsregler mit OP*

Gegenüber dem PID-Wasserstandsregler ist der Aufwand für einen elektronischen PID-Regler sehr gering, da für den Aufbau nur wenige preiswerte Bauteile benötigt werden. Die Gegenkopplung des OP unterscheidet sich vom PD-Regler nur durch den zusätzlichen Kondensator C_2, der den I-Regleranteil bewirkt. Auch hier gibt es, wie beim PD-Regler zwei Schaltungsmöglichkeiten. In den Schaltungen Bild 8/52a und 8/52b werden die einzelnen Regleranteile durch folgende Bauteile bestimmt.

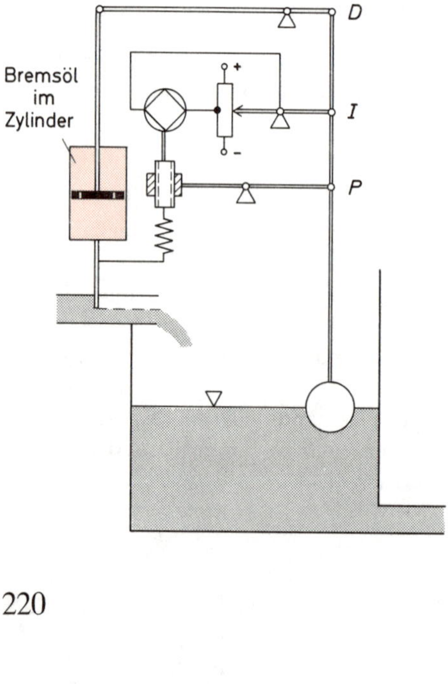

Bild 8/50
Wasserstandsregelmodell mit PID-Regler

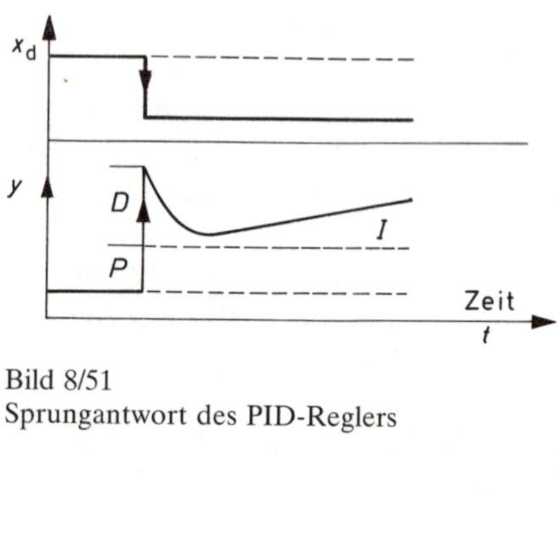

Bild 8/51
Sprungantwort des PID-Reglers

Bild 8/52
PID-Regler mit Operationsverstärker

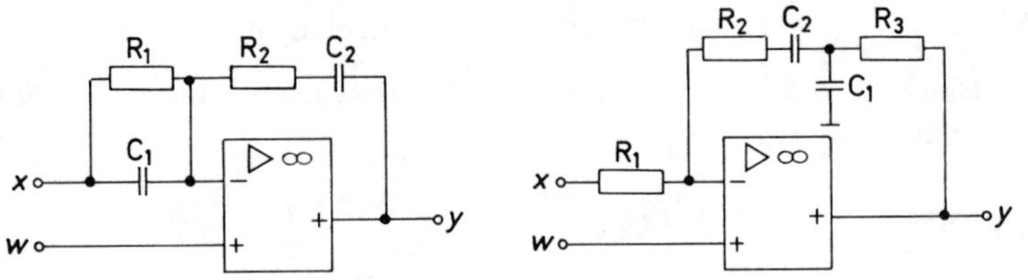

a) Kondensator C_1 für D-Regler am Eingang

b) Kondensator C_1 zur Verzögerung in der Gegenkopplung

	Schaltung a	Schaltung b
P-Anteil	R_1, R_2	R_1, $R_2 + R_3$
I-Anteil	R_2, C_2	$R_2 + R_3$, C_2
D-Anteil	R_1, C_1	$R_2 \parallel R_3$, C_1

Der PID-Regler kann mit den drei Reglertypen zusammen die bestmöglichen Regeleigenschaften erreichen. Der P-Regler dient als Grundregler, der I-Regler sorgt für eine gute Genauigkeit und der D-Regler für eine große Regelgeschwindigkeit.

8.5.7 Übersicht über Regleranwendungen

Reglertyp	Einsatz
P	Für geringe Regelanforderungen, regelt zügig, aber nicht genau.
I	Nur für geringe Regelgeschwindigkeiten brauchbar, regelt aber genau.
PI	Entspricht etwa einem P-Regler mit besserer Regelgenauigkeit durch den I-Anteil. Regelt ganz aus, deshalb keine bleibende Regeldifferenz. Häufige Anwendung.
PD	Wird selten angewendet. P-Anteil liefert nur geringe Genauigkeit, D-Anteil hilft jedoch bei starken Störungen schneller nachzuregeln.
PID	Anwendung nur bei hohen Anforderungen an die Regelgeschwindigkeit und Regelgenauigkeit. P-Anteil sorgt für zügige Regelung. I-Anteil verbessert die Regelgenauigkeit. D-Anteil erhöht die Regelgeschwindigkeit.

8.5.8 Übersicht über Reglersprungantworten und Blockbilder

Im Bild 8/53 sind für die verschiedenen Reglertypen die Sprungantworten und Blockbilder zusammengefaßt.

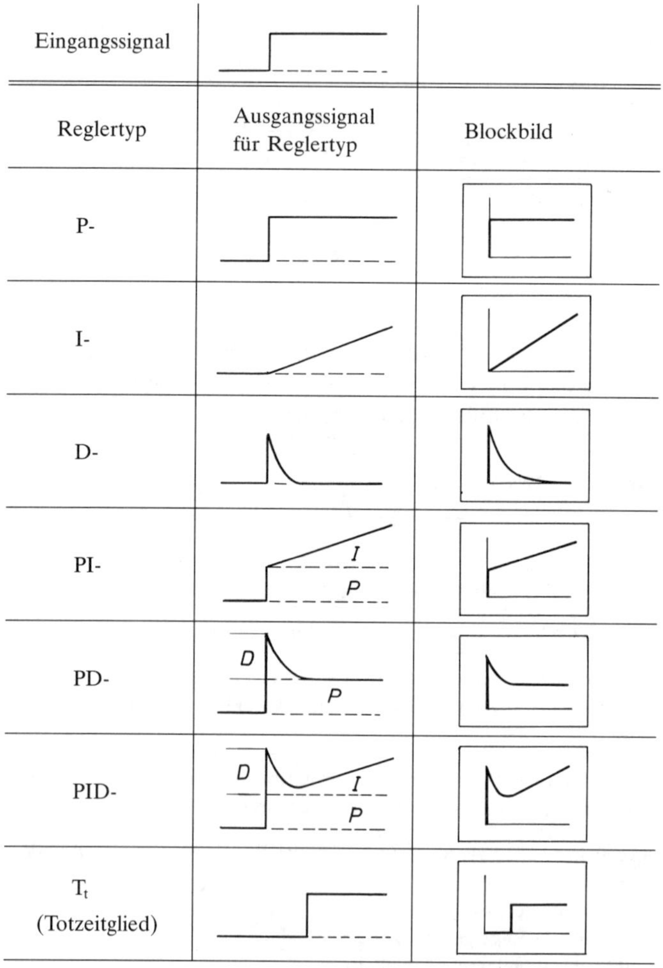

Bild 8/53
Übersicht, Regler-Sprungantwort und Blockbild

8.6 Stellglieder

8.6.1 Auswahl von Stellgliedern

Bei der Auswahl von Stellgliedern ist die Frage zu klären, ob ein Zweipunkt-Stellglied oder aus Gründen der größeren Regelgenauigkeit ein stetiges Stellglied verwendet werden soll. Ein Zweipunkt-Stellglied im elektrischen Stromkreis besteht aus einem einfachen Schalter, dagegen erfordert ein stetiges Stellglied in vielen Fällen einen wesentlich höheren Aufwand, wie z. B. ein Potentiometer, einen Stelltrafo oder elektronische Bauteile.

Beim Bügeleisen, das grundsätzlich mit einem Zweipunktregler arbeitet, würde ein stetiges Stellglied in der Anwendung einige Probleme aufwerfen, angefangen von den Abmessungen über das Gewicht bis zur Temperatur. Ein veränderlicher Widerstand müßte sich in weiten Grenzen verstellen lassen. Ein Stelltrafo würde wegen des Preises oder aber aus Gewichts- und Temperaturgründen von vornherein ausscheiden, soweit nicht eine bauliche Trennung erfolgt. Elektronische Bauteile sind temperaturempfindlich.

Dagegen sind die Verhältnisse bei der Wasserstandsregelung wesentlich anders geartet. Der Wasserzulaufschieber bedeutet als stetiges Stellglied keinen besonderen Aufwand. Hier würde ein Zweipunkt-Stellglied, das den Wasserzufluß ruckartig öffnet oder sperrt, wahrscheinlich problematischer sein.

8.6.2 Zuordnung von Stellgliedern und Reglern

Es soll untersucht werden, welche Kombinationen von Stellgliedern mit Reglern brauchbar sind, wenn zwischen Zweipunkt- und stetigen Gliedern unterschieden wird. In der folgenden Aufstellung ergeben sich theoretisch vier Kombinationsmöglichkeiten.

Zweipunktregler	————	1.	Zweipunkt-Stellglied
	╲ ╱	3.	
	╱ ╲	4.	
Stetiger Regler	————	2.	Stetiges Stellglied

Die **1. Kombination**, Zweipunkt-Regler mit Zweipunkt-Stellglied ist vom Bügeleisen her bekannt.

Im Bild 8/54 sind zur besseren Übersicht der Zweipunkt-Regler und das Zweipunkt-Stellglied getrennt dargestellt.

Die **2. Kombination**, stetiger Regler mit stetigem Stellglied, wurde bei der Wasserstandsregelung ausführlich behandelt.

Bei diesen beiden Kombinationen handelt es sich um Zuordnungen von Gliedern mit gleichen charakteristischen Eigenschaften. Die Arbeitsweise des Stellgliedes wird durch die Arbeitsweise des Reglers nicht wesentlich verändert.

Bei der **3. Kombination**, stetiger Regler mit Zweipunkt-Stellglied, ist die Frage nach dem Gesamtcharakter und der Brauchbarkeit zu klären. Diese Zuordnung kann beim Bügeleisen durchgeführt werden, indem man die Sprungfeder des Bimetallreglers entfernt. Die Bewegung des Bimetalls erfolgt dann nicht mehr sprunghaft, sondern stetig mit der Temperatur.

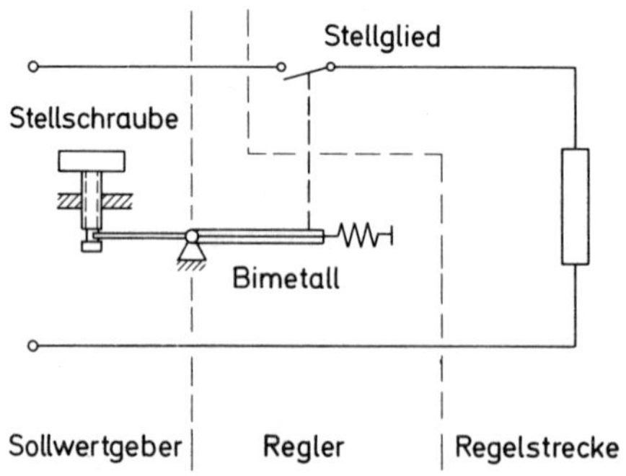

Bild 8/54
Zweipunktregler mit getrenntem Regler und Stellglied

Während der Zweipunktregler einen unteren und einen oberen Schaltpunkt hat, fallen beim stetigen Regler diese beiden Punkte zu einem Punkt zusammen, d. h. zum Öffnen oder Schließen des Kontaktes reicht eine sehr kleine Temperaturdifferenz aus. Dadurch ergibt sich eine erheblich größere Schalthäufigkeit des Stellgliedes, die für die Lebensdauer des Schaltkontaktes von Bedeutung ist. Bei der großen Schaltleistung eines Bügeleisens von ca. 1 kW würde am Kontakt ein Lichtbogen stehenbleiben, so daß der Kontakt innerhalb kurzer Zeit zerstört wird. Beim Bügeleisen ist diese Kombination von der Schaltleistung her unbrauchbar. Bei entsprechend geringer Schaltleistung ist die 3. Kombination durchaus anwendbar. Der Gesamtcharakter der Regelung wird bestimmt durch das Glied mit der sprunghaften Änderung, in diesem Falle durch das Stellglied. Die Regelung hat deshalb Zweipunktcharakter. Wegen seiner ausschlaggebenden Regeleigenschaft wird das Stellglied zur Regeleinrichtung gezählt.

Ein weiteres häufig angewendetes Beispiel soll veranschaulichen, daß die 3. Kombination nicht immer brauchbar ist. Ein einfacher Heizungskessel mit Ölbrenner kennt nur die beiden Schaltzustände Aus oder Ein (volle Leistung). Damit ist der Charakter eines Zweipunkt-Stellgliedes gegeben. Gewöhnlich setzt man als Regler einen Zweipunktregler mit einer Schaltdifferenz von etwa 5 °C ein. Würde ein stetiger Regler angewendet, so müßte die Schalthäufigkeit infolge sehr kleiner Schaltdifferenz erheblich größer werden. Der Brenner würde also laufend ein- und ausgeschaltet werden. Ein schneller Schaltrhythmus ist aber für einen Ölbrenner aus Sicherheitsgründen nicht zulässig.

Die **4. Kombination**, Zweipunktregler mit stetigem Stellglied, bringt in bezug auf die Regelung keine Vorteile. Denn beim ruckartigen Durchschalten des Zweipunktreglers würde das stetige Stellglied ebenso so plötzlich verstellt werden. Die ganze Kombination hat also Zweipunktcharakter. Außerdem ist häufig das stetige Stellglied aufwendiger als das Zweipunkt-Stellglied.

8.6.3 Zweipunktregler und Motorstellantrieb

Wird dagegen zwischen dem Zweipunktregler und dem stetigen Stellglied ein Motorantrieb mit geringer Stellgeschwindigkeit eingesetzt, kann die Regelung trotz des Zweipunktreglers feinstufig erfolgen. Als Beispiel soll die Spannungsregelung nach Bild 8/7 zugrundegelegt werden, jedoch unter Zwischenschaltung eines Zweipunktreglers (Bild 8/55). Ist bei dieser

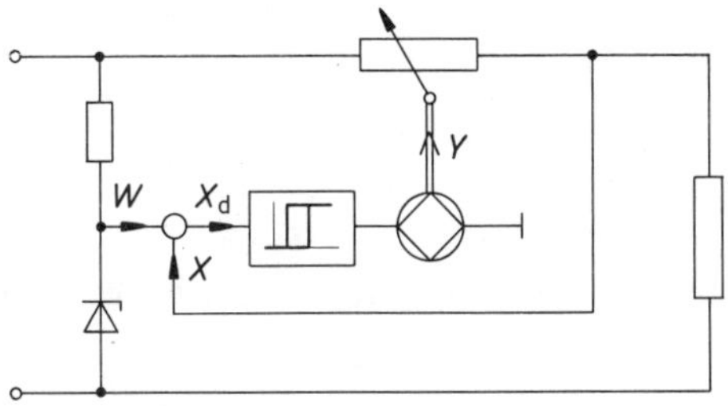

Bild 8/55
Spannungsregelung, Zweipunktregler
mit Stellmotor

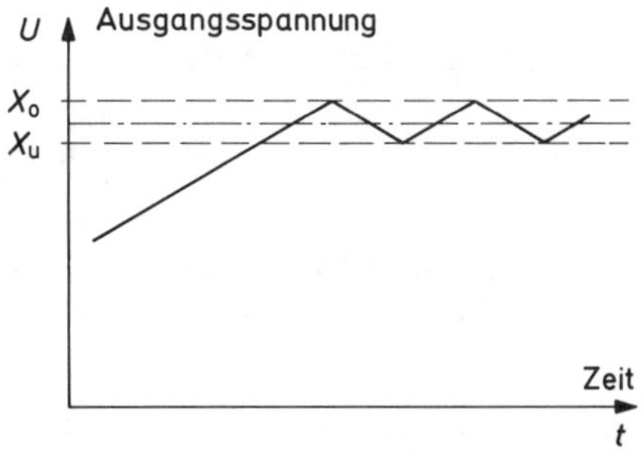

Bild 8/56
Regeldiagramm, Zweipunktregler
mit Stellmotor

Spannungsregelung die Ausgangsspannung kleiner als die Sollspannung, wird der Zweipunktregler den Motor mit voller Spannung antreiben, so daß der Vorwiderstand verringert wird und die Ausgangsspannung ansteigt. Sobald nach dem Zeitdiagramm Bild 8/56 der obere Schaltpunkt erreicht wird, schaltet der Zweipunktregler die Drehrichtung des Motors um. Dadurch wird der Vorwiderstand nach höheren Widerstandswerten verstellt. Die Ausgangsspannung nimmt ab, bis mit Erreichen des unteren Schaltpunktes die Drehrichtung des Motors wieder umgekehrt wird.

Bei dieser Zweipunkt-Stellmotor-Regelung arbeitet der Motor ständig mit seiner Nenndrehzahl entweder im Rechts- oder Linkslauf. Die Regelung kommt nicht zur Ruhe, auch dann nicht, wenn keine Störung des Istzustandes von außen erfolgt. Durch den ständigen Motorbetrieb und den damit verbundenen Verschleiß ist die Lebensdauer der Regelanlage begrenzt.

8.6.4 Dreipunkt-Schrittregler

Eine bessere Lösung bietet ein Dreipunktregler, der den Motor nur dann einschaltet, wenn die Abweichung vom Sollwert einen vorgeschriebenen Wert überschreitet. Diese Kombination Dreipunkt-Regler mit Motorstellantrieb wird als **Dreipunkt-Schrittregler** bezeichnet. Die Regelung erfolgt durch schrittweises Verstellen des Stellgliedes durch den Stellmotor. Im zugehörigen Blockschaltbild Bild 8/57 sind in der Regeleinrichtung ein Dreipunkt-Regler und ein Stellantrieb mit seinem I-Verhalten zum Ausdruck gebracht. Die Anwendung dieser Dreipunkt-Schrittregler findet man bei gasbefeuerten Öfen.

Bild 8/57
Blockschaltbild, Spannungsregelung mit Dreipunkt-Schrittregler

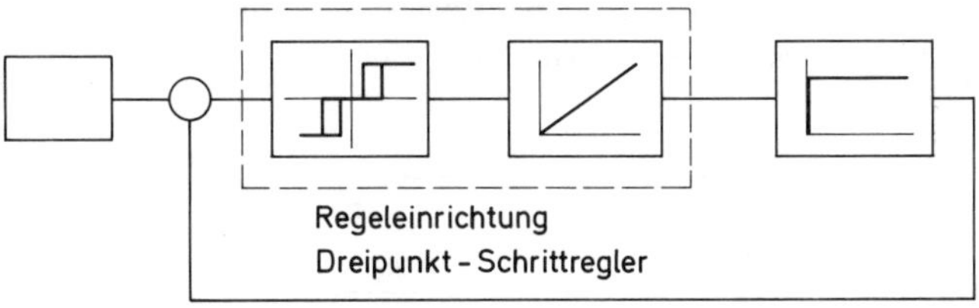

8.7 Ergänzende Regelungsbeispiele

Die bisher angeführten Regelungsbeispiele, wie

1. Spannungsregelung mit Motorantrieb (Bild 8/7),
2. Temperaturregelung mit Bimetall (Bild 8/14–23),
3. Wasserstandsregelung mit Schwimmer und Spannungsregelung mit OP (Bild 8/26–53)

sollen durch weitere einfache Regelbeispiele ergänzt werden, um einen Überblick über gebräuchliche Systeme zu schaffen und gleichzeitig den Stoff zu festigen. Bei der Vielzahl von Regelmöglichkeiten kann damit kein Anspruch auf Vollständigkeit erhoben werden. Folgende Aufgabenstellungen sollen zugrunde liegen:

1. Spannungsregelung eines Gleichstrom-Generators mit schaltendem Regler.
2. Gasdruckregelung mit pneumatischem Regler.
3. Spannungsregelung mittels Stelltrafo und Motorstellantrieb.
4. Flüssigkeitsdurchflußregelung mit hydraulischem Regler.
5. Gleichspannungsregelung mit Transistoren.

8.7.1 Spannungsregelung eines Gleichstrom-Generators

8.7.1.1 Aufgabe

Es soll ein Gleichstrom-Nebenschluß-Generator in einem Kraftfahrzeug mit einem schaltenden Regler verwendet werden.

8.7.1.2 Blockschaltbild

Für den Regelkreis sind die Diagramme des Regler- und Regelstreckenblocks gesucht. Unabhängig von dem Reglertyp gibt das schaltende Stellglied (Regelkontakt) mit den beiden Schaltlagen «Ein» und «Aus» den Ausschlag für die Regelungsart, die in diesem Falle sprunghaft wie beim Zweipunktregler ist. Weil das Stellglied maßgebend für den Regelcharakter ist, wird es der Regeleinrichtung zugeordnet. Das Blockdiagramm des Reglers erhält deshalb eine Sprungfunktion. Bei der geringen Kontaktschaltleistung ist eine Schalthysterese nicht erforderlich, um dadurch den Kontaktabbrand zu verringern. Eine geringe Hysterese ergibt sich aber durch die Reibung im mechanischen Aufbau und das Eisen im magnetischen Kreis. Der Typ der Regelstrecke wird durch die Trägheit im Erregerkreis des Generators bestimmt. Wird die Erregung des Generators bei Nenndrehzahl eingeschaltet, so steigt die Spannung etwa nach einer e-Funktion an und nähert sich schließlich einem maximalen Spannungswert. Es handelt sich also um eine Regelstrecke mit Ausgleich. Das Blockschaltbild für die Generatorregelung ist im Bild 8/58 wiedergegeben.

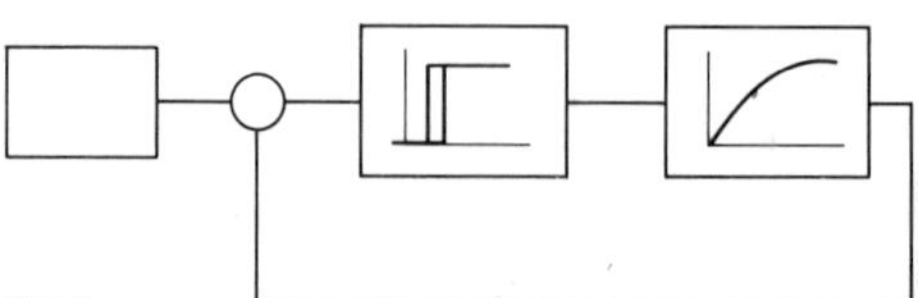

Bild 8/58
Blockschaltbild der Generatorregelung

8.7.1.3 *Regelbedingungen*

Eine genauere Festlegung der Bauteile ist bei der Untersuchung der Regelbedingungen notwendig.

1. Der Istwert ist die Spannung des Generators.
2. Der Sollwert wird gewöhnlich durch eine Federkraft erzeugt.
3. Der Vergleich, elektrische Spannung mit Federkraft, ist nicht möglich. Der Istwert muß in eine mechanische Größe umgeformt werden. Dazu verwendet man zweckmäßig ein Elektromagnetsystem.
4. Eine Regelverstärkung ist nicht unbedingt notwendig, wenn nur eine geringe Schaltleistung vorliegt. Die Regeldifferenz wirkt in diesem Falle direkt auf das Stellglied (Regelkontakt), so daß der Regelverstärker entfällt.
5. Das Stellglied besteht aus dem Schaltkontakt, der die Feldwicklung zu- und abschaltet. Parallel zum Regelkontakt wird ein Widerstand geschaltet, der den Regelbereich zwar einschränkt, aber dafür den Kontaktverschleiß wesentlich verringert.

Das Stellglied, das in diesem Falle die Regelfunktion bestimmt, wird dem Regler zugeordnet. Ein nach diesen Bedingungen aufgebautes Schaltbild ist in Bild 8/59 wiedergegeben.

Bild 8/59
Spannungsgeregelter Gleichstrom-Generator

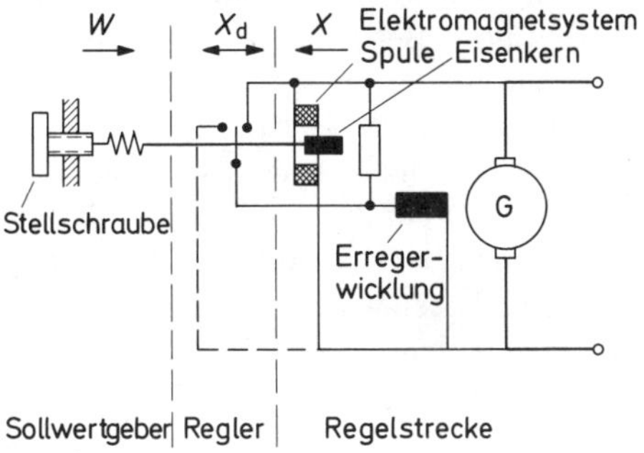

8.7.1.4 *Wirkungsweise*

Der Sollwert *w* oder die Vergleichskraft entsteht durch die mittels Gewindeschraube vorgespannte Feder. Als Fühler für die elektrische Generatorspannung dient ein Elektromagnetsystem (Spannungsspule mit Eisenkern), das entsprechend der Generatorspannung eine Kraft erzeugt bzw. die Regelgröße *x* liefert. Bei kleiner Generatorspannung überwiegt die Federkraft. Die Differenzkraft schließt den Kontakt zur Überbrückung des Widerstandes im Erregerkreis. So kann bei geringstem Widerstand im Erregerkreis die Spannung im Generator ansteigen. In dem Augenblick, in dem die Generatorspannung den gewünschten Spannungswert überschreitet, übersteigt auch die magnetische Kraft die Federkraft. Die Differenzkraft wirkt als Regeldifferenz x_d in umgekehrter Richtung und öffnet den Regelkontakt. Dadurch wird der Parallelwiderstand im Erregerkreis zugeschaltet und so der Erregerstrom verringert. Die Spannung sinkt unter den Sollwert. Als Folge überwiegt wieder

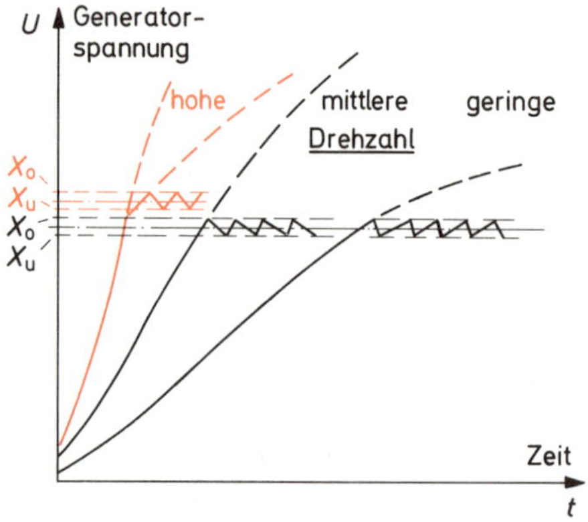

Bild 8/60
Regeldiagramm, Gleichstrom-Generator

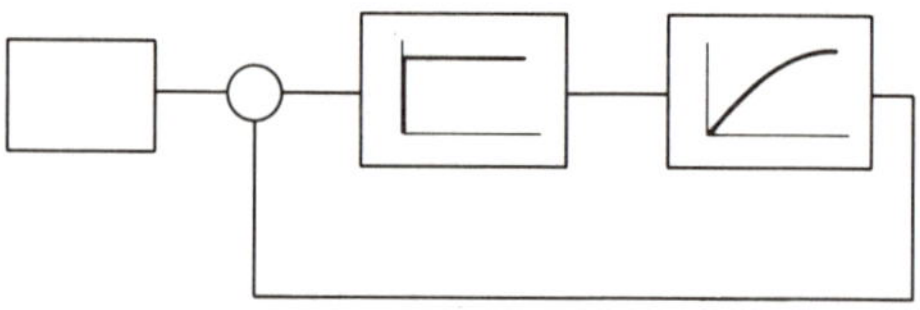

Bild 8/61
Blockschaltbild der Gasdruck-regelung

die Federkraft, die den Regelkontakt schließt und so der Erregerstrom und die Generatorspannung wieder ansteigen. Der Widerstand des Erregerkreises wird laufend zwischen einem minimalen und maximalen Wert umgeschaltet. Die Schaltfrequenz wird durch die Trägheit der Erregerspule infolge der Induktivität (Zeitkonstante $\tau = L/R$) begrenzt. Diese Trägheit des Generators als Regelstrecke ist im Bild 8/60 wiedergegeben. Die hierbei auftretende Schaltdifferenz kann durch die Ausführung des Magnetsystems bei der geringen Schaltleistung klein gehalten werden. Das Diagramm ähnelt dem der Temperaturregelung in Bild 8/16. Bei Kraftfahrzeugen treten zwischen Leerlauf und voller Drehzahl große Drehzahländerungen auf. Um den zu schaltenden Widerstand im Erregerkreis nicht zu groß wählen zu müssen, setzt man gewöhnlich einen Dreipunktregler ein. Dieser ist im Bild 8/59 durch eine zusätzliche gestrichelte Verbindung mit dem Schaltkontakt dargestellt. So kann bei hoher Drehzahl, wenn trotz des eingeschalteten Widerstandes im Erregerkreis die Sollspannung überschritten wird, durch den zusätzlichen Regelkontakt die Erregerspule kurz geschlossen werden und dadurch der mittlere Erregerstrom weiter verringert werden.

8.7.2 Gasdruckregelung mit pneumatischem Regler

8.7.2.1 Aufgabe

In einem Gasdruckbehälter soll durch die Verstellung des Ventils für die Gaszufuhr der Gasdruck geregelt werden. Für den pneumatischen P-Regler steht Druckluft als Hilfsenergie zur Verfügung.

8.7.2.2 Blockschaltbild

Die genaue Darstellung des Blockschaltbildes ist nur bei Kenntnis der Regelstrecke möglich. Diese besteht aus einem Gasbehälter oder Gasspeicher. Das Speichervermögen gibt der Regelstrecke die Trägheit. Wird nämlich die Gaszufuhr geöffnet, steigt etwa der Gasdruck nach einer e-Funktion an und erreicht schließlich den maximalen Wert. Dieser Verlauf ist bereits von der Regelstrecke mit Ausgleich bekannt. Da nur ein Speicher vorliegt, hat die Regelstrecke eine Verzögerung 1. Ordnung. Mit der Forderung nach einem P-Regler ist das Blockschaltbild festgelegt (Bild 8/61).

8.7.2.3 Regelbedingungen

Die weiteren Bauteile sollen anhand der Regelbedingungen bestimmt werden.

1. Der Istwert ist der im Behälter vorhandene Gasdruck.
2. Der Sollwerteinsteller liefert gewöhnlich eine bestimmte Federkraft.
3. Zum Vergleich muß der Gasdruck in eine dem Sollwert direkt vergleichbare mechanische Meßgröße umgeformt werden. Dazu bedient man sich eines Meßbalges oder einer Rohrfeder, die einen dem Gasdruck proportionalen Weg liefern (siehe Messung nichtelektrischer Größen, Abschnitt 6.3.6). Die aus diesen beiden Kräften resultierende Differenzkraft wirkt auf den Regelverstärker.
4. Ein Regelverstärker ist notwendig, wenn die nach dem Vergleich zur Verfügung stehende Kraft nicht ausreicht, um das Stellglied zu betätigen. In diesem Falle wird ein pneumatischer Verstärker eingesetzt, der mit Hilfe von außen zugeführter Druckluft arbeitet. Das Wirkungsprinzip ist folgendes: Die über einen engen Rohrquerschnitt (Luftdrossel) begrenzt zugeführte Druckluftmenge wird durch einen veränderlichen Luftspalt zwischen verstellbarer Prallplatte und feststehender Düse gestaut. Der hierbei sich einstellende Luftdruck vor der Düse wirkt auf das Stellglied.

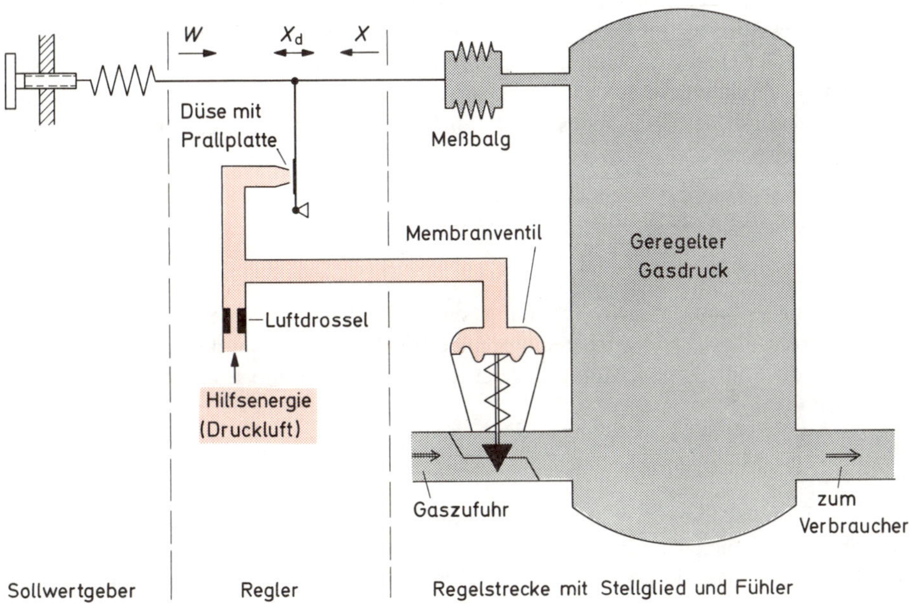

Bild 8/62 Gasdruckregelung

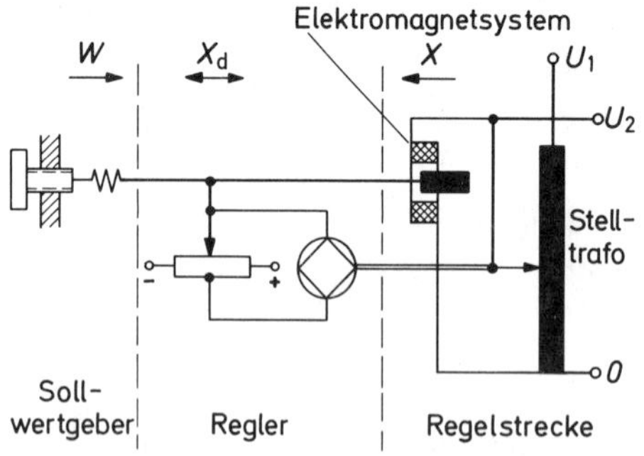

Bild 8/63
Wechselspannungsregelung
mit Stelltrafo

5. Als Stellglieder werden bei Druckregelungen häufig Membranventile eingesetzt. Die Öffnung des Ventils erfolgt hier durch eine Federkraft. Bei steigendem Luftdruck im Regler wird über die Membran der Ventilquerschnitt verringert und so die zugeführte Gasmenge gedrosselt.

Das Bild 8/62 zeigt eine entsprechende Regelung.

8.7.2.4 Wirkungsweise

Unterschreitet der Gasdruck im Gasbehälter den eingestellten Sollwert, liefert der Meßbalg eine Kraft, die kleiner ist als die Federkraft. Der Hebelarm mit der Prallplatte wandert nach rechts und vergrößert den Luftspalt für den Regelluftkreis, so daß der Luftdruck sinkt und damit die wirksame Kraft auf die Membran des Stellventils verringert wird. Durch die entgegenwirkende Feder öffnet das Gasventil und läßt den Gasdruck im Behälter wieder ansteigen. Überschreitet der Gasdruck den Sollwert, überwiegt die Meßkraft gegenüber der Federkraft. Der Hebelarm wird nach links verschoben und dadurch der Luftspalt zwischen Düse und Prallplatte geringer. Die Druckluft staut sich im Hilfsluftkreis und drückt stärker auf die Membran des Stellgliedes, so daß die Ventilöffnung geringer und die Gaszufuhr gedrosselt wird.

8.7.3 Spannungsregelung mit Stelltrafo

8.7.3.1 Aufgabe

Ein Stelltrafo soll eine geregelte Spannung liefern. Für die Verstellung des Stelltrafo steht zur Verfügung ein Gleichstromgetriebemotor mit einem Potentiometer, das bei Abweichung des Istwertes vom Sollwert dem Motor eine der Regeldifferenz proportionale Spannung zuführt (siehe Bild 8/63).

8.7.3.2 Blockschaltbild

Die Kennlinie der Regelstrecke wird durch die Zeitverzögerung bestimmt. Bei den bisher angeführten Beispielen liegen vorwiegend einfache Verzögerungen (1. Ordnung) vor, weil in der Regelstrecke nur ein Energiespeicher vorhanden ist. Der Vergleich mit der neuen Aufgabe zeigt, daß die Sekundärseite des Transformators keine für den Betrieb nennenswerten Speicher enthält. Man spricht hier von einer **«verzögerungsarmen Regelstrecke»**.

Die bei einer Verstellung auftretende Verzögerung liegt im Motorstellantrieb. Das Potentiometer mit seinem P-Verhalten liefert eine der Regeldifferenz proportionale Spannung. Der Motor bestimmt aber mit seiner Verzögerung den Charakter der Regelung. Es handelt sich um den gleichen I-Regler, der bei der Wasserstandsregelung (Abschnitt 8.5.2, Bild 8/37) verwendet wird.

Im Blockschaltbild (Bild 8/64) sind für diese Regelung die entsprechenden Diagramme enthalten.

Bild 8/64
Blockschaltbild der Stelltrafo-Regelung

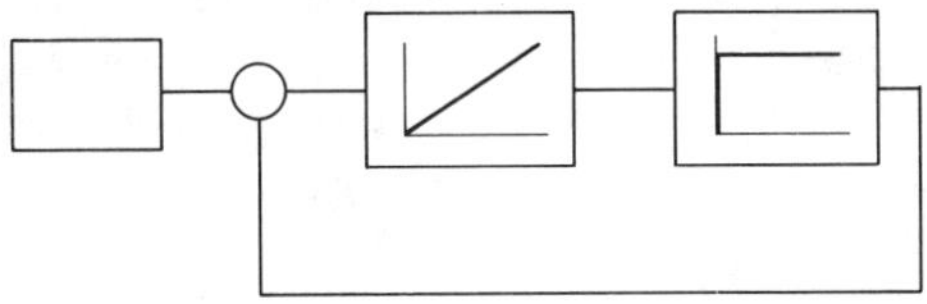

8.7.3.3 Regelbedingungen

1. Der Istwert ist die Ausgangsspannung des Trafo.
2. Der Sollwert soll durch eine einstellbare Federkraft gegeben sein.
3. Der Vergleich zwischen Soll- und Istwert erfordert einen elektromagnetischen Umformer, der aus der Sekundärspannung des Trafo eine Kraft erzeugt, so daß ein Vergleich mit der Federkraft möglich ist. Dieser Umformer kann ein Elektromagnetsystem sein.
4. Die Verstärkung des I-Reglers ist durch das Potentiometer und den Getriebemotor gegeben. Dazu wird als Hilfsenergie Gleichspannung benötigt.
5. Der Stelltrafo wird als Stellglied direkt durch den Getriebemotor verstellt. Diese Regelbedingungen werden von der Schaltung im Bild 8/63 erfüllt.

8.7.3.4 Wirkungsweise

Wird bei dieser Regelung die Sekundärspannung kleiner als der eingestellte Sollwert, schiebt die Differenzkraft von Feder und Magnetsystem den Potischleifer nach rechts. Die dem Poti abgegriffene Teilspannung wird dem Getriebemotor zugeführt. Der Getriebemotor muß so geschaltet sein, daß er den Trafoabgriff höher schiebt und dadurch die Sekundärspannung bis auf den Sollwert ansteigen kann.

8.7.4 Flüssigkeitsdurchflußregelung

8.7.4.1 Aufgabe

Für einen chemischen Betrieb wird eine gleichmäßige Flüssigkeitszufuhr gefordert. Diese Bedingung wird durch eine Flüssigkeitsdurchflußregelung erfüllt.

8.7.4.2 Blockschaltbild

Die Durchflußregelung soll in einem durchlaufenden Rohr mittels eines Schiebers erfolgen. Die Regelstrecke besteht nur aus dem Rohr. Da Flüssigkeiten praktisch nicht komprimierbar sind, ist in dem Rohr keine Speichermöglichkeit vorhanden. Die Regelstrecke hat daher auch keine Verzögerung aufzuweisen, sie ist **verzögerungsarm**. Der Hydraulikregler besteht aus einem sogenannten Steuerkolben (siehe Bild 8/65), der das Drucköl von einer Ölpumpe zu einem Stellzylinder leitet, in welchem durch das Öl ein Kolben bewegt wird. Die Stärke des Ölzuflusses zum Stellzylinder ist proportional der Verschiebung des Steuerkolbens. Solange der Steuerkolben von der Mittellage abweicht, fließt Öl zum Stellzylinder und verursacht eine laufende Verschiebung. Diese Regeleigenschaft wurde bereits beim I-Regler festgestellt und bei der Stelltraforegelung (Abschnitt 8.7.3, Bild 8/63) durch den Einsatz eines Getriebemotors in Verbindung mit einem Potentiometer verwirklicht. Im Vergleich läßt sich leicht erkennen, daß der Steuerkolben die gleiche Regelaufgabe hat wie das Potentiometer und der Stellzylinder die gleiche wie der Getriebemotor.

Das Blockschaltbild der Flüssigkeitsdurchflußregelung entspricht genau dem Blockschaltbild der Stelltraforegelung (Bild 8/64).

8.7.4.3 Regelbedingungen

Zum besseren Verständnis der Zusammenhänge bei den einzelnen Regelbedingungen wird auf das Funktionsbild Bild 8/65 hingewiesen.

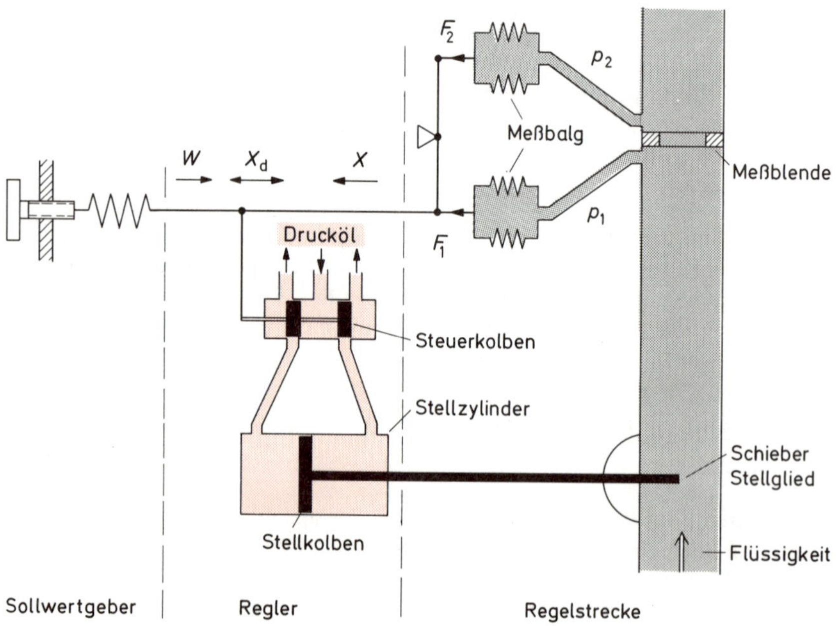

Bild 8/65 Flüssigkeitsdurchflußregelung

1. Der Istwert entspricht dem Durchfluß. Die Durchflußmessung erfolgt über den Druckabfall an einer im Durchflußrohr eingesetzten Meßblende. Der Druckunterschied wirkt auf zwei Meßbälge, gegebenenfalls auch auf eine Differenzmeßdose, die eine der Druckdifferenz proportionale Kraft liefern (Abschnitt 6.3.6).
2. Der Sollwert sei wieder durch eine vorgespannte Feder gegeben.
3. Der Vergleich zwischen dem Kraftunterschied der beiden Meßbälge und der Federkraft kann direkt erfolgen. Die Differenzkraft wird auf den Steuerkolben übertragen.
4. Die Verstärkung im hydraulischen Regler erfolgt sowohl im Steuerkolben als auch im Stellzylinder. Die Hilfsenergie wird von der Ölpumpe in Form von Drucköl geliefert.
5. Das Stellglied besteht aus einem einfachen Durchflußschieber, der durch den Stellkolben direkt bewegt wird.

8.7.4.4 Wirkungsweise

Die ankommende Flüssigkeit wird durch den Durchflußschieber gedrosselt. Im weiteren Verlauf staut sich die Flüssigkeit an der Meßblende, so daß vor der Meßblende ein höherer Druck als hinter der Meßblende entsteht. Da aber nur der Druckunterschied interessiert, werden beide Drücke über Meßbälge gemessen und dann der Kraftunterschied durch den Wägebalken ermittelt ($\Delta F = F_1 - F_2$). Die Meßkraft ΔF oder Regelgröße x und die Vergleichskraft w wirken gegeneinander so, daß die Differenzkraft x_d auf den Steuerkolben wirkt. Ist der Durchfluß geringer als der Sollwert, ist die Meßkraft kleiner als die Federkraft. Der Steuerkolben wird nach rechts verschoben und das Drucköl über das rechte Verbindungsrohr dem Stellkolben zugeführt. Dadurch wird der Stellkolben nach links gerückt und der Durchflußschieber geöffnet. Der Durchfluß nimmt zu. Hat der Durchfluß den Sollwert erreicht, heben sich Meßkraft und Vergleichskraft auf, und der Steuerkolben nimmt die Mittelstellung ein. Dem Stellkolben wird kein Drucköl mehr zugeführt, und der Durchflußschieber bleibt in der vorhandenen Stellung.

Der Hydraulikregler hat den Vorteil, daß man bei entsprechend großem Öldruck außerordentlich große Stellkräfte erzeugen kann.

8.7.5 Gleichspannungsregelung mit Transistoren

8.7.5.1 Aufgabe

Es soll eine Gleichspannungsregelung mit Transistoren, sowohl für das Stellglied als auch für den Regler, untersucht werden.

8.7.5.2 Blockschaltbild

Regelstrecke ist die Ausgangsspannung. Hier sind die Verhältnisse ähnlich wie bei der Wechselspannungsregelung mit Stelltrafo, d. h., die Regelstrecke ist verzögerungsarm, sofern man nicht einen Kondensator hoher Kapazität (Elektrolytkondensator) dem Ausgang parallel schaltet und dadurch eine «Regelstrecke mit Ausgleich» erhält. Für den Regler werden

Transistoren eingesetzt, die bei normaler Beschaltung mit Widerständen (keine Kapazitäten) ein P-Verhalten ergeben. Das zugehörige Blockschaltbild ist im Bild 8/66 angegeben.

8.7.5.3 Regelbedingungen

Das Schaltbild der Gleichspannungsregelung im Bild 8/67 gibt für die Untersuchung der Regelbedingungen genauere Anhaltspunkte.

1. Der Istwert kann direkt oder über über einen Spannungsteiler der Ausgangsspannung entnommen werden.
2. Die Sollwertspannung wird durch eine Z-Diode erzeugt.
3. Der Vergleich zwischen Soll- und Istwertspannung kann unmittelbar durch Transistoren erfolgen.
4. Der Regler bzw. Regelverstärker besteht gewöhnlich aus ein oder zwei Transistoren, die gleichzeitig die Aufgabe des Soll-Istwertvergleichs übernehmen.
5. Als Stellglied wird wegen der auftretenden Verlustleistung ein Leistungstransistor verwendet.

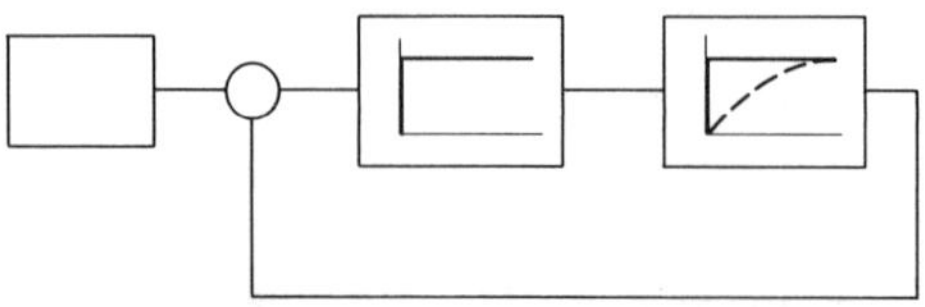

Bild 8/66
Blockschaltbild der Gleichspannungsregelung mit Transistoren

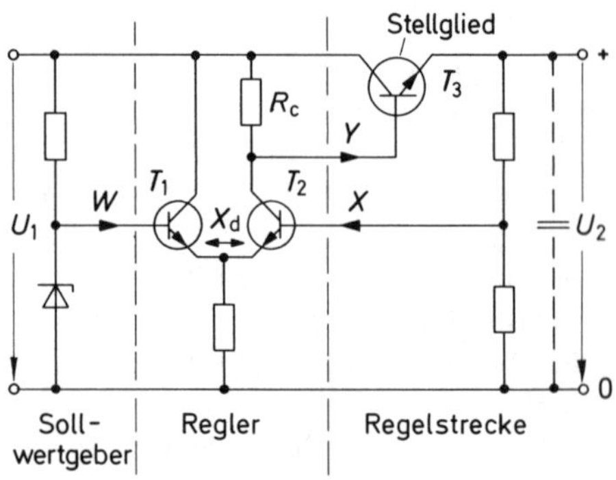

Bild 8/67
Gleichspannungsregelung mit Transistoren

8.7.5.4 Wirkungsweise

In dieser Schaltung kann die Istspannung U_2 (Ausgangsspannung) direkt oder auch, wie im Bild 8/67 vermindert durch einen Spannungsteiler dem Regeltransistor T_2 zugeführt werden. Der linke Regeltransistor T_1 soll den Spannungsabfall an der Emitter-Basis-Strecke des rechten Regeltransistors T_2 kompensieren. Man bezeichnet die Schaltung auch als Differenzverstärker. Sind die Istwertspannung x und die Sollwertspannung w gleich groß, so ist die Regeldifferenzspannung x_d an den beiden Transistoreingängen gleich Null. Dann sollen die Kollektorströme der beiden Regeltransistoren T_1 und T_2 etwa gleich groß sein. Sinkt die Ausgangsspannung U_2, so wird die Istwertspannung x kleiner als die Sollwertspannung w. Als Folge wird der Transistor T_2 etwas weniger geöffnet, und sein Kollektorstrom nimmt ab. Durch den geringeren Kollektorstrom muß auch der Spannungsabfall am Kollektorwiderstand R_C abnehmen. Die Kollektorspannung des Transistors T_2 steigt und öffnet gleichzeitig

Regelungsbeispiele – Übersicht

	Spannungsteiler	Bügeleisen	Wasserbehälter	Gleichstrom-Generator	Gasdruckbehälter	Trafospannung	Flüssigkeitsdurchfluß	Gleichspannung mit Transistor
Istwert	Spannung	Temperatur	Wasserstand	Spannung	Gasdruck	Spannung	Durchfluß	Spannung
Meßfühler	Leitung	Bimetall	Schwimmer	Elektromagnet	Meßbalg	Elektromagnet	Meßbalg	Leitung
Sollwertvergleich	elektrisch	mechanisch	mechanisch	mechanisch	mechanisch	mechanisch	mechanisch	elektrisch
Regler	Motor	Bimetall	Hebelarm	direkt	pneumatisch	Motor	hydraulisch	Transistor
Reglertyp	I-Regler	Zweipunkt-Regler	P, I, D, PI, PD, PID	Zweipunkt-Regler	P-Regler	I-Regler	I-Regler	P-Regler
Hilfsenergie	keine	keine	keine	keine	Druckluft	elektrisch	Drucköl	elektrisch
Stellglied	Poti	Kontakt	Schieber	Kontakt	Ventil	Stelltrafo	Schieber	Transistor
Regelstrecke	Verbraucherspannung	Bodenplatte	Wasserbehälter	Generatorspannung	Gasbehälter	Trafo-Ausgangsspannung	Durchflußrohr	Ausgangsgleichspannung
Streckentyp	verzögerungsarm	mit Ausgleich	ohne Ausgleich	mit Ausgleich	mit Ausgleich	verzögerungsarm	verzögerungsarm	verzögerungsarm (mit Ausgleich)
Verzögerung in der Strecke	keine	1. Ordnung	I-Verzögerung	etwa 1. Ordnung	1. Ordnung	keine	keine	keine (1. Ordnung)

Bild 8/68

x_P in %	2	5	10	20	50	100	200	500
K_P	50	20	10	5	2	1	0,5	0,2

Bild 8/69 Gegenüberstellung von x_p- und K_p-Werten

den Stelltransistor etwas weiter. Damit wachsen die Stromzufuhr zum Ausgang und die Ausgangsspannung selbst. Wenn umgekehrt die Ausgangsspannung den Sollwert übersteigt, wird der Transistor T_2 etwas weiter geöffnet und durch den zunehmenden Kollektorstrom der Spannungsabfall am Kollektorwiderstand R_C größer. Die Kollektorspannung am Transistor T_2 sinkt, und der Stelltransistor T_3 wird weniger geöffnet.

Die Regelgeschwindigkeit ist bei diesem volltransistorisierten Spannungsregler gegenüber mechanischen Reglern außerordentlich groß. Damit bei stoßartigen Laständerungen der Regler trotzdem nicht allzu ruckartig schalten muß, legt man in den Ausgang gewöhnlich einen Kondensator als Energiespeicher.

8.7.6 Regelungsbeispiele – Übersicht

Zusammenfassend sind in der Übersichtstabelle Bild 8/68 die behandelten Regelungsbeispiele nach einigen Gesichtspunkten geordnet, um die Unterschiede herauszustellen und Vergleiche ziehen zu können.

8.8 Reglerblockdarstellung

8.8.1 Reglerrückführung

Die Gegenkopplung bei Reglern wird auch mit Rückführung bezeichnet und durch einen Block mit entsprechendem Blockbild dargestellt. Der Regler besteht in diesem Fall aus dem Verstärkerblock und dem auf den Eingang des Verstärkers zurückwirkenden Rückführblock.

8.8.1.1 Die P-Reglerrückführung

Der P-Regler hat eine gleichbleibende Gegenkopplung, die sogenannte «Starre Rückführung». Diese konstante Gegenkopplung wird durch eine horizontale Kennlinie im Zeitdiagramm des Gegenkopplungblocks angegeben (Bild 8/70a).

8.8.1.2 Die I-Reglerrückführung

Beim I-Regler stellt man eine entsprechend der Sprungantwort mit Null beginnende, stetig wachsende Verstärkung fest. Die Gegenkopplung wirkt genau umgekehrt. Zunächst ist die Gegenkopplung sehr groß, nimmt aber, aus der Kennlinie im Gegenkopplungsblock (Bild 70b) ersichtlich, mit der verstärkenden Wirkung ab. Hier spricht man von einer «Nachgebenden Rückführung».

8.8.1.3 Die PI-Reglerrückführung

Der PI-Regler sieht nach dem Gegenkopplungsdiagramm sehr ähnlich aus (Bild 8/70c). Es liegt zunächst eine bestimmte Verstärkung vor, die langsam weiter zunimmt entsprechend der Sprungantwort. Umgekehrt muß die Gegenkopplung verlaufen, erst eine bestimmte Gegenkopplung, die langsam abnimmt, ebenfalls als «Nachgebende Rückführung».

Bild 8/70
Blockdiagramme von Reglern mit Reglerrückführung

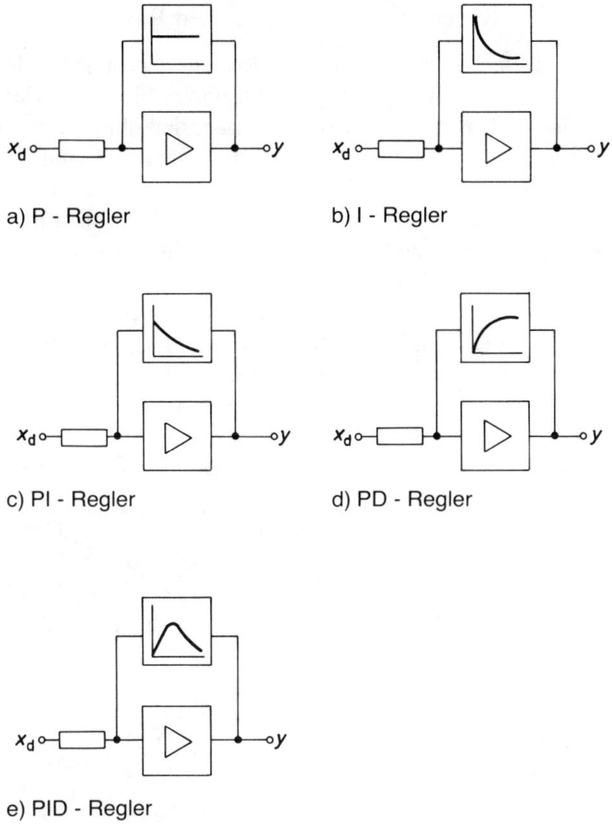

8.8.1.4 *Die PD-Reglerrückführung*

Etwa umgekehrt zum PI-Regler verhält sich der PD-Regler. Ausgehend von einer sehr großen Verstärkung, nimmt diese auf den Wert des P-Anteils ab. Dementsprechend wächst die Gegenkopplung, bei Null beginnend, auf den Wert des P-Reglers. Diese Wirkung bezeichnet man als «Verzögerte Rückführung» (Bild 8/70d).

8.8.1.5 *Die PID-Reglerrückführung*

Beim PID-Regler zeigt uns die Sprungantwort zuerst eine große Verstärkung, die auf den Wert des P-Reglers absinkt, um dann mit dem I-Anteil wieder zu wachsen. Das Gegenkopplungsdiagramm beginnt gegenläufig bei Null, steigt auf den Wert des P-Reglers und nimmt mit dem I-Regleranteil wieder ab (Bild 8/70e). Die «Verzögerte Rückführung» geht in eine «Nachgebende Rückführung» über.

8.8.2 Regelkennlinien der stetigen Regler mit Störgrößensprung

Tritt in einer Regelstrecke plötzlich eine gleichbleibende Störgröße z auf, so wird die Nachregelung je nach Reglertyp mit unterschiedlicher Geschwindigkeit bzw. Genauigkeit erfolgen. Hier wird davon ausgegangen, daß ohne Nachregelung in der Regelstrecke eine bestimmte Verschiebung des Istwertes auftritt, die mit 100 % angesetzt wird. Die Regelstrecke soll zwei gleiche Speicher enthalten und damit eine Regelstrecke 2. Ordnung darstellen. In dem Diagramm des Bildes 8/71 kann man in den Regelkennlinien die bereits bekannten Eigenschaften der verschiedenen Regler verfolgen, die auf etwa optimale Regelgeschwindigkeit eingestellt sind.

Der P-Regler reagiert zügig, erreicht aber nicht wieder den ursprünglichen Wert, d. h., er regelt nicht ganz aus. Der I-Regler braucht lange Zeit, um seine volle Wirkung zu entfalten. Hierbei entsteht eine große Regelabweichung, die aber wieder vollständig ausgeregelt wird. Je stärker der I-Regler eingestellt wird, d. h., je größer seine Regelgeschwindigkeit ist, um so stärker erfolgt ein Überschwingen um den Ausgangswert (gestrichelte Linie). Beim PI-Regler liegt eine Aufgabenteilung vor. Der P-Regleranteil wirkt nicht ganz so kräftig, wie der

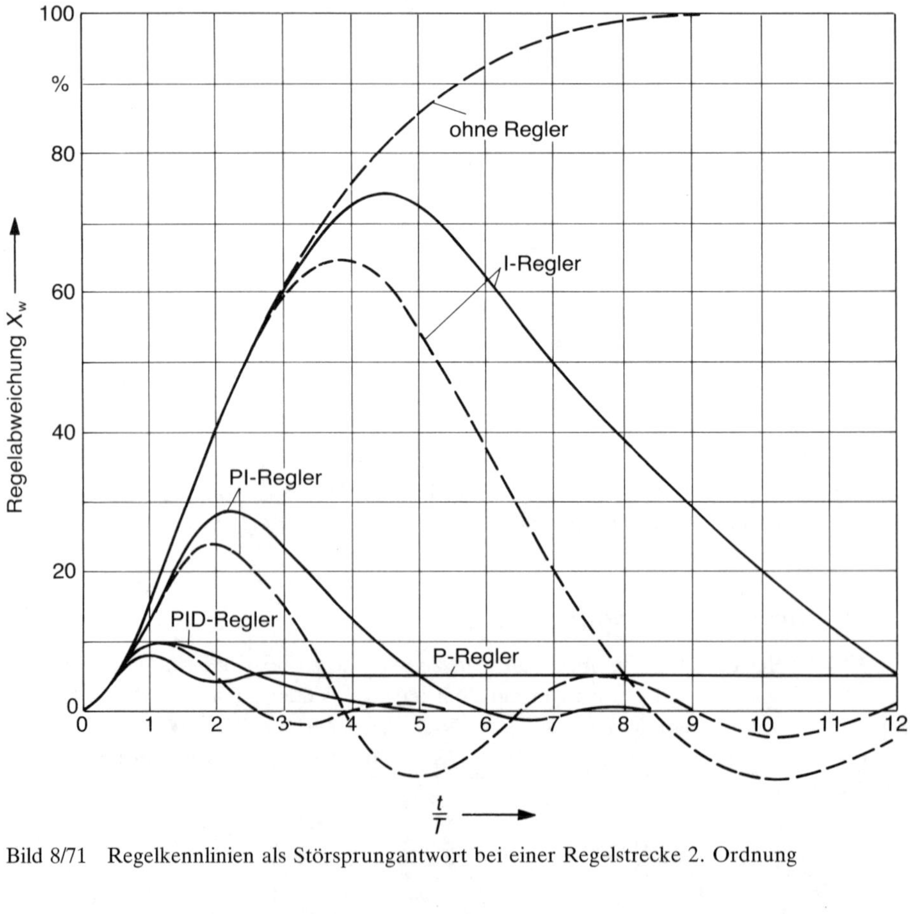

Bild 8/71 Regelkennlinien als Störsprungantwort bei einer Regelstrecke 2. Ordnung

P-Regler allein, dafür erreicht aber der I-Regleranteil den genauen Ausgangswert. Auch hier erfolgt ein Überschwingen wie beim reinen I-Regler, und zwar um so stärker, je kräftiger der I-Regleranteil ist. Der PID-Regler arbeitet mit dem größten Aufwand, liefert dafür aber auch die beste Regelung in bezug auf Schnelligkeit und Genauigkeit.

8.9 Reglereinstellung

Eine Regelung soll unter optimalen Bedingungen arbeiten. Deshalb muß eine Reglereinstellung zur Anpassung des Reglers an die Regelstrecke vorgenommen werden. Dazu gehören folgende Einstellungen:

1. P-Anteil (Übertragungsbeiwert bzw. Verstärkung K_P oder bezogener Proportionalbereich x_P).
2. I-Anteil (Nachstellzeit T_n).
3. D-Anteil (Vorhaltzeit T_v).

8.9.1 Der bezogene Proportionalbereich x_P

Bei einem P-Regler gibt der bezogene Proportionalbereich x_P das Verhältnis der Größe des Eingangssignals zum Ausgangssignal in % an. Wenn z. B. bei einer Eingangsspannungsänderung ΔU_{xd} von 1 V am Ausgang des Reglers eine Spannungsänderung ΔU_y von 5 V auftritt, so errechnet sich der bezogene Proportionalbereich

$$x_P = \frac{\Delta U_{xd}}{\Delta U_y} \cdot 100\,\% = \frac{1\,\text{V}}{5\,\text{V}} \cdot 100\,\% = 20\,\%$$

Um den ganzen Stellbereich Y_h des Reglers durchzusteuern, muß die Größe des Eingangsignals 20 % des Stellbereichs Y_h betragen. Aus dem umgekehrten Verhältnis ergibt sich der Übertragungsbeiwert (Verstärkung)

$$K_P = \frac{\Delta U_y}{\Delta U_{xd}} = \frac{1\,\text{V}}{5\,\text{V}} = 5$$

Dieser Wert läßt sich auch aus der umgekehrt proportionalen Beziehung von K_P und x_P bestimmen,

$$K_P = \frac{100}{x_P \text{ in } \%} = \frac{100}{20} = 5$$

In der praktischen Anwendung kommen x_P-Werte von 2 % bis 500 % vor. Aus der Tabelle Bild 8/69 kann man ersehen, daß mit wachsenden x_P-Werten der Übertragungsbeiwert (Verstärkung) K_P abnimmt.

Wird bei einer Reglereinstellung der x_P-Wert zu klein bzw. die Verstärkung zu groß gewählt, können Regelschwingungen auftreten, wenn in der Regelstrecke eine Verzugszeit T_u vorliegt. Besonders bei Temperaturregelungen treten Verzugszeiten auf. Nach Möglichkeit sollte die Verzugszeit T_u nicht mehr als 10 % der Ausgleichszeit T_g betragen, da bei größeren Werten eine stärkere Schwingneigung besteht.

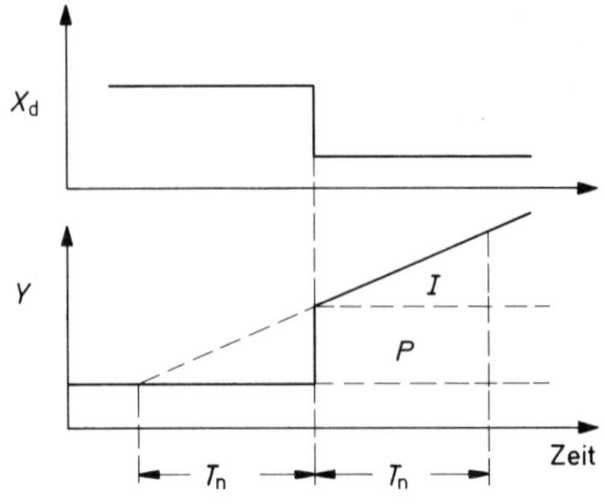

Bild 8/72
Sprungantwort des PI-Reglers mit Nachstellzeit T_n

8.9.2 Die Nachstellzeit T_n

Die Nachstellzeit T_n tritt bei der Reglerkombination I-Regler mit P-Regler auf. Sie läßt sich anhand der Sprungfunktion bestimmen. Bei einem Signalsprung am Eingang eines PI-Reglers (Bild 8/72) folgt am Ausgang unmittelbar der P-Anteil, während der I-Anteil linear mit der Zeit wächst. Die Zeit, die vom Signalsprung an vergeht, bis der I-Anteil die Größe des P-Anteils erreicht hat, nennt man die Nachstellzeit T_n. In dieser Zeit hat nämlich der I-Anteil die gleiche Verstellung verursacht, wie der P-Anteil. Die Nachstellzeit T_n läßt sich grafisch leicht ermitteln, wenn bei der Sprungantwort die schräge I-Linie nach links bis zum Schnittpunkt verlängert wird.

Wählt man bei einem Regler die Nachstellzeit zu groß, wird die vom P-Anteil verbleibende Regeldifferenz zu langsam ausgeregelt. Eine zu kleine Nachstellzeit ergibt einen so starken I-Einfluß, daß unerwünschte Regelschwingungen auftreten, die evtl. zu Zerstörungen in der Regelstrecke führen können.

Der PI-Regler ist durch den P-Anteil um die Zeit T_n schneller als der I-Regler.

Wird der PI-Regler mit einem Operationsverstärker aufgebaut, so kann die Nachstellzeit nach Bild 8/43 aus dem Widerstand R_2 und dem Kondensator in der Gegenkopplung mit der Formel $T_n = R_2 \cdot C$ bestimmt werden und nach der Schaltung Bild 8/52b aus den Widerständen R_2 und R_3 und dem Kondensator C_2 mit der Formel $T_n = (R_2 + R_3) \cdot C_2$.

8.9.3 Die Vorhaltzeit T_v

Bei einem Regler mit P- und D-Anteil ist die Wirksamkeit des D-Anteils um so stärker, je größer die Vorhaltzeit T_v ist. Diese Vorhaltzeit T_v wird nicht aus der Sprungantwort, sondern aus der Anstiegsantwort ermittelt. Das zunächst konstante Eingangssignal erfährt plötzlich eine stetige Änderung (Bild 8/73), die am Ausgang des Reglers als Anstiegsantwort einen konstanten D-Anteil und dazu den linear wachsenden P-Anteil hervorruft. Die Vorhaltzeit T_v gibt die Zeit an, um die das Ausgangssignal des PD-Reglers früher die Höhe des D-Anteils erreicht als ein reiner P-Regler.

Ist die Einstellung der Vorhaltzeit zu klein, wird der bei plötzlichen Störungen einsetzende kräftige D-Anteil nicht lange genug wirksam, um die Regelabweichung schnell wieder zu

Bild 8/73
Anstiegsantwort des PD-Reglers mit Vorhaltzeit T_v

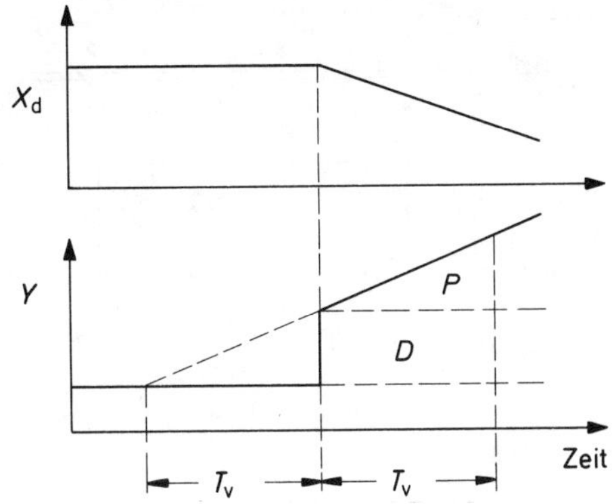

beseitigen. Eine zu große Vorhaltzeit ergibt einen zu kräftig wirksamen D-Anteil, der eine Überkompensation der Regelabweichung verursacht. Als Folge treten Regelschwingungen auf.

Die Vorhaltzeit läßt sich bei einem Regleraufbau mit Operationsverstärker nach der Schaltung Bild 8/49a bzw. 8/52a nach der Formel $T_v = R_1 \cdot C_1$ und bei Anwendung der Schaltung Bild 8/49b bzw. 8/52b mit der Formel $T_v = \frac{R_2 \cdot R_3}{R_2 + R_3} \cdot C_1$ ermitteln.

8.9.4 Der PID-Regler mit T_n und T_v

Bei einem PID-Regler mit Nachstellzeit T_n und Vorhaltzeit T_v ist die Vorhaltzeit bedeutend kürzer als die Nachstellzeit. Die Vorhaltzeit beträgt bei richtiger Reglereinstellung etwa 10 bis 20 % der Nachstellzeit. Das bedeutet für die Sprungantwort (Bild 8/45), daß der I-Anteil erst langsam Einfluß gewinnt, wenn der D-Anteil bereits abgeklungen ist.

8.9.5 Reglereinstellung am Wasserstandsregelmodell

Die Reglereinstellwerte x_P, T_n und T_v sollen am Wasserstandsregelmodell mit PID-Regler (Bild 50) ergänzt werden. Für den P-Regler läßt sich der x_P-Wert durch Verschiebung des Drehpunktes bzw. der Hebelarme verändern (Bild 8/74). Der x_P-Wert kann aus dem Hebelarmverhältnis b/a oder aus dem Verhältnis der Regelgröße x (Eingangssignal, Schwimmerstellung) zur Stellgröße y (Ausgangssignal, Zulaufschieberstellung) nach der Formel

$$x_P = \frac{b}{a} \cdot 100\,\% = \frac{\Delta x}{\Delta y} \cdot 100\,\%$$

bestimmt werden. Bei gleich langen Hebelarmen a und b ist die Änderung der Stellgröße um Δy gleich der Änderung der Regelgröße um Δx. Nach obiger Formel wird dann $x_P = 100\,\%$. Verlagert man den Drehpunkt des Hebels nach rechts, wird das Hebelarmverhältnis b/a kleiner als 1 und damit der x_P-Wert kleiner als 100 %, verschiebt man den Drehpunkt nach links, wird das Verhältnis b/a größer als 1 und der x_P-Wert größer als 100 %. Die Skala am Hebel des P-Reglers gibt die x_P-Werte in % an.

Beim I-Regler erfolgt die Einstellung der Nachstellzeit T_n in ähnlicher Weise über den mittleren Hebelarm. Für die Nachstellzeit T_n ist neben dem Hebelarmverhältnis die Motor-

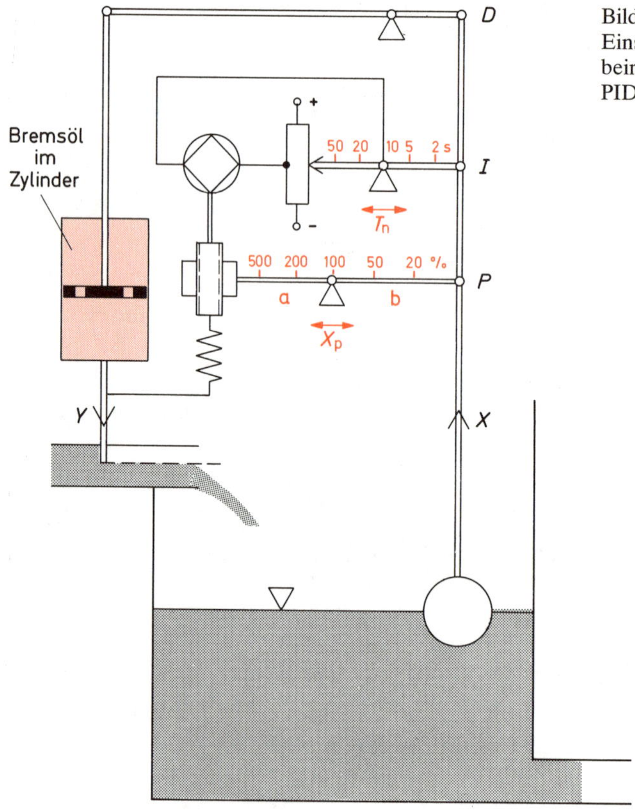

Bild 8/74
Einstellwerte x_p, T_n und T_v beim Wasserstandsmodell mit PID-Regler

drehzahl in Abhängigkeit von der Potentiometerspannung, die Getriebeübersetzung und die Spindelsteigung von Einfluß. In diesem Fall sei angenommen, daß bei gleich langen Hebelarmen die Nachstellzeit $T_n = 10\,\text{s}$ beträgt, d. h., in dieser Zeit soll die Verstellung durch die Spindel (I-Anteil) den gleichen Wert erreicht haben, wie die Verstellung durch den P-Anteil. Wird der Drehpunkt des Hebels beim I-Regler nach rechts verschoben, erhält, wegen der größeren Hebelarmübersetzung, der Motor vom Potentiometer eine entsprechend größere Spannung, die eine höhere Motordrehzahl bewirkt und damit eine schnellere Verstellung des I-Anteils durch die Spindel. Bei Verschiebung des Drehpunktes nach links erhält der Motor eine kleinere Spannung, und es dauert länger, bis der Motor die gleiche Verstellung erreicht. Die Skala auf dem Hebel des I-Reglers gibt die Zeit in Sekunden an.

Die Stärke des D-Einflusses hängt davon ab, wieviel mal größer die Hebelarmübersetzung des D-Reglers zum P-Regler ist (Vorhaltüberhöhung) und wie groß die Zeitkonstante des D-Anteils bzw. bei einer Anstiegsantwort die Vorhaltzeit ist. Die Vorhaltzeit T_v ist abhängig von der Ausgleichsmöglichkeit des Öls im Hydraulikzylinder und damit von der Größe der Öffnungen im Kolben.

8.9.6 Praktische Reglereinstellung

Regelkreise, die unempfindlich sind gegen Regelschwingungen, können ohne nähere Angaben über die Regelstrecke eingestellt werden. Falls ein PI- oder PID-Regler vorliegt, wird nur der P-Regler eingeschaltet. Gegebenenfalls kann durch eine möglichst große Nachstellzeit T_n und eine möglichst kleine Vorhaltzeit T_v der I- bzw. D-Anteil weitgehend unwirksam gemacht werden. Dann wird der x_P-Wert soweit verringert, bis der Regelkreis gerade zu schwingen beginnt. Der hierbei vorliegende x_P-Wert wird festgehalten und die Schwingzeit T gemessen. aus diesen beiden kritischen Werten $x_{P_{Kr}}$ und T_{Kr} kann nach der Tabelle Bild 8/75 die Einstellung der Reglerwerte vorgenommen werden.

Wenn eine Regelstrecke bei Auftreten von Regelschwingungen Schaden nehmen kann, so ist diese Methode nicht brauchbar. Dann besteht nur die Möglichkeit, die Einstellung der Reglerwerte bei genauer Kenntnis der Regelstrecken-Kennwerte nach errechneten Einstellwerten vorzunehmen.

Bild 8/75
Reglereinstellwerte nach Ziegler-Nichols

	x_P	T_n	T_v
P-Regler	$2 \cdot x_{P_{Kr}}$	--	--
PI-Regler	$2{,}2 \cdot x_{P_{Kr}}$	$0{,}85 \cdot T_{Kr}$	--
PD-Regler	$1{,}25 \cdot x_{P_{Kr}}$	--	$0{,}12 \cdot T_{Kr}$
PID-Regler	$1{,}7 \cdot x_{P_{Kr}}$	$0{,}5 \cdot T_{Kr}$	$0{,}12 \cdot T_{Kr}$

Stichwortverzeichnis

N

O

P

Q

R

W

Z